Lecture Notes in Physics

Edited by J. Ehlers, München, K. Hepp, Zürich,
R. Kippenhahn, München, H. A. Weidenmüller, Heidelberg,
and J. Zittartz, Köln
Managing Editor: W. Beiglböck, Heidelberg

72

Les instabilités hydrodynamiques en convection libre, forcée et mixte

Edité par
Jean-Claude Legros et Jean Karl Platten

Springer-Verlag
Berlin Heidelberg New York 1978

Editors
Jean-Claude Legros
Université Libre de Bruxelles
Service de Chimie Physique E.P.
50, Avenue F. D. Roosevelt
B-1050 Bruxelles/Belgium

Jean Karl Platten
Université de l'Etat à Mons
Service de Thermodynamique
Avenue Maistriau
B-7000 Mons/Belgium

Library of Congress Cataloging in Publication Data
Main entry under title:

Les instabilités hydrodynamiques en convection
libre, forcée et mixte.

(Lecture notes in physics ; 72)
"Colloque réuni à l'École de thermodynamique de
Bruxelles, du 27 au 29 avril 1977."
Bibliography: p.
Includes index.
1. Hydrodynamics--Congresses. 2. Heat--
Convection--Congresses. I. Legros, Jean Claude,
1942- II. Platten, Jean Karl, 1941-
QA911.I5 532'.5 77-28311

ISBN 3-540-08652-8 Springer-Verlag Berlin Heidelberg New York
ISBN 0-387-08652-8 Springer-Verlag New York Heidelberg Berlin

Printed in Germany

Printing and binding: Beltz Offsetdruck, Hemsbach/Bergstr.
2153/3140-543210

Les progrès récents accomplis dans le domaine de la Thermodynamique des processus irréversibles, et plus spécialement dans le domaine non linéaire, donc à grande distance de l'équilibre, ont été l'objet ces temps derniers de nombreuses conférences et de plusieurs colloques internationaux.

L'étude des fluctuations, leur analyse stochastique, en vue de déceler la nature de celles qui menacent la stabilité du système, la recherche subséquente des états critiques et l'interprétation des bifurcations associées ont apporté un grand nombre d'informations nouvelles, sur le comportement de multiples processus physico-chimiques, biologiques ou encore écologiques. Par contre, dans le domaine hydrodynamique, les progrès enregistrés jusqu'ici étaient moins importants, vraisemblablement en raison de l'apparition supplémentaire comme cause essentielle d'instabilité des phénomènes convectifs d'inertie, à côté des manifestations uniquement dissipatives.

Le colloque réuni à l'Ecole de Thermodynamique de Bruxelles, du 27 au 29 avril 1977, à l'initiative de deux de ses disciples, Messieurs PLATTEN et LEGROS, a permis de combler largement cette lacune.

Quarante-cinq chercheurs y ont participé, dont vingt-six compatriotes, quinze français, trois espagnols et un anglais, pour confronter leurs travaux sur les instabilités hydrodynamiques en convection libre, forcée et mixte. La plupart des problèmes d'actualité y ont été abordés. Citons notamment les instabilités au voisinage d'interfaces, en milieu poreux, dans les cristaux liquides, ainsi que les phénomènes d'hystérésis engendrés par les bifurcations, l'étude du rôle des fluctuations et les applications à la magnéto-hydrodynamique.

On peut espérer que cette manifestation due au soutien accordé par la Commission Française de la Culture de l'Agglomération de Bruxelles, à l'initiative de son Président, J.P. POUPKO, lui-même ancien disciple de la même Ecole, aura contribué largement au développement de nos connaissances dans un domaine encore trop incomplètement connu jusqu'ici.

Il est en effet un des premiers collaborateurs du Professeur I. PRIGOGINE à qui la réunion doit, non seulement la disposition des locaux, mais également les principales bases de discussion telles qu'on les retrouve dans sa thèse d'agrégation de 1947; non seulement en ce qui concerne le principe du minimum de production d'entropie, mais des généralisations qui ont permis son application à l'étude des états critiques de la thermodynamique. Une contribution financière importante a été apportée par les Instituts Internationaux de Chimie et de Physique fondés par E. Solvay qu'il dirige, ce qui constitue une autre raison de lui témoigner notre gratitude.

Enfin, que toutes les personnes qui ont contribué au succès de cette réunion : les participants pour l'excellence de leurs travaux, Madame F. Grossmann pour son aide technique et Mesdames F. Allen et N. Galland pour leur dévouement, trouvent ici l'expression de nos vifs remerciements.

La publication de ces actes dans la série des Lecture Notes in Physics de la Maison Springer nous porte à exprimer aussi notre reconnaissance à son éditeur, le Dr. W. Beiglböck.

P. Glansdorff

Le 20/10/1977

AVANT-PROPOS DE MONSIEUR JEAN-PIERRE POUPKO, PRESIDENT DE LA COMMISSION FRANCAISE DE LA CULTURE DE L'AGGLOMERATION DE BRUXELLES

C'est avec grand plaisir que je profite de l'occasion qui m'est offerte de vous adresser quelques mots au nom de la Commission française de la Culture de l'Agglomération de Bruxelles. Il est à cela plusieurs raisons : les unes personnelles, les autres, tenant à la politique suivie par la Commission française de la Culture.

A titre personnel, en effet, je suis directement intéressé par les travaux de votre colloque : physico-chimiste moi-même, ancien élève et collaborateur du Professeur Prigogine, je reprends ainsi contact avec une matière qui n'a jamais cessé, même de loin, de me préoccuper.

A côté de ce motif personnel, il en est un autre : cette manifestation rencontre, en effet, deux des priorités de notre Commission dans sa politique d'aide aux activités scientifiques dans la capitale.

Par son objet tout d'abord : lequel est étroitement associé à l'étude des mécanismes fondamentaux que l'on retrouve à la base de tous les problèmes concernant les microclimats urbains, la pollution atmosphérique, les cycles de l'énergie et donc la solution de nos problèmes d'environnement.

Si la Commission a fait des questions de l'environnement urbain une de ses priorités, c'est qu'elle est convaincue que la recherche scientifique dans son ensemble comme les investissements des pouvoirs publics par ailleurs doivent, plus que par le passé, viser l'amélioration de la qualité de la vie : soit en atténuant les effets désagréables de notre niveau de développement, soit en étudiant des solutions alternatives.

Si ce colloque a retenu notre attention, c'est non seulement par son objet, mais aussi parce qu'il est une démonstration de ce que des chercheurs de langue française peuvent apporter en français une contribution de première qualité appréciée d'ailleurs au niveau international, dans un domaine de pointe.
Les professeurs P. Glansdorff et I. Prigogine sont parmi les principaux artisans de cet état de choses.

La Commission française de la Culture est préoccupée par l'avenir du français dans les sciences et les techniques et plus particulièrement par l'édition scientifique et technique de langue française. C'est à ce titre, qu'au début de cette année, nous avons organisé une exposition d'ouvrages scientifiques de langue française dans les domaines de la chimie, de la médecine et de l'informatique, et que nous avons invité le physicien Langevin de la Sorbonne et le Recteur de l'Académie de Reims J.L. Boursin, auteur d'un important rapport de l'AUPELF sur le sujet, à nous exposer les moyens d'améliorer la place du français dans les sciences.

Nous savons en effet que si le français devait perdre se place dans le monde des sciences, ce monde des sciences en pâtirait, car il se priverait d'un certain mode d'approche des problèmes. Pour le français,également, l'appauvrissement serait dramatique car notre langue perdrait son aptitude à désigner toute une série de réalités nouvelles.

Nous sommes convaincus que la langue française court deux risques majeurs ; l'appauvrissement dès lors qu'elle n'est plus capable de désigner chaque réalité par un mot propre et la contamination si elle ne parvient plus à digérer les éléments exogènes qui s'y infiltrent. Si une certaine assimilation de mots étrangers est un facteur d'enrichissement, il est un seuil à ne pas dépasser.

Après tout, la lutte pour la qualité de la langue est-elle dissociable de celle pour la qualité de la vie ?

J'en ai assez dit. Il me reste à féliciter les organisateurs : les professeurs Prigogine, Legros et Platten pour leur initiative et pour le succès de leur manifestation et à vous souhaiter de fructueux travaux au cours de ces trois journées.

Jean-Pierre Poupko

TABLE DES MATIERES

A. Effets prétransitionnels et étude du point critique

B. Etude de la convection - liquides newtoniens

PHENOMENES PRETRANSITIONNELS

Jean-Pierre Boon*
Faculté des Sciences
Université Libre de Bruxelles
1050 Bruxelles, Belgique

Sommaire

*Maître de Recherches au Fonds National de la Recherche Scientifique (FNRS), Belgique.

1. Introduction.

Lorsqu'un système est soumis à l'action d'une contrainte extérieure, il s'écarte de l'état d'équilibre. Si cette contrainte entre en compétition avec un "processus naturel" ayant lieu au sein du système, ce dernier se trouve dans un état potentiellement instable. Un tel état peut se maintenir tant que la balance des forces le permet. Cependant à partir du moment où l'excès d'"énergie injectée" atteint une valeur critique, le système bascule dans un nouvel état : au point critique s'opère une transition de régime. Celle-ci est due à l'amplification des fluctuations qui - au lieu de s'amortir par dissipation interne - donnent lieu à un réajustement de la structure macroscopique du système. Dans une transition de régime hydrodynamique, l'instabilité est déclenchée par l'amplification des fluctuations thermiques. Il apparaît donc au cours de l'évolution du système vers le point d'instabilité, des fluctuations prétransitionnelles qui s'annoncent comme les précurseurs de la transition de régime. Au voisinage de la transition, l'amplification des fluctuations devient considérable : c'est un effet qui évoque ceux des phénomènes critiques dans les transitions de phase d'équilibre. En fait, sous plusieurs aspects, les transitions de régime hydrodynamique dans les systèmes de non-équilibre présentent une analogie phénoménologique frappante avec les transitions de phase dans les systèmes à l'équilibre[1)]. Par exemple les exposants critiques classiques de la théorie du champ moyen trouvent leur analogue dans la théorie linéaire des transitions hydrodynamiques.[2)] De ces dernières il existe une variété très étendue dont l'illustration la plus connue - loin d'être la mieux comprise cependant - est le phénomène de la turbulence. L'instabilité de convection - souvent désignée sous le nom de problème de Bénard - en constitue l'exemple le plus simple. Dans ce cas du moins, l'étude des phénomènes prétransitionnels - c'est-à-dire de la manière dont le système évolue vers le point d'instabilité - peut se faire à partir de l'hydrodynamique linéaire. Pour autant que ne soit pas transgressée la frontière du "voisinage immédiat" de la transition. Au-delà de cette limite, les effets non-linéaires deviennent importants - sinon dominants - et l'on doit s'attendre, à juste titre, à ce qu'une théorie linéaire devienne caduque. Il s'avère toutefois - et ceci a été montré à partir de la théorie non-linéaire[3)] - que ce "voisinage immédiat" ne constitue qu'un domaine extrêmement étroit autour du point de transition. L'hydrodynamique linéaire apparaît donc comme adéquate pour décrire dans un large domaine de validité l'évolution du système de l'état d'équilibre vers la transition de régime : c'est le problème qui sera envisagé ici, et ce dans la limite d'une description donnée en termes de la théorie linéaire des fluctuations hydrodynamiques. Le problème essentiel que nous posons est celui de la dynamique des fluctuations au cours de l'approche du système vers l'instabilité. Il en découle une série de questions successives : Comment l'amplification des fluctuations se manifeste-t-elle au cours de l'évolution du système ? En résulte-t-il des effets importants au niveau des phénomènes prétransitionnels ? Ces phénomènes transitionnels peuvent-ils - et si oui, comment - être observés expérimentalement ?

2. Le Problème de Rayleigh-Bénard.

Une couche liquide mince, placée horizontalement et chauffée par le bas, est soumise aux effets antagonistes de deux contraintes : la force gravifique et un gradient (linéaire) de température (figure 1). C'est leur combinaison qui constitue la force extérieure agissant sur le système.

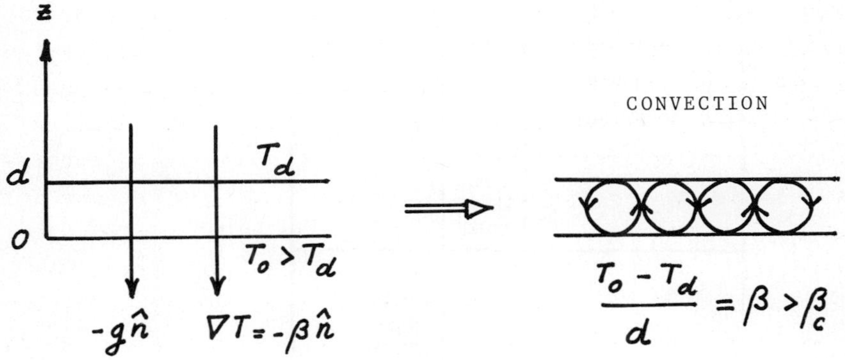

Fig. 1 : Illustration schématique de l'instabilité de Rayleigh-Bénard. $\hat{n} = (0,0,1)$ est le vecteur unitaire orienté selon la direction verticale (OZ) ; d est l'épaisseur de la couche ; g est la constante de gravitation ; β est la mesure du gradient de température et β_c sa valeur critique.

Tant que le gradient de température demeure inférieur à la valeur critique β_c, l'état de repos se maintient. Dès que $\beta > \beta_c$, l'excès de chaleur ne peut plus être dissipé par le seul truchement des forces dissipatives internes et le régime de convection s'établit.[4] Le domaine d'évolution du système que nous considérerons ici s'étend de l'état d'équilibre ($\beta = 0$) au voisinage du point de transition ($\beta \to \beta_c$).

Partant des équations classiques décrivant les fluctuations hydrodynamiques, nous pouvons traduire la situation décrite ci-dessus par le système suivant :

$$\partial_t \delta\rho + \nabla.\vec{j} = 0 ,$$
$$\partial_t \vec{v} + \nabla.\vec{\vec{\pi}} - g\hat{n} = 0 ,$$
$$\partial_t \delta T + \nabla.\vec{j}_T - \beta\vec{v}.\hat{n} = 0 . \qquad (1)$$

Abstraction faite des termes contenant g et β , on reconnaîtra les équations usuelles de l'hydrodynamique[5] où $\delta\rho$ et δT représentent respectivement les fluctuations de densité et de température, $\vec{j}$ et $\vec{j}_T$ les courants respectifs de masse et de chaleur, $\vec{v}$ le champ de vitesse, et $\vec{\vec{\pi}}$ le tenseur des pressions. Dans ce cas la matrice hydrodynamique résultant du système (1) (où l'on pose $g=\beta=0$) fait apparaître les modes caractéristiques du fluide à l'équilibre et peut être représentée schématiquement comme suit :

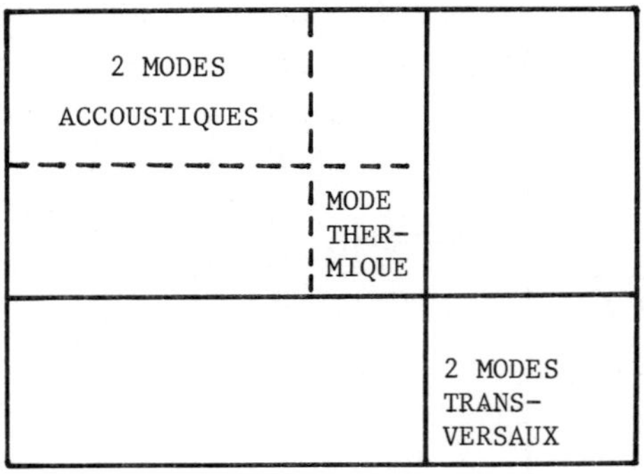

(2)

Les lignes en trait plein indiquent le découplage des modes transversaux et des modes longitudinaux ; ces derniers peuvent (en bonne approximation) se séparer en deux modes propagatifs (les modes accoustiques) et un mode diffusif (le mode de diffusivité thermique) qui donnent lieu au spectre de Rayleigh-Brillouin observé par diffusion inélastique de la lumière[6].

Lorsque le fluide s'écarte de son état d'équilibre sous l'action du gradient de température, il apparaît un nouveau couplage des modes hydrodynamiques et la matrice émanant des équations (1) (avec g = const et $\beta \neq 0$) devient[7]

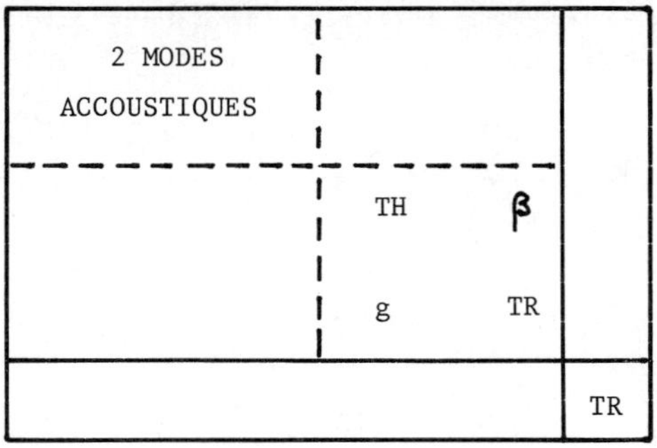

(3)

Une modification sensible par rapport à l'expression représentative de l'état d'équilibre, (2), est le déplacement des traits pleins, qui illustre le découplage d'un seul mode de cisaillement. Les lignes en traits interrompus illustrent la séparation du bloc des modes accoustiques qui ne sont pas affectés (du moins en très bonne approximation) par la présence des nouveaux éléments β et g[8] : les modes de propagation demeurent essentiellement inchangés et ne ressentent donc guère l'action de la force extérieure. L'effet principal se manifeste par l'apparition d'un bloc central traduisant le couplage entre le mode de diffusivité thermique (TH) et un mode transversal (TR) - ou mode de vorticité. C'est donc à partir de l'analyse de ce bloc (pour β variant de zéro à sa valeur critique β_c) qu'apparaîtra la manière dont le système évolue depuis l'équilibre jusqu'au point de transition. Il s'en suit donc que la description de l'état prétransitionel peut se réduire à l'analyse d'un système de deux équations stochastiques couplées[9], soit en toute généralité pour les fluctuations $x, y = f(k,t)$ [10]

$$\dot{x}(t) = -\lambda_x x(t) - \lambda_{xy} y(t) + F_x(t) ,$$

$$\dot{y}(t) = -\lambda_y y(t) - \lambda_{yx} x(t) + F_y(t) , \qquad (4)$$

avec $\lambda_i , \lambda_{ij} = f(k)$ et où les forces aléatoires présentent un spectre blanc, soit

$$\langle F_i^*(\omega) F_j(\omega) \rangle = \pi^{-1} C_{ij} . \qquad (5)$$

Les C_{ij} sont des constantes qui peuvent être spécifiées à partir du théorème de fluctuation-dissipation.[11]

La densité spectrale des fluctuations s'obtient directement à partir de la résolution du système (4), soit

$$\langle |x(\omega)|^2 \rangle = L_- \frac{\lambda_-}{\omega^2 + \lambda_-^2} + L_+ \frac{\lambda_+}{\omega^2 + \lambda_+^2} . \tag{6}$$

L_+ et L_- sont les facteurs de puissance des composantes spectrales et $\lambda_\pm$ sont les racines de l'équation de dispersion du système (4):

$$\lambda_\pm = -\frac{1}{2}(\lambda_x + \lambda_y) \pm \frac{1}{2}\left[(\lambda_x + \lambda_y)^2 - 4\lambda_x \lambda_y \epsilon\right]^{1/2} , \tag{7}$$

avec

$$1 \geq \epsilon = 1 - \frac{\lambda_{xy}\lambda_{yx}}{\lambda_x \lambda_y} \geq 0 , \tag{8}$$

où $\epsilon = 1$ correspond à l'état d'équilibre $(\lambda_{xy} \propto \beta = 0)$ et $\epsilon = 0$ au point de transition $(\beta = \beta_c)$. Dans le cas du problème de Bénard[12)], $\epsilon = 1 - \alpha \beta g (\nu \chi)^{-1} k_\parallel^2 k^{-6}$ soit encore : $\epsilon = 1 - R_a / R_c(k)$, où R_a est le nombre de Rayleigh (c.à.d. la mesure non-dimensionnelle du gradient de température) et $R_c(k)$ sa valeur critique pour le mode de longueur d'onde $2\pi k^{-1}$. Il découle de ces résultats que près du point de transition, le mode λ_- se comporte comme un "soft mode" :

$$\lambda_- \simeq \frac{\lambda_x}{1 + \lambda_x/\lambda_y} \epsilon \xrightarrow[\epsilon \to 0]{} 0 , \tag{9}$$

tandis que le mode λ_+ tend vers une valeur finie comme la loi de conservation l'exige $(\lambda_+ + \lambda_- = \lambda_x + \lambda_y)$. Il en résulte des modifications spectrales qui traduisent la dynamique des fluctuations dans l'état prétransitionnel : apparition d'une nouvelle composante centrale (liée à λ_+ et correspondant au mode de vorticité) qui s'élargit lorsque $\epsilon \to 0$ et rétrécissement de la raie de diffusivité thermique $(\sim \lambda_-)$ à l'approche du point de transition (amortissement critique). Conjointement l'intensité du pic central augmente et - comme on peut le montrer à partir des équations (6) et (7) - elle diverge comme ϵ^{-2} près de la transition, soit

$$I_0 \propto \langle |x(\omega)|^2_{\omega=0} \rangle \simeq \frac{\langle |x|^2 \rangle^{eq.}}{\lambda_x \epsilon^2} \xrightarrow[\epsilon \to 0]{} \infty , \tag{10}$$

où $\langle |x|^2 \rangle^{eq.}$ représente les fluctuations quadratiques moyennes évaluées à l'équilibre.
Quant à l'intensité intégrée, elle contient une partie singulière qui dans le cas d'un liquide à grand nombre de Prandtl $(\chi \ll \nu)$ se comporte comme

$$I \propto \langle |x|^2 \rangle \simeq \langle |x|^2 \rangle^{eq.} \epsilon^{-1} \xrightarrow[\epsilon \to 0]{} \infty . \tag{11}$$

De la discussion qui précède, il ressort trois résultats intéressants quant au comportement des fluctuations prétransitionnelles :
(i) la variation de la largeur de la raie caractéristique du mode qui tend à devenir instable, Eq. (9) ;
(ii) l'accroissement de la hauteur du pic correspondant, Eq. (10) ;
(iii) l'augmentation de l'intensité des fluctuations quadratiques moyennes, Eq.(11).

Il importe toutefois de noter que nous avons traité ϵ comme un paramètre alors qu'il s'agit en fait d'une grandeur qui dépend explicitement du nombre d'onde, soit $\epsilon = \epsilon(k)$. Pratiquement on peut écrire qu'au voisinage de la transition[9)]

$$\epsilon(k) = f(\varepsilon, k-k_c) = \varepsilon \left[1 + \xi^2 (k-k_c)^2\right] , \tag{12}$$

où k_c^{-1} correspond à la longueur d'onde $(\sim d)$ du mode qui le premier devient instable, ε est ici le paramètre qui mesure l'écart au point de transition, $\varepsilon = (R_c - R_a) / R_c$ où $R_c = R_c^{minimum}$ [1)], et ξ est la longueur de corrélation qui croît comme $\sim d\, \varepsilon^{-1/2}$. En fait les expressions (9), (10) et (11) sont donc applicables, en posant $\epsilon = \varepsilon$, dans la mesure où seul le mode de longueur d'onde $2\pi k_c^{-1}$ est pris en considération. Sinon il faut combiner l'expression (12) aux résultats antérieurs. En ce qui concerne par exemple les fluctuations du champ de vitesse, nous pouvons évaluer leur amplification en appliquant les expressions (10) et (12) ; dans ce cas, prenant $X = \vec{v}$ nous aurons $\langle |x|^2 \rangle^{eq.} = k_B T / \rho$ et $\lambda_x = \eta k^2 / \rho$ (où η est le coefficient de viscosité) ce qui donne

$$\langle |\vec{v}_k(\omega)|^2_{\omega=0} \rangle \simeq \frac{k_B T}{\rho} \left[k\, f(\varepsilon, k-k_c) \right]^{-2} , \tag{13}$$

résultat auquel nous reviendrons dans la suite.

3. Aspects expérimentaux.

C'est l'amplification des fluctuations hydrodynamiques qui déclenche les phénomènes de transition de régime. D'autre part, les fluctuations thermiques peuvent se mesurer par spectroscopie par diffusion inélastique de la lumière. Il était dès lors logique d'envisager l'étude des effets prétransitionnels par analyse spectrale de la lumière diffusée[13)], et en particulier de la dynamique des fluctuations d'entropie à partir du rétrécissement de la raie de Rayleigh prévu par l'équation (9)[14)]. Il apparaît toutefois en ce qui concerne les liquides usuels (par exemple l'eau à température ordinaire) une difficulté expérimentale non triviale : la longueur d'onde du mode critique est de l'ordre de grandeur de la dimension du système ($k_c^{-1} \sim d \sim$ 0.1 à 1 cm). Ceci implique que la lumière diffusée doit être détectée sous un angle de l'ordre du milième (au mieux du centième) de degré. Atteindre la résolution expérimentale correspondante relève véritablement du tour de force. Et pourtant la chose a été réalisée sur le plan instrumental[15)], mais aucune expérience n'a encore été effectuée à ce jour qui ait mis en évidence les fluctuations prétransitionnelles dans un liquide ordinaire. Par contre la situation est quelque peu différente dans le cas des cristaux liquides. Si le problème s'avère moins simple dans sa formulation par suite de la plus grande complexité structurale de tels systèmes, ceux-ci présentent un certain avantage du point de vue expérimental. Les cristaux liquides nématiques peuvent être le siège d'instabilités électrohydrodynamiques[16)] : sous l'action d'un champ électrique extérieur il se produit une amplification des fluctuations du directeur qui par couplage avec les fluctuations diélectriques peuvent être détectées par diffusion de la lumière. Le mécanisme de l'instabilité - qui dans son principe est analogue au problème de Rayleigh-Bénard - repose sur l'apparition d'un torque diélectrique déstabilisant : l'effet qui produira l'instabilité se manifeste par une réorientation des molécules due à l'action du champ électrique sur la composante anisotrope du moment dipolaire induit. Le phénomène convectif qui apparaît au-delà d'un certain seuil du champ électrique a une longueur d'onde critique correspondant à l'espacement des franges de convection. Comme il s'agit ici d'échantillons très minces ($d \sim$ 10-100 μm) on gagne un facteur de l'ordre de 10^3 sur la valeur de l'angle sous lequel doit se faire la détection de la lumière diffusée, soit de l'ordre de un à quelques degrés. Ceci relève des techniques standards et rend l'expérience beaucoup plus aisée que dans le cas du liquide isotrope ordinaire. De telles expériences ont été réalisées dans le MBBA de façon à mettre en évidence l'amplification des fluctuations prétransitionnelles.[17,18] Une première illustration[19] en est donnée dans la figure 2.

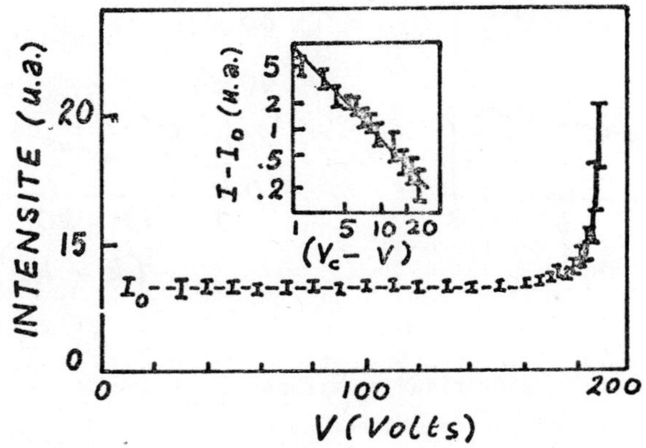

Fig. 2. Intensité de la lumière diffusée par les fluctuations prétransitionnelles en fonction de la différence de potentiel appliquée aux bornes d'une couche de MBBA. Une représentation logarithmique des résultats est donnée dans l'encart (Smith et al. reference 17).

On constate que l'intensité intégrée de la lumière diffusée augmente considérablement au voisinage du point de transition et la représentation logarithmique donnée dans l'encart indique que l'amplification des fluctuations quadratiques moyennes a lieu selon une loi en ε^{-1} conformément à l'équation (11). Un deuxième exemple nous est fourni par les résultats d'expériences de diffusion de lumière effectuées également dans la phase nématique du MBBA au voisinage du seuil de l'instabilité de convection électrohydrodynamique[18]. L'amortissement du mode critique, dont l'expression résulte de la combinaison des équations (9) et (12) dans le cas du fluide isotrope, prend ici la forme analogue

$$\lambda_c \propto \varepsilon_v + const\ (k-k_c)^2 , \tag{14}$$

où $\varepsilon_v = (V_c^2 - V^2)V_c^{-2}$ mesure l'écart à la valeur critique de la différence de potentiel. Les résultats expérimentaux sont représentés dans la figure 3

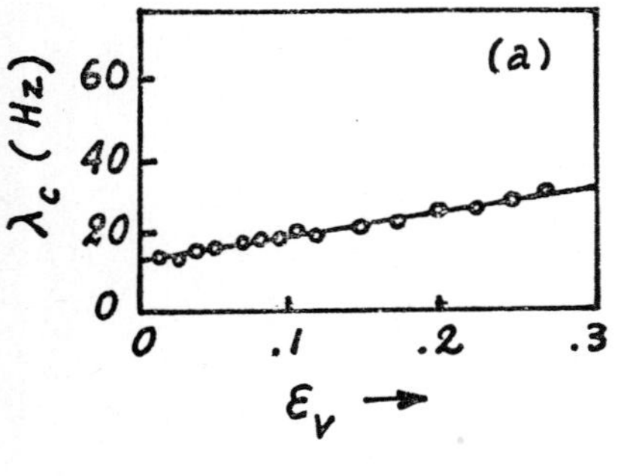

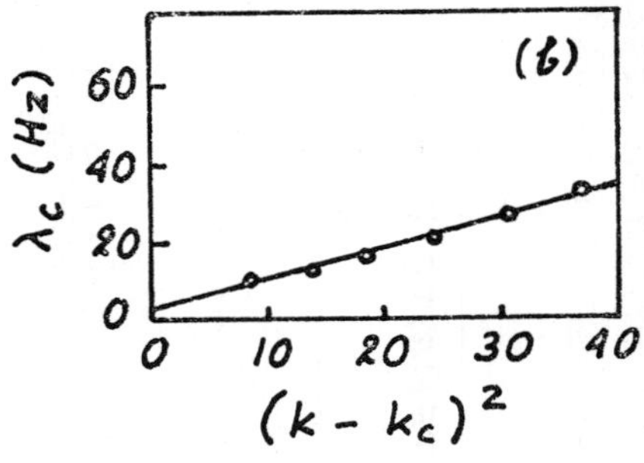

Fig. 3. L'amortissement du mode critique mesuré par diffusion de la lumière dans le MBBA au voisinage de l'instabilité de convection électrohydrodynamique en fonction de la différence de potentiel (a) et en fonction du nombre d'onde (b) ; voir équation (14). (Miyakawa, référence 18).

Si l'on tient compte du fait que les expériences illustrées dans la figure 3 a n'ont pas été effectuées pour $k = k_c$ mais sous un angle de diffusion correspondant à une valeur proche de celle de la longueur d'onde critique (ce qui explique la valeur résiduelle de λ_c à $\mathcal{E}_v = 0$) on observe bien la dépendance linéaire de λ_c par rapport à $\mathcal{E}$ prévue par l'équation (14). Cette dernière est encore bien vérifiée en ce qui concerne la variation de λ_c en fonction de $(k - k_c)$ comme le montre la figure 3b : cette fois les résultats traduisent une série d'expériences effectuées sous différents angles de diffusion pour une valeur constante du potentiel légèrement inférieure à celle du seuil critique (d'où l'intercept de l'ordonnée à l'origine).

On notera également que des mesures récentes de flux de chaleur au travers d'une couche liquide d'He I effectuées dans le voisinage immédiatement au-dessus du point de la transition convective montrent que l'amplitude des fluctuations du champ de température présente un amortissement critique conformément à une loi linéaire en $\mathcal{E}$ (ici $\mathcal{E} = (R_a - R_c) R_c^{-1}$).[20]

4. Le problème de Bénard dans un mélange binaire.

Nous reprenons d'abord brièvement la formulation du problème de Rayleigh-Bénard pour un système à un seul constituant, problème qui a fait l'objet de l'exposé du paragraphe 2. C'est dans le but d'une extension au cas du mélange[21] et ensuite à celui du fluide anisotrope (au paragraphe 5) qu'il est utile d'en donner une formulation à la fois plus précise et suffisamment générale pour que les différents prolongements s'insèrent dans le cadre d'une présentation simple et cohérente. Rappelons que l'essentiel du problème se ramène à l'étude d'un système de deux équations couplées (voir paragraphe 2) résultant du fait que ce qui détermine l'évolution du système est l'apparition d'un couplage entre le mode d'entropie et un mode de vorticité (couplage représenté par le bloc central de l'Eq. (3)). Il est commode d'utiliser une formulation en termes des variables σ_k et ξ_k représentant respectivement les fluctuations d'entropie (en gradeurs réduites) et la vorticité (le double rotationnel du champ de vitesse)[7], soient (exprimées en transformée spatiale de Fourier)

$$\sigma_k(t) = (\alpha \beta^{-1} g\, k_{\parallel}^2 k^2)^{1/2} (T C_p^{-1})\, \delta s_k(t) ,$$

$$\xi_k(t) = (\vec{k} \times \vec{k} \times \vec{v}(t))_z . \tag{15}$$

Le système des équations de base est alors le suivant :

$$\partial_t \sigma_k(t) = - P^{-1} \sigma_k(t) + (\mathcal{R}/P)^{1/2} \xi_k(t) ,$$

$$\partial_t \xi_k(t) = - \xi_k(t) + (\mathcal{R}/P)^{1/2} \sigma_k(t) . \tag{16}$$

Le temps est ici exprimé en grandeur réduite, soit $t \nu k^2$; $\mathcal{R}$ est le rapport du nombre de Rayleigh à sa valeur critique ($\mathcal{R} = R_a / R_c = \alpha \beta g\, k_{\parallel}^2 (\varkappa \nu k^6)^{-1}$) et $P = \nu/\chi$ est le nombre de Prandtl. Sous forme de transformée temporelle de Laplace (avec $z = s/\nu k^2$), les équations (16) conduisent à l'équation de dispersion suivante

$$\begin{vmatrix} z + P^{-1} & -\sqrt{\mathcal{R}/P} \\ -\sqrt{\mathcal{R}/P} & z+1 \end{vmatrix} = 0 , \tag{17}$$

d'où il découle que l'équation caractéristique a la solution $\mathcal{R} = 1$, ce qui définit le point de transition.

Le cas du mélange binaire se traite selon le même schéma compte tenu du fait qu'au système de base s'ajoute une équation supplémentaire décrivant les fluctuations de concentration , que nous exprimons sous forme réduite comme

$$\gamma_k(t) = (\alpha_c \beta^{-1} g\, k_\parallel^2 k^2)^{1/2} (T k_T^{-1})^{1/2} \delta c_k(t) , \tag{18}$$

avec $\alpha_c = \rho^{-1}(\partial\rho/\partial c)_{p,T}$ et où k_T est le rapport de thermodiffusion.[22] Apparaîtront également deux nouvelles grandeurs sans dimension : le nombre de Soret : $S = (\alpha_c k_T)(\alpha T)^{-1}$, et le nombre de Schmidt : $S_c = \nu/D$ (où D est le coefficient de diffusion). Le système des équations décrivant le système binaire traduit maintenant le couplage entre fluctuations d'entropie, fluctuations de concentration, et champ de vitesse, soit

$$\begin{aligned} \partial_t \sigma_k(t) &= -P^{-1}\sigma_k(t) + (\mathcal{R}/P)^{1/2}\xi_k(t) , \\ \partial_t \xi_k(t) &= -\xi_k(t) + (\mathcal{R}/P)^{1/2}\sigma_k(t) + (S\mathcal{R}/P)^{1/2}\gamma_k(t) , \\ \partial_t \gamma_k(t) &= -S_c^{-1}\gamma_k(t) + (S\mathcal{R}/P)^{1/2}\xi_k(t) . \end{aligned} \tag{19}$$

Il est bien évident que l'analyse de stabilité du système dépend de manière cruciale du signe du nombre de Soret (c.à.d. de celui de k_T). Différentes possibilités existent[21] suivant que $S>0$ ou $S<0$ (c.à.d. selon que le constituant le plus dense migre vers la zone froide ou vers la zone chaude) en combinaison avec l'orientation du gradient de température (soit vers le bas : $\mathcal{R}>0$, soit vers le haut : $\mathcal{R}<0$). Nous considérerons ici simplement le cas correspondant à la situation du problème de Bénard classique : le constituant le plus lourd migre vers la zone froide dans une couche chauffée par le bas, soit : $S>0$, $\mathcal{R}>0$. Comme précédemment on déduit du système (19), l'équation de dispersion suivante :

$$\begin{vmatrix} z+P^{-1} & -\sqrt{\mathcal{R}/P} & 0 \\ -\sqrt{\mathcal{R}/P} & z+1 & \sqrt{S\mathcal{R}/P} \\ 0 & \sqrt{S\mathcal{R}/P} & z+S_c^{-1} \end{vmatrix} = 0 . \tag{20}$$

Nous noterons tout d'abord que lorsque le système est à l'équilibre, $\mathcal{R} = 0$, d'où il résulte un découplage des modes. Abstraction faite du mode de cisaillement (correspondant à l'élément $z+1$), on obtient deux modes diffusifs liés respectivement aux fluctuations d'entropie $(z+P^{-1})$ et aux fluctuations de concentration $(z+Sc^{-1})$ qui (du moins en première approximation) donnent lieu dans le spectre de la lumière diffusée à des composantes lorentziennes superposées et centrées à la fréquence nulle.[23] En dehors de l'équilibre (c.à.d. pour $\mathcal{R}>0$), l'équation caractéristique obtenue à partir de (20) donne $\mathcal{R}(1+S\chi D^{-1})=1$, relation qui définit le point d'instabilité pour un mélange. Dans la mesure où $S\chi D^{-1} \gg 1$ (ce qui est souvent le cas en pratique), on trouve donc que le nombre de Rayleigh dans un système binaire est donné par : $(\alpha_c \beta g/\nu D)(k_T/T)d^4$. Compte tenu de cette modification par rapport au cas du système à un constituant, on peut effectuer une analyse spectrale des fluctuations thermiques dans le mélange[24] d'une manière analogue à celle présentée dans le paragraphe 2. Le résultat essentiel qui en découle est l'amplification au voisinage du point de transition, des fluctuations de concentration, dont la composante spectrale est de la forme :[24]

$$\langle|\delta c_k(\omega)|^2\rangle \simeq \frac{\langle|\delta c_k|^2\rangle}{\omega^2+\lambda_c^2(k)} , \tag{21}$$

où

$$\lambda_c(k) \simeq Dk^2\varepsilon(1+\xi^2(k-k_c)^2) , \tag{22}$$

et

$$\langle|\delta c_k|^2\rangle \simeq \frac{const}{\lambda_c(k)} = \frac{\langle|\delta c_k|^2\rangle}{\varepsilon(1+\xi^2(k-k_c)^2)} . \tag{23}$$

On constate donc à la lueur de ces résultats une similarité très nette par rapport à ceux décrivant le mode d'entropie (voir paragraphe 2), c.à.d. un amortissement critique - Eq. (22) - et une amplification des fluctuations - Eq. (23) - près du point d'instabilité ($\varepsilon \to 0$). Notons toutefois que le facteur d'amplitude du mode critique est ici Dk^2 et qu'il est χk^2 pour le mode d'entropie, c'est-à-dire que ces facteurs sont dans un rapport D/χ , soit typiquement de l'ordre de 10^{-2}. L'on doit s'attendre à ce que la mise en évidence par diffusion de la lumière du comportement critique des fluctuations de concentrations soit d'autant moins aisée.

Il est intéressant de noter que tout récemment des expériences ont été effectuées sur des solutions diluées de macro molécules en couche mince chauffée par le haut[25)] (la situation est équivalente à celle décrite plus haut car ici $k_T < 0$). Grâce à une technique de déflection optique par effet thermique, l'amortissement critique lié aux variations du gradient de concentration a pu être mis en évidence immédiatement au dessus du point de transition. Sans pouvoir prétendre à une vérification quantitative de la forme analytique de la relation (22), il apparaît du moins que les résultats expérimentaux sont compatibles avec une loi linéaire en ε .

5. Le problème de Bénard dans un fluide anistrope.

Au même titre que le cas du mélange binaire peut se traiter à partir des équations simples moyennant l'adjonction d'une équation supplémentaire pour décrire les fluctuations de concentration, on peut prendre la même base de départ pour étudier le cas du fluide composé de molécules anisotropes (fluide considéré dans sa phase isotrope). Il s'y adjoindra ici une équation représentative du champ de vitesse angulaire. La description d'un tel système à l'équilibre est bien connue.[26)] Il suffira d'y introduire les termes représentant les effets de la contrainte extérieure pour obtenir le système d'équations suivant[27)]

$$\begin{aligned}
\partial_t \,\delta s_k(t) &= -\chi k^2 \delta s_k(t) + C_p T^{-1} \beta\, k^{-2} \xi_k(t)\,, \\
\partial_t \,\xi_k(t) &= -(\nu + \nu_R) k^2 \xi_k(t) + 2\nu_R k^2 \mu_k(t) + T C_p^{-1} \alpha g\, k_{\parallel}^2 \delta s_k(t)\,, \\
\partial_t \,\mu_k(t) &= -4\nu_R I^{-1} \mu_k(t) + 2\nu_R I^{-1} \xi_k(t)\,,
\end{aligned} \tag{24}$$

où I représente le moment d'inertie (par unité de masse), ν_R est la viscosité rotationelle, et $\mu = (\nabla \times \vec{\omega})_z$ avec $\vec{\omega}$, la vitesse angulaire.

En utilisant comme au paragraphe précédent les grandeurs réduites et définissant $\Pi = \nu/\nu_R$ et $\tau = \Pi I k^2/4$, on obtient à partir des équations (24) l'équation de dispersion sous la forme suivante :

$$\begin{vmatrix} z + P^{-1} & -\sqrt{\mathcal{R}/P} & 0 \\ -\sqrt{\mathcal{R}/P} & z+1+\Pi^{-1} & -2\Pi^{-1} \\ 0 & -1/2\tau & z+\tau^{-1} \end{vmatrix} = 0 \,, \qquad (25)$$

relation à partir de laquelle on trouve que l'équation caractéristique donne $\mathcal{R} = 1$,ce qui définit le point de transition exactement comme pour un fluide isotrope.

Lorsque le système est à l'équilibre $(\mathcal{R} = 0)$ seul persiste le couplage entre vitesse angulaire $(\sim \mu_k)$ et champ de vitesse $(\sim \xi_k)$. On sait que ces fluctuations peuvent se coupler à celles de la partie anisotrope du tenseur de polarizabilité et produisent de ce fait une contribution au spectre de la lumière dépolarisée [28]: ce dernier se compose schématiquement de la différence entre une Lorentzienne de grande largeur $(\sim 4\nu_R I^{-1})$ et une Lorentzienne beaucoup plus étroite $(\sim \nu k^2)$, dont la combinaison donne un spectre d'allure lorentzienne creusée en son centre (à fréquence nulle) d'une "vallée" étroite, dont la largeur et la profondeur peuvent dépendre de la température.[29] L'apparition d'un phénomène semblable a été prédit en ce qui concerne le spectre de la lumière dépolarisée diffusée par un système de Bénard constitué de molécules anisotropes.[30] A l'approche du point de transition $(\mathcal{R} \to 1)$ le mode qui produit la "vallée" dans le spectre dépolarisé (correspondant à l'élément $z+1+\Pi^{-1}$ dans l'équation (25)) présente par couplage un amortissement critique et conjointement son intensité croît comme ε^{-2} (lorsque $\varepsilon \to 0$). On devrait donc assister au phénomène représenté schématiquement dans la figure 4 : la "vallée" se creuse et se rétrécit lors de l'approche vers l'instabilité.

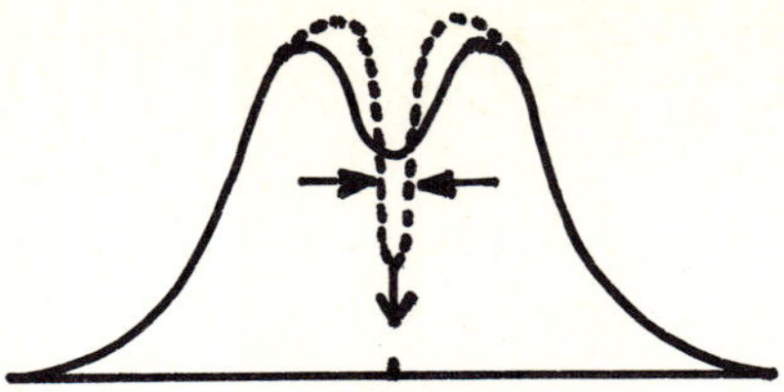

Fig. 4. Illustration du spectre de la lumière dépolarisée diffusée par un système de Bénard anisotrope au voisinage du point d'instabilité.

L'idée qui a conduit à l'analyse des effets prétransitionnels dans un système de Bénard anisotrope trouve son origine dans la discussion des problèmes expérimentaux soulevés au paragraphe 3. Rappelons la difficulté essentielle que présente l'observation des fluctuations prétransitionnelles par diffusion de la lumière : la longueur d'onde du mode critique est de l'ordre de grandeur de la dimension du système étudié. Ce qui implique la nécessité de réaliser l'expérience à très petit angle de diffusion. Cette difficulté expérimentale disparaît (en principe du moins) s'il s'agit de lumière dépolarisée puisqu'on pourrait alors détecter la lumière diffusée dans la direction incidente. Reste le problème de l'intensité de l'effet prédit : si celle-ci est suffisante et si la largeur de la "vallée" est compatible avec la résolution instrumentale, on pourrait penser à une nématogène dans sa phase isotrope comme "candidat" possible pour une telle expérience. Notons à ce propos que les fluctuations prétransitionnelles ont été étudiées dans le cas d'un nématique soumis à l'action d'un gradient de température[31)]. La présence de la contrainte thermique induit un couplage entre le mode d'élasticité "lent" (indicé S ci-après), le mode de diffusivité thermique et un des modes de cisaillement ("rapide"). Ce dernier demeure pratiquement inchangé au cours de l'évolution du système vers le point de transition. Les deux premiers par contre sont altérés dans leur comportement d'une manière qui peut être représentée schématiquement comme suit :

$$\lambda_- \sim \lambda_S \varepsilon \quad ; \quad \lambda_+ \sim \chi k^2 + \lambda_S (\varepsilon - 1) \, , \tag{26}$$

expressions qui évoquent très directement celles obtenues dans le cas du problème de Bénard pour un fluide isotrope simple (voir equation (9)). Il en résulte ici aussi que le mode λ_- , présente un amortissement critique lorsque $\varepsilon \to 0$. Les conséquences que ceci implique au niveau du spectre de la lumière diffusée se manifestent de la manière suivante : à l'équilibre $(\varepsilon = 1)$ les modes sont découplés et la partie centrale du spectre se réduit à une seule Lorentzienne de largeur λ_s . Sous l'action du gradient de température $(0<\varepsilon<1)$ troisLorentziennes apparaissent dont l'une se rétrécit lorsque le système s'approche du point de transition $(\lambda_- \xrightarrow[\varepsilon \to 0]{} 0)$. Aucune expérience toutefois n'a jusqu'à présent permis d'observer ces effets en pratique, mais il faut se rappeler les difficultés expérimentales que pose la détection des modes à grande longueur d'onde (voir paragraphe 3) ; c'est le cas ici également.

6. Le mouvement brownien au voisinage de l'instabilité.

Lorsqu'une couche liquide mince chauffée par le bas s'approche du point de convection, les fluctuations du champ de vitesse tendent à s'amplifier comme le montre l'équation (13). Or c'est le champ de vitesse dans le fluide qui induit le mouvement brownien d'une particule en suspension dans le milieu. Il est donc logique de se demander si, et comment, le mouvement d'une particule brownienne serait influencé par l'amplification du champ de vitesse. Partons de l'équation de Langevin décrivant le mouvement de la particule dans le référentiel du laboratoire :

$$m\dot{\vec{u}}(t) = -\zeta\left[\vec{u}(t) - \vec{v}(t)\right] + \vec{F}(t) . \qquad (27)$$

Le premier terme du membre de droite représente la force de friction ; $\zeta = 6\pi\eta a$ est le coefficient de friction avec a, le rayon de la particule brownienne, m, sa masse, et $\vec{u}$ sa vitesse, tandis que $\vec{v}$ est la vitesse locale du fluide environnant. La force aléatoire, $\vec{F}(t)$, est la seule source de fluctuations lorsque le système est à l'équilibre (et détermine dans cet état la diffusion brownienne) ; il s'en suit donc que le champ de vitesse locale $\vec{v}$ décrit en fait les "fluctuations d'excès" induites par le champ extérieur (c.à.d. la contrainte qui mène le système vers un nouvel état). Ce champ va contribuer au mouvement de la particule d'une manière que nous appellerons "singulière" : cette contribution vient se superposer à l'effet du mouvement brownien classique. Pour s'en convaincre, il suffit de résoudre l'équation de Langevin (27) : en termes des fonctions d'autocorrélation des vitesses on trouve

$$\langle \vec{u}(t_1).\vec{u}(t_2)\rangle = \text{partie brownienne classique} \quad + \quad \langle \vec{u}_s(t_1).\vec{u}_s(t_2)\rangle, \tag{28}$$

où l'indice s indique la "singularité" de la deuxième contribution qui est donnée par

$$\langle \vec{u}_s(t_1).\vec{u}_s(t_2)\rangle = \langle \vec{v}(t_1).\vec{v}(t_2)\rangle \; ; \quad |t_1 - t_2| \gg \zeta/m \; . \tag{29}$$

L'interprétation de ce résultat est simple : les particules en suspension sont entrainées par le flux naissant dans le champ de vitesse fluctuant du fluide. Rappelons que ce dernier peut s'écrire à partir de l'équation (13), comme

$$\langle |\vec{v}_k|^2\rangle \exp\left[-\lambda(k)(|t_1 - t_2|)\right] , \tag{30}$$

où $\langle|\vec{v}_k|^2\rangle \propto \epsilon^{-1}(k)$ et $\lambda(k)$ est le paramètre d'amortissement critique ($\propto \epsilon(k)$). Pour mesurer l'effet produit sur la particule brownienne, nous évaluons le déplacement quadratique moyen (suivant la direction verticale de l'axe Z) :

$$\langle \Delta z_s^2(t-t_0)\rangle = \int_{t_0}^{t} dt_1 \int_{t_0}^{t} dt_2 \, \langle \vec{u}_s(t_1).\vec{u}_s(t_2)\rangle , \tag{31}$$

soit en utilisant (29) et (31),

$$\langle \Delta z_s^2(t-t_0)\rangle \propto 2\,\frac{\langle|\vec{v}_k|^2\rangle}{\lambda(k)}(t-t_0) \; ; \; (t-t_0) \gg \lambda^{-1}(k) . \tag{32}$$

En recombinant ce résultat avec l'expression courante de la contribution d'équilibre, on aura (à partir de (28))

$$\langle \Delta z^2(\Delta t)\rangle = 2\,(D_B + D_S)\,\Delta t \; , \tag{33}$$

où D_B est le coefficient de diffusion brownienne habituel, soit $D_B = k_B T(6\pi\eta a)^{-1}$. D_S représente la partie "singulière" qui à partir des expressions ci-dessus prend la forme

$$D_S \propto \langle|\vec{v}_k|^2\rangle / \lambda(k) \, . \tag{34}$$

Compte tenu de la dépendance par rapport à ε de $\langle|\bar{v}_k|^2\rangle$ et de $\lambda(k)$ on constate que D_S varie comme $\varepsilon^{-\mu}$, c'est-à-dire croît lorsque le système s'approche de la transition $(\varepsilon \to 0)$. Selon que l'on considère uniquement le mode critique (soit $k = k_c$) ou la contribution d'une enveloppe de modes autour de $k \sim k_c$, l'exposant "critique" prend respectivement les valeurs $\mu = 2$ [32] ou $\mu = 3/2$ [33]. Le résultat essentiel étant la "divergence" de la partie "singulière" du coefficient de diffusion au voisinage du point d'instabilité[34], il importe d'évaluer l'ordre de grandeur de cet effet. Pour une couche de 1 mm d'épaisseur et une différence de température critique de $\sim$ 5°, un système de particules browniennes de rayon $\sim$ 1 μm verra son coefficient de diffusion croître de telle sorte que $D_S \simeq D_B$ (pour $\mu = 2$) ou $D_S \simeq 10^{-1} \times D_B$ (pour $\mu = 3/2$) lorsque $\varepsilon \simeq 10^{-2}$, c.à.d. à quelques cinq centièmes de degrés du point de transition. Etant données les performances actuelles des instruments qui permettent de mesurer le coefficient de diffusion par spectroscopie par correlation de photons avec grande précision[35], les ordres de grandeur évalués ci-dessus incitent à croire que de telles expériences permettraient de mettre en évidence la manifestation des effets prétransitionnels plus aisément que par la mesure directe - mais combien difficile - des fluctuations hydrodynamiques elles-mêmes.

Références et Notes.

1. Voir par exemple H. Haken, Z. Phys. B21, 105 (1975).
2. Dans le cadre de la théorie linéaire on peut par exemple dresser le tableau comparatif suivant :

Instabilité de convection (Théorie linéaire des fluctuations hydrodynamiques) $\varepsilon = \lvert R_a - R_c \rvert R_c^{-1}$				Transition Liquide-Vapeur (Théorie du champ moyen). $\varepsilon = \lvert T - T_c \rvert T_c^{-1}$	
Paramètre d'ordre	$R_a > R_c$	Champ de vitesse convective : $v_c \sim \varepsilon^{\beta}$	$\beta = \frac{1}{2}$	$T < T_c$	Densité : $\lvert \rho_L - \rho_G \rvert \sim \varepsilon^{\beta}$
	$R_a = R_c$	Conduction thermique : $\frac{Q}{\Delta T / d} \sim \varepsilon^{-\alpha}$	$\alpha = 0$	$T = T_c$	Chaleur spécifique : $C_p \sim \varepsilon^{-\alpha}$
Susceptibilité	$R_a < R_c$	Mode d'entropie : $\lambda^{-1} \sim (\chi k^2)^{-1} \varepsilon^{-\gamma}$	$\gamma = 1$	$T > T_c$	Compressibilité isotherme : $\chi_T \sim \varepsilon^{-\gamma}$
		Longueur de corrélation : $\xi \sim \varepsilon^{-\nu}$	$\nu = \frac{1}{2}$		Longueur de corrélation : $\xi \sim \varepsilon^{-\nu}$

3. R. Graham et H. Pleiner, dans Fluctuations, Instabilities and Phase Transitions, T. Riste ed. (Plenum Press, New York, 1975).
4. On trouvera une description du problème de Bénard dans l'ouvrage classique de S. Chandrasekhar, Hydrodynamic and Hydromagnetic Stability, (Clarendon, Oxford, 1961) ; voir aussi l'article de revue de M.G. Velarde, dans Hydrodynamics, R. Balian ed., (Gordon and Breach, New York, 1974).
5. Voir par exemple le traité de L.D. Landau et E.M. Lifshitz, Mécanique des Fluides (Editions de Moscou, 1971).
6. Voir par exemple le chapitre 10 de la monographie de B.J. Berne et R. Pecora, Dynamic Light Scattering (John Wiley, New York, 1976)
7. H.N.W. Lekkerkerker et J.P. Boon, Phys. Rev. A10, 1355 (1974).
8. Cette notation symbolique indique l'origine de ces éléments dans les équations de départ (1).
9. V.M. Zaitsev et M.I. Shliomis, Sov. Phys. JETP, 32, 866 (1971).
10. La présentation générale adoptée ici provient de ce que la formulation ne se limite pas au cas spécifique du problème de Bénard. Dans le cas particulier de la convection, on prendra :
$X(t) = \delta s_k(t)$; $y(t) = (\hat{k} \times \hat{k} \times \vec{v}(t))_z$; $\lambda_x = \chi k^2$; $\lambda_y = \nu k^2$;
$\lambda_{xy} = -\beta C_p / T k^2$; $\lambda_{yx} = -\alpha g T k_{\parallel}^2 / C_p$,

où $k_{\parallel}$ est le vecteur d'onde défini dans le plan de la couche liquide. Les autres symboles sont usuels (voir par exemple les références 5 et 4).

11. H.N.W. Lekkerkerker et J.P. Boon, dans Fluctuations, Instabilities, and Phase Transitions, T. Riste, ed. (Plenum Press, New York, 1975)
12. Notons que dans le cas de l'instabilité de Taylor, $\epsilon = 1 - T_a/T_c$ où T_a est le nombre de Taylor, et dans le problème de l'écoulement de Poiseuille (transition entre flux laminaire et non-laminaire) $\epsilon = 1 - R_E/R_c$, où R_E est le nombre de Reynolds.
13. J.P. Boon, Adv. Chem. Phys., 30, 87 (1975).
14. J.P. Boon et P. Deguent, Phys. Lett. A39, 315 (1972).
15. J.B. Lastovka, Bell Syst. Tech. J. 55, 1225 (1976).
16. E. Guyon, dans Fluctuations, Instabilities, and Phase Transitions, T. Riste ed. (Plenum Press, New York, 1975).
17. I.W. Smith, Y. Galerne, S.T. Lagerwall, E. Dubois-Violette, et G. Durand, J. Phys. 36, C1-237 (1975).
18. K. Miyakawa, J. Phys. Soc. Japan, 42, 18 (1977).
19. Il s'agit d'expériences effectuées près du seuil du régime "diélectrique" (Référence 17).
20. R.P. Behringer et G. Ahlers, "Heat Transport and Critical Slowing Down Near the Rayleigh-Bénard Instability in Cylindrical Containers" (preprint, 1977).
21. On consultera avec intérêt l'article de revue de R.S. Schechter, M. G. Velarde et J.K. Platten, Adv. Chem. Phys. 26, 265 (1974).
22. Nous prenons ici le cas où la barodiffusion $(\sim k_p)$ est négligeable par rapport à la thermodiffusion $(\sim k_T)$.
23. R.D. Mountain et J.M. Deutch, J. Chem. Phys. 50, 1130 (1969).
24. H.N.W. Lekkerkerker et W.G. Laidlaw, J. Phys. 1, 1 (1977).
25. M. Giglio et A. Vendramini, "Buoyancy Driven Instability in a Dilute Solution of Macromolecules" (preprint, 1977).
26. S.R. de Groot et P. Mazur, Non-Equilibrium Thermodynamics (North Holland, Amsterdam, 1963).
27. Ici encore, pour les raisons évoquées au paragraphe 2, il est légitime d'omettre les équations relatives aux fluctuations de pression et au champ de vitesse longitudinal puisqu'il a été montré qu'on peut négliger (avec une très bonne approximation) leur couplage avec les modes caractéristiques de l'instabilité (voir notamment la référence 7).
28. Voir la référence 6, chapitre 12.
29. Voir par exemple les expériences effectuées dans l'anisaldéhyde ; G.R. Alms, D.R. Bauer, J.I. Brauman, et R. Pecora, J. Chem. Phys. 59, 5304, 5310 (1973).
30. R.A. Pasmanter et I. Oppenheim, Physica 84A, 507 (1976).
31. K. Miyakawa, J. Phys. Soc. Japan, 39, 628 (1975).
32. J.B. Lastovka et J.P. Boon, Phys. Rev. A, 14, 1583 (1976).
33. H.N.W. Lekkerkerker et J.P. Boon, Phys. Rev. Lett. 36, 724 (1976).
34. Notons qu'un comportement singulier du coefficient de diffusion brownienne a également lieu au voisinage d'une transition de phase d'équilibre ; V.G. Martynets et E.V. Matizen, Soviet Physics JETP 31, 228 (1970) ; N. Ostrowsky, Thèse de Doctorat (Université de Paris, 1970) ; P. Mazur (à paraître, 1977).
35. J.P. Boon et A. Bouiller, Phys. Lett., 55A, 391 (1976).

A MARKOVIAN BIRTH AND DEATH DESCRIPTION OF FLUCTUATING HYDRODYNAMICS

L. Brenig*, W. Horsthemke**, M. Malek-Mansour and P.M. Bisch***

Faculté des sciences , C.P. 231, Université Libre de Bruxelles
B - 1050 Brussels, Belgium.

Abstract

A Master Equation describing a discrete Markov process which is a stochastic version of the Boltzmann equation is constructed. The relation of this formulation to the usual Langevin equation approach is discussed.

*Association Euratom-Etat belge.

**Studienstiftung des deutschen Volkes

***Fellow of CNPq (Brasil)

I. Introduction.

Macroscopic systems driven sufficiently far from thermodynamic equilibrium can undergo transitions and evolve from a disordered state to a state showing spatial or temporal order. These phenomena which are observed in such different fields as hydrodynamics (1,2), lasers (3), nonlinear chemical reactions (2), ecology (4) are characterized by a great similarity. The methods of nonlinear thermodynamics developed by Glansdorff and Prigogine (2) were helpful for a deterministic description of these nonequilibrium transitions and led to the notion of "dissipative structures". However, as in equilibrium phase transitions, fluctuations play an essential role in the onset of the instability leading to the new state and therefore a stochastic description of the system is necessary (5,19). Indeed, the rapidly varying microscopic variables which are neglected in the macroscopic description are important for the transition and their irregular temporal variations can be approximated by a stochastic process. It is thus quite natural to describe the temporal evolution of the system by a Markovian process, i.e. by a Master Equation (M.E.), in the case that the stochastic variables are discrete, or by a Fokker-Planck equation (F.P.E.) for continuous stochastic variables. If we consider fluctuations, generated by the system itself as a result of the interactions of its discrete constituents - this kind of fluctuations will be called internal -, a M.E. description is the most appropriate (6,7). The transition probabilities, necessary to construct the M.E., can be calculated in a unique way from the deterministic laws which govern the phenomenological evolution of the system (10). Fluctuations due to a random environment of the system are most naturally incorporated into the dynamical description by generalizing the phenomenological evolution equations to stochastic differential equations (S.D.E.)[8,9]. Indeed, the influence of the surroundings appears in the phenomenological equations via a set of parameters. Therefore, to take into account an external noise, one has to consider these parameters as random variables and thus the phenomenological equations as S.D.E.'s. If the external noise source is Gaussian White Noise (G.W.N.) a F.P.E. can be associated to the S.D.E. in a unique way.

Fluctuations observed in equilibrium and non-equilibrium phase transitions reflect in most cases the interactions of the discrete constituents of the system and are thus internal fluctuations. Adopting the assumption of markovianity the most general way to describe fluctuations near instability points is therefore by a M.E. First used in the theory of lasers (3) and chemical reactions (6,7) to describe global fluctuations this method progressed greatly with the introduction of the multivariate M.E. (11,16) and the "mean-field" M.E. (10). Using the former the appearance of long range order in chemical reaction-diffusion systems near an instability was demonstrated.

Our recent works deal with an extension of the M.E. description to hydrodynamical systems (12). Analog to the treatment of chemical systems we divide the total volume V of the system in cells ΔV, small compared to V, but containing enough particles, so that macroscopic quantities can be defined for each cell which can be considered as an open system in contact with the bath of particles constituted by the surrounding cells. The passage of one particle from one cell to one of the nearest neighbour cells is treated as a stochastic process and therefore the macroscopic quantities defined on each cell become random variables. In the following we will adopt a "microscopic" level of description in the sense that we choose the velocity distribution function $\{N_{\underset{\sim}{v}\underset{\sim}{r}}\}$ as our fundamental quantity. $N_{\underset{\sim}{v}\underset{\sim}{r}}$ is the number of particles in the cell centered at $\underset{\sim}{r}$ having the velocity $\underset{\sim}{v}$. In addition to the passage of a particle from one cell to its neighbour cell we have a second dynamical process which is essential on this level of description : the binary elastic collisions. These are treated in terms of the dilute hard-sphere gas model (i.e. Boltzmann collisions) and can again be shown to generat a stochastic process.

The state of the system is described by a multivariate probability $P\left[\{N_{\underset{\sim}{v}\underset{\sim}{r}}\};t\right]$. The M.E. which governs the temporal evolution of this probability constitutes a stochastic version of the Boltzmann equation for a dilute gas with short-range interactions.

A simplified description is obtained by increasing the size of the cells till it attains dimensions which are of the order of the correlation length. In this case the influence of the surrounding on each cell can be approximated by taking the average of the environment. In this way the "mean-field" M.E. is obtained which contains the correlation length as an explicit parameter (10). It is important to realize that the multivariate M.E. and the "mean-field" M.E. are sufficiently general to be valid as well for thermodynamic equilibrium as far from it.

After following this line of reasoning and constructing the above M.E.s we investigated the relation with the other kinds of description. Indeed, generally hydrodynamic fluctuations far from equilibrium are introduced in the hydrodynamic equations by random forces of the G.W.N. type, independent of the stochastic process. This leads to the well-known Langevin equation description (13,17).

Such an approach is justified in situations where fluctuations are small around a stationary stable state and a linearization of the hydrodynamic equations is possible. In this case, the evolution equations for the mean value coincide with the phenomenological equations and the fluctuations of the hydrodynamic quantities in each cell obey a Gaussian distribution around the phenomenological value with a variance proportional to $\Delta V^{1/2}$. Under these conditions, the Langevin equation and the equivalent linear F.P.E. constitue a good approximation. However, there is no obvious justification to use this method for the description of fluctuations near an unstable state far from equilibrium. The problem is thus to be able to evaluate the importance of the errors made by using Langevin equations in the domain of instabilities far from equilibrium. Inspite of its importance, it seems to us that this question has not been investigated in sufficient detail in the papers dealing with this kind of stochastic description.

Since the multivariate M.E. is not subjected to any condition which would limit its validity to stable or near-equilibrium situations it is useful to analyse the relations between M.E.s and Langevin equations. In our recent paper (14) we demonstrate that-at least- for the global description of nonlinear chemical systems the asymptotic representation (i.e. for big but finite V) of the M.E. is a non-linear F.P.E. (i.e. with process dependent drift and diffusion coefficients).

It was shown that this F.P.E. has solutions which differ from those of the M.E. only by terms of the order $O(V^{-1})$ for stable situations and yields the correct dominant term at critical points. Moreover it was found (18) that even for a first order transition the nonlinear F.P.E. constitutes an excellent approximation of the exact solution of the M.E. However the results of the description using Langevin equations derived according to the method of Van Kampen (15) differ considerably for the same examples from those obtained by the M.E. and the nonlinear F.P.E. The solutions of linear F.P.E. associated with the Langevin equation correspond to those of the non-linear F.P.E. only in those regions where the equations can be linearized, i.e. stationary stable state and thermodynamic equilibrium as mentioned above. It seems thus that in the case of chemical instabilities non-linear F.P.E. (derivable in a unique way from the M.E.) or the equivalent non-linear S.D.E.s should be used. The latter contain systematic terms which are identical with the deterministic equations and terms which describe the random "force" and which can be calulated explicitly from the transition probabilities of the M.E. (14). As to the hydrodynamic instabilities, the present state of our work does not allow us to give such a conclusive answer as in the case of the chemical instabilities to the question of the validity of the Langevin equations. Obviously the exact solution of the multivariate M.E. is very difficult to obtain. So far, even the stationary solution has not been determined for any nontrivial situation. However since the size ΔV of the cells is chosen such that they can be described by macroscopic quantities it is reasonable to suppose that the non-linear F.P.E. derived according to the same procedure as for chemical systems (14, 18) constitutes a good approximation of the M.E. The hydrodynamic S.D.E.'s associated to this nonlinear F.P.E. contain random force terms which differ very much from those of Langevin equations currently used in hydrodynamics. Therefore we expect discrepancies similar to those for chemical systems but since the theoretical calculations are not yet sufficiently developed and corresponding experimental results missing, the question remains open.

II. Birth and Death Master Equation Description of the Boltzmann equation.

We will give a stochastic description of a low density and weakly inhomogeneous monoatomic gas with short-range interactions (hard spheres). The deterministic equation that governs the evolution of the "microscopic" variables, i.e. the velocity distribution function $f(\underset{\sim}{v},\underset{\sim}{r},t)$, is the Boltzmann equation :

$$\frac{\partial}{\partial t} f(\underset{\sim}{v},\underset{\sim}{r},t) + \underset{\sim}{v}\cdot\frac{\partial}{\partial \underset{\sim}{r}} f(\underset{\sim}{v},\underset{\sim}{r},t) = \int d^3\underset{\sim}{v}_1 d^3\underset{\sim}{v}' d^3\underset{\sim}{v}'_1 \,\bar{\alpha}(\underset{\sim}{v},\underset{\sim}{v}_1\longrightarrow\underset{\sim}{v}',\underset{\sim}{v}'_1)\times$$

$$\times\left[f(\underset{\sim}{v}',\underset{\sim}{r},t)f(\underset{\sim}{v}'_1,\underset{\sim}{r},t) - f(\underset{\sim}{v},\underset{\sim}{r},t)f(\underset{\sim}{v}_1,\underset{\sim}{r},t)\right] \qquad (II.1)$$

where

$$\bar{\alpha}(\underset{\sim}{v},\underset{\sim}{v}_1\longrightarrow\underset{\sim}{v}',\underset{\sim}{v}'_1) = |\underset{\sim}{v} - \underset{\sim}{v}_1|\,\alpha^B(\underset{\sim}{v},\underset{\sim}{v}_1)\,\delta(\underset{\sim}{v}+\underset{\sim}{v}_1-\underset{\sim}{v}'-\underset{\sim}{v}'_1)\,\delta(v^2+v_1^2-v'^2-v_1'^2)$$

$$(II.2)$$

and $\alpha^B(\underset{\sim}{v},\underset{\sim}{v}_1)$ is the total cross section for a hard sphere gas. The analysis of hydrodynamic instabilities using the kinetic equation (II.1) is only at its beginning.

However there is reason to believe that eq. (II.1) permits to describe these instabilities by adding external force terms and by choosing the boundary conditions such that they correspond to the appearance of instabilities in the solutions of the hydrodynamic equations. It seems therefore useful to establish a stochastic description of the Boltzmann equation.

To do so we consider the system as a set of nonoverlapping cubic cells centered at r with volume λ^3 where λ will be chosen to be of order of the mean free path (for a more detailed discussion see(12)). The system will be described by the set of stochastic variables $\{N_{\underset{\sim}{v}\underset{\sim}{r}}\}$ ($\underset{\sim}{v}$ is considered as a discrete vector variable in order to simplify the manipulation of functionals. This does not restrict the generality of the results.) with :

$$f(\underset{\sim}{v},\underset{\sim}{r}) \equiv \frac{N_{\underset{\sim}{v}\underset{\sim}{r}}}{\Delta V} \qquad (II.3)$$

It should be realized that the choice of <u>cubic</u> cells introduces privileged directions whereas the system is, at least locally, isotropic. This difficulty would be avoided by choosing spherical cells ; however it is clear that it is impossible to cover the entire system by spherical subvolumes. Thus in order to arrive at a locally isotropic multivariate M.E. it is necessary to average over all possible orientations of the cubic cells which have to be considered as equally probable. In the following all formulas should be understood in the way that this average has implicitly been carried out.

The temporal evolution of the variables $\{N_{\underset{\sim}{v}\underset{\sim}{r}}\}$ is due to two discrete Markov processes :

1) the number of particles $N_{\underset{\sim}{v}\underset{\sim}{r}}$ in each cell varies because of the exchange of matter with the surroundings.

2) the elastic binary collisions in each cell modify the velocities of the particles and thus the number of particles $N_{\underset{\sim}{v}\underset{\sim}{r}}$ in the state $\underset{\sim}{v}$ in that cell.

The temporal evolution of the state of the system, described by the multivariate probability $P[\{N_{\underset{\sim}{v}\underset{\sim}{r}}\};t]$ is therefore governed by these two mechanisms. In the following we will briefly indicate (fore more details see (12)) how the M.E. for P can be constructed.

The M.E. contains a free flow term and a collision term corresponding to the two mechanisms discussed above :

$$\frac{\partial P}{\partial t} = \Phi P + KP \tag{II.4}$$

The two stochastic processes we deal with are of the "birth and death" type (discrete markovian processes) and thus the two terms of the M.E. have the form :

$$\Phi P = \sum_{\underset{\sim}{v}} \sum_{\substack{\underset{\sim}{r}_1,\underset{\sim}{r}_2 \\ |\underset{\sim}{r}_1-\underset{\sim}{r}_2| = \lambda}} \Big\{ W(N_{\underset{\sim}{v}\underset{\sim}{r}_1}+1 \longrightarrow N_{\underset{\sim}{v}\underset{\sim}{r}_1}; N_{\underset{\sim}{v}\underset{\sim}{r}_2}-1 \longrightarrow N_{\underset{\sim}{v}\underset{\sim}{r}_2}) P[N_{\underset{\sim}{v}\underset{\sim}{r}_1}+1, N_{\underset{\sim}{v}\underset{\sim}{r}_2}-1, \{N_{\underset{\sim}{v}\underset{\sim}{r}}\}'; t]$$
$$- W(N_{\underset{\sim}{v}\underset{\sim}{r}_1} \longrightarrow N_{\underset{\sim}{v}\underset{\sim}{r}_1}-1; N_{\underset{\sim}{v}\underset{\sim}{r}_2} \longrightarrow N_{\underset{\sim}{v}\underset{\sim}{r}_2}+1) P[\{N_{\underset{\sim}{v}\underset{\sim}{r}}\}; t] \Big\} \tag{II.5}$$

$$KP = \sum_{\underset{\sim}{r}} \sum_{\underset{\sim}{v}_1 \underset{\sim}{v}_2 \underset{\sim}{v}_3 \underset{\sim}{v}_4} \Big\{ W(N_{\underset{\sim}{v}_1 \underset{\sim}{r}}+1 \to N_{\underset{\sim}{v}_1 \underset{\sim}{r}}; N_{\underset{\sim}{v}_2 \underset{\sim}{r}}+1 \to N_{\underset{\sim}{v}_2 \underset{\sim}{r}}; N_{\underset{\sim}{v}_3 \underset{\sim}{r}}-1 \to N_{\underset{\sim}{v}_3 \underset{\sim}{r}}; N_{\underset{\sim}{v}_4 \underset{\sim}{r}}-1 \to N_{\underset{\sim}{v}_4 \underset{\sim}{r}}) \times$$

$$\times P\Big[N_{\underset{\sim}{v}_1 \underset{\sim}{r}}+1, N_{\underset{\sim}{v}_2 \underset{\sim}{r}}+1, N_{\underset{\sim}{v}_3 \underset{\sim}{r}}-1, N_{\underset{\sim}{v}_4 \underset{\sim}{r}}-1, \{N_{\underset{\sim}{v}' \underset{\sim}{r}'}\}' ; t\Big]$$

$$- W(N_{\underset{\sim}{v}_1 \underset{\sim}{r}} \to N_{\underset{\sim}{v}_1 \underset{\sim}{r}}-1; N_{\underset{\sim}{v}_2 \underset{\sim}{r}} \to N_{\underset{\sim}{v}_2 \underset{\sim}{r}}-1; N_{\underset{\sim}{v}_3 \underset{\sim}{r}} \to N_{\underset{\sim}{v}_3 \underset{\sim}{r}}+1; N_{\underset{\sim}{v}_4 \underset{\sim}{r}} \to N_{\underset{\sim}{v}_4 \underset{\sim}{r}}+1) P\Big[\{N_{\underset{\sim}{v}\underset{\sim}{r}}\}; t\Big]\Big\} \tag{II.6}$$

where $\{N_{\underset{\sim}{v}' \underset{\sim}{r}'}\}'$ denotes the set of occupation numbers which remain unchanged by the transition.

We have now to calculate explicitly the transition probabilities per time unit W which appear in Φ and k. The operator Φ describes the exchange of particles between adjacent cells. The transition probability is therefore proportional to the flow of particles through the surface ΔS between two adjacent cells ΔV. Thus we obtain :

$$W(N_{\underset{\sim}{v}\underset{\sim}{r}_1} \longrightarrow N_{\underset{\sim}{v}\underset{\sim}{r}_1}-1; N_{\underset{\sim}{v}\underset{\sim}{r}_2} \longrightarrow N_{\underset{\sim}{v}\underset{\sim}{r}_2}+1) = \Delta S\, \underset{\sim}{n}_{12} \cdot \underset{\sim}{v}\, \theta(\underset{\sim}{n}_{12} \cdot \underset{\sim}{v}) \frac{N_{\underset{\sim}{v}\underset{\sim}{r}_1}}{\Delta V} \tag{II.7}$$

where $\underset{\sim}{n}_{12}$ is the unit vector, orthogonal to the surface between the two cells and directed from $\underset{\sim}{r}_1$ to $\underset{\sim}{r}_2$ and $\theta(n_{12} \cdot v)$ is a Heaviside function reflecting the fact that the particles are going out of $\Delta V(\underset{\sim}{r}_1)$, into $\Delta V(\underset{\sim}{r}_2)$.

The operator k describes the change due to binary elastic collisions and the transition probability per time unit W is therefore proportional to the number of collisions that occur per time unit between particles of the velocities $\underset{\sim}{v}_1$, and $\underset{\sim}{v}_2$ in the volume ΔV Following a reasoning analog to that used to derive the Boltzmann equation we find :

$$W(N_{\underset{\sim}{v}_1 \underset{\sim}{r}} \to N_{\underset{\sim}{v}_1 \underset{\sim}{r}}-1; N_{\underset{\sim}{v}_2 \underset{\sim}{r}} \to N_{\underset{\sim}{v}_2 \underset{\sim}{r}}-1; N_{\underset{\sim}{v}_3 \underset{\sim}{r}} \to N_{\underset{\sim}{v}_3 \underset{\sim}{r}}+1; N_{\underset{\sim}{v}_4 \underset{\sim}{r}} \to N_{\underset{\sim}{v}_4 \underset{\sim}{r}}+1) =$$

$$\frac{1}{2} \sigma(\underset{\sim}{v}_1\ \underset{\sim}{v}_2 \longrightarrow \underset{\sim}{v}_3\ \underset{\sim}{v}_4)\, N_{\underset{\sim}{v}_1 \underset{\sim}{r}} N_{\underset{\sim}{v}_2 \underset{\sim}{r}} \tag{II.8}$$

where $\sigma = \bar{\sigma}/\Delta V$.

The multivariate M.E. reads thus :

$$\frac{\partial}{\partial t} P\left[\{N_{\underset{\sim}{v}\underset{\sim}{r}}\};t\right] = \sum_{\underset{\sim}{v}} \sum_{\substack{\underset{\sim}{r}_1,\underset{\sim}{r}_2 \\ |\underset{\sim}{r}_1-\underset{\sim}{r}_2|^2=\lambda}} \frac{\Delta s}{\Delta V}\, \underset{\sim}{n}_{12}\cdot\underset{\sim}{v}$$

$$\left\{(N_{\underset{\sim}{v}\underset{\sim}{r}_1}+1)P\left[N_{\underset{\sim}{v}\underset{\sim}{r}_1}+1, N_{\underset{\sim}{v}\underset{\sim}{r}_2}-1, \{N_{\underset{\sim}{v}'\underset{\sim}{r}'}\}';t\right] - N_{\underset{\sim}{v}\underset{\sim}{r}_1} P\left[\{N_{\underset{\sim}{v}\underset{\sim}{r}}\};t\right]\right\}$$

$$+ \frac{1}{2}\sum_{\underset{\sim}{r}} \sum_{\underset{\sim}{v}_1\underset{\sim}{v}_2\underset{\sim}{v}_3\underset{\sim}{v}_4} \sigma(\underset{\sim}{v}_1\ \underset{\sim}{v}_2 \longrightarrow \underset{\sim}{v}_3\ \underset{\sim}{v}_4) \left\{(N_{\underset{\sim}{v}_1\underset{\sim}{r}}+1)(N_{\underset{\sim}{v}_2\underset{\sim}{r}}+1)\right.$$

$$P\left[N_{\underset{\sim}{v}_1\underset{\sim}{r}}+1, N_{\underset{\sim}{v}_2\underset{\sim}{r}}+1, N_{\underset{\sim}{v}_3\underset{\sim}{r}}-1, N_{\underset{\sim}{v}_4\underset{\sim}{r}}-1, \{N_{\underset{\sim}{v}'\underset{\sim}{r}'}\}';t\right] - N_{\underset{\sim}{v}_1\underset{\sim}{r}} N_{\underset{\sim}{v}_2\underset{\sim}{r}}$$

$$\left. P\left[\{N_{vr}\};t\right]\right\} \qquad \text{(II.9)}$$

This equation, linear in P, was derived only from the elementary dynamical mechanisms of the given system and thus permits to take into account, in the description of the system, internal fluctuations of any amplitude or correlation length at any distance of thermodynamic equilibrium.

The equations of evolution for the moments of P, $\langle N_{\underset{\sim}{v}\underset{\sim}{r}}\rangle_t$, $\langle N_{\underset{\sim}{v}\underset{\sim}{r}} N_{\underset{\sim}{v}'\underset{\sim}{r}'}\rangle_t$, ..., are coupled, thus yielding a hierarchy of moment equations. The first one has the following form :

$$\frac{\partial}{\partial t}\langle N_{\underset{\sim}{v}\underset{\sim}{r}}\rangle_t + \frac{1}{\Delta V}\sum_{\substack{\underset{\sim}{r}' \\ |\underset{\sim}{r}-\underset{\sim}{r}'|=\lambda}} \Delta s\, \underset{\sim}{n}_{\underset{\sim}{r}\underset{\sim}{r}'}\cdot\underset{\sim}{v}\langle N_{\underset{\sim}{v}\underset{\sim}{r}'}\rangle_t =$$

$$\sum_{\underset{\sim}{v}_1\underset{\sim}{v}_2\underset{\sim}{v}_3} \sigma(\underset{\sim}{v}\underset{\sim}{v}_1 \longrightarrow \underset{\sim}{v}_2\underset{\sim}{v}_3)\left[\langle N_{\underset{\sim}{v}_2\underset{\sim}{r}}\rangle_t \langle N_{\underset{\sim}{v}_3\underset{\sim}{r}}\rangle_t - \langle N_{\underset{\sim}{v}\underset{\sim}{r}}\rangle_t \langle N_{\underset{\sim}{v}_1\underset{\sim}{r}}\rangle_t\right] +$$

$$\sum_{\underset{\sim}{v}_1\underset{\sim}{v}_2\underset{\sim}{v}_3} \sigma(\underset{\sim}{v}\underset{\sim}{v}_1 \longrightarrow \underset{\sim}{v}_2\underset{\sim}{v}_3)\left[\langle \delta N_{\underset{\sim}{v}_2\underset{\sim}{r}} \delta N_{\underset{\sim}{v}_3\underset{\sim}{r}}\rangle_t - \langle \delta N_{\underset{\sim}{v}\underset{\sim}{r}} \delta N_{\underset{\sim}{v}_1\underset{\sim}{r}}\rangle_t\right]$$

$$\text{(II.10)}$$

This equation is one of the possible generalizations of the Boltzmann equation for situations where fluctuations are important. There is an additional term compared to the latter, namely the second term of the RHS which is linear in $\langle \delta N_{\underset{\sim}{v}\underset{\sim}{r}} \delta N_{\underset{\sim}{v}'\underset{\sim}{r}'}\rangle$ (with $\delta N_{\underset{\sim}{v}\underset{\sim}{r}} = N_{\underset{\sim}{v}\underset{\sim}{r}} - \langle N_{\underset{\sim}{v}\underset{\sim}{r}}\rangle$).

This term couples eq. (II.10) to the evolution of the second moment and so on. Note that the second term of the LHS of (II.10) tends to the well-known form $\underset{\sim}{v} \cdot \frac{\partial}{\partial \underset{\sim}{r}} \langle N_{\underset{\sim}{v}\underset{\sim}{r}} \rangle_t$ in the limit $\lambda^3/V \longrightarrow 0$.

The elaboration of techniques capable to yield information about the solution of the M.E. (II.9) or its hierarchy of moments is in progress. Let us mention briefly some first results :
In the case of a Poisson distribution the hierarchy of moments is decoupled and the first moment obeys the Boltzmann equation. Furthermore one finds that the probability distribution for which the collision term and the flow term in the M.E. vanish separately, i.e. thermodynamic equilibrium, is a Poisson distribution, the mean of which is the Maxwell-Boltzmann distribution. Moreover we succeeded in showing that our theory contains the Langevin equations as a limiting case. Using the same assumption as in the Landau-Lifshitz approach (1) and neglecting triple correlations, which is justified in near equilibrium situations, the equation for the space-time binary correlations can be reduced to the form of a Boltzmann equation. This equation is solved formally by the Laplace transform and used to calculate the correlations of the fluctuating hydrodynamic flows (thermal flow and viscous pressure). It is found that near the thermodynamic equilibrium these flows are delta-correlated in space and time and that the correlations are proportional to the Kubo-Green integrals. Hence, the Landau-Lifshitz fluctuation-dissipation relations are recovered (for more details see (12)).

Acknowledgements.

We would like to thank Professors I. Prigogine, R. Balescu and G. Nicolis for fruitful discussions. This work has been partially supported by the Belgian Government : Actions de Recherche Concertées, convention n° 76/81 II.3 as well as by the "Instituts Internationaux de Physique et de Chimie, fondés par E. Solvay".

References.

(1) L. Landau & E. Lifchitz, "Mécanique des fluides", Mir. Moscow (1971)
S. Chandrasekhar, "Hydrodynamic and hydromagnetic stability", Clarendon, Oxford (1961).
(2) P. Glansdorff & I. Prigogine, "Thermodynamic theory of structure, stability and fluctuations", Wiley, London (1971).
(3) H. Haken, Hanbuch der Physik, vol. XXV/2c, Springer Verlag, Berlin (1970).
(4) R.M. May, "Stability and Complexity in model ecosystems", Princeton University Press, Princeton, N.J. (1973).
(5) "Cooperative effects" ed. H. Haken, North Holland, Amsterdam (1974).
(6) D. McQuarrie, Suppl. Rev. Series in Appl. Prob. Methuen, London (1967).
(7) G. Nicolis & I. Prigogine, P.N.A.S. (U.S.A.) 68, 2102 (1971).
G. Nicolis, J. Stat. Phys. 6, 196 (1972).
(8) L. Arnold, "Stochastische Differentialgleichungen", Oldenburg, Munich (1973).
(9) W. Horsthemke & M. Malek-Mansour, Z. Physik B24, 307 (1976).
(10) M. Malek-Mansour & G. Nicolis, J. Stat. Phys. 13, 197 (1975).
(11) H. Haken : Z. Physik B20, 413 (1975).
C.W. Gardiner, K.J. McNeil, D.F. Walls, I.S. Matheson : J. Stat. Phys. 14, 307 (1976).
(12) L. Brenig, M. Malek-Mansour, W. Horsthemke, Phys. Lett.A59, 341(1976).
M. Malek-Mansour, L. Brenig, W. Horsthemke, Physica (in the press).
(13) V.M. Zaitsev & M.I. Shliomis, Sov. Phys. JETP 32, 866 (1971).
R. Graham, Phys. Rev. A10, 1762 (1974).
J. Swift and P.C. Hohenberg, Phys. Rev. A15, 319 (1977).
(14) W. Horsthemke & L. Brenig, Z. Physik B27, 341 (1977).
(15) N.G. van Kampen, Adv. Chem. Phys. 34, 245 (1976).
(16) H. Lemarchand & G. Nicolis, Physica A82, 521 (1976).
(17) R.F.Fox & G.E. Uhlenbeck, Phys. Fluids 13, 288 & 1893 (1970).
(18) W. Horsthemke, M. Malek-Mansour, L. Brenig, Z. Physik (To be published).
(19) G. Nicolis & I. Prigogine, "Self-Organization in Nonequilibrium Systems", Wiley-Interscience, New York (1977).

NON LINEARITIES AND FLUCTUATIONS AT THE THRESHOLD OF A HYDRODYNAMIC INSTABILITY IN NEMATICS

Paul Manneville
Service de Physique du Solide et de Résonance Magnétique
Centre d'Etudes Nucléaires de Saclay
B.P. n°2 - 91190 Gif-sur-Yvette - France

ABSTRACT

We present the results of a non-linear analysis above the threshold of the Piéranski-Guyon instability in Nematics [1] and derive a kind of "Ginsburg criterion" giving the extent of the "critical domain" where the classical mean field theory breaks down.

Let us consider the case of a simple shear flow in planar geometry with the director $\vec{n}$ perpendicular to the flow (fig. 1). It has been shown experimentally that when the shearing rate $s = v/d$ exceeds a certain threshold value s_c, this configuration becomes distorted [1,2]. Several instability regimes can occur which are due to a constructive coupling between the components of the viscous torque exerted on the molecules when their mean orientation deviates from the Ox-direction [2,3]. We shall restrict ourselves to the case of the "homogeneous instability" which is characterized by a distortion independent of the x-and y-coordinates [1].

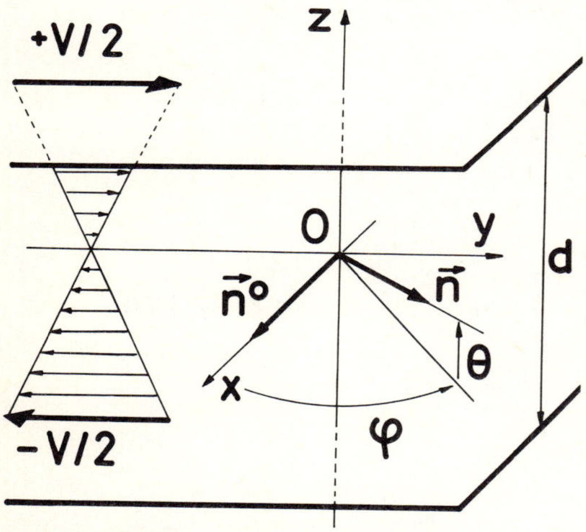

Fig.1. Simple Shear Flow Experiment : A shearing rate $s = V/d$ is applied on the nematic initially oriented along Ox. In the unperturbed state $\vec{n}$ is everywhere parallel to Ox ($\vec{n}(z) = \vec{n}°$). Above the Threshold s_c, a distortion appears which may be specified by two angles $\phi(z)$ and $\theta(z)$.

Linearized stability theories developped so far [3,4] have given a satisfactory understanding of the phenomena at threshold but a non-linear analysis is required in order to predict the distortion amplitude above the threshold. Details of our calculations will be reproduced elsewhere [5] and we shall present here only our main results obtained within the framework of a perturbation expansion [6].

$\vec{n}$ being defined by two angles θ and ϕ (see fig. 1), close to the threshold, the distortion is found to be :

$$\phi \cong \phi_m \cos(\pi z/d) \quad , \quad \theta \cong \theta_m \cos(\pi z/d)$$

with θ_m proportional to ϕ_m and roughly ten times smaller. When the expansion is truncated to third order one obtains the classical Landau result [7] for the stationnary ($t \to \infty$) distortion amplitude :

$$\phi_m^{\infty} = \phi_c \sqrt{\frac{s}{s_c} - 1} \qquad (1)$$

A numerical application for MBBA using the viscoelastic constant values compiled in ref. 8 and with d = 200 μm [1,2] leads to :

$$s_c = 0.101 \text{ sec}^{-1} \qquad \phi_c = 71°$$

which turns out to be in good agreement with the corresponding result extracted from experiments performed by Piéranski and Guyon [2] using a conoscopy technique (see fig. 2) :

$$s_c \simeq 0.09 \text{ sec}^{-1}$$

$$\phi_c \simeq 77°$$

As can be seen in fig. 2, the validity of the Landau behaviour (1) is restricted to a narrow vicinity of the theshold ($s \lesssim 1.5\ s_c$). This must be related to the fact that ϕ_c which is the extrapolated value of ϕ_m^{∞} for $s = 2s_c$ is already of the order of the limiting value $\pi/2$. The problem is then strongly non-linear and an expansion truncated to third order is no longer adequate ; however results presented above remain valid as long as $\frac{s}{s_c} - 1$ is sufficiently small.

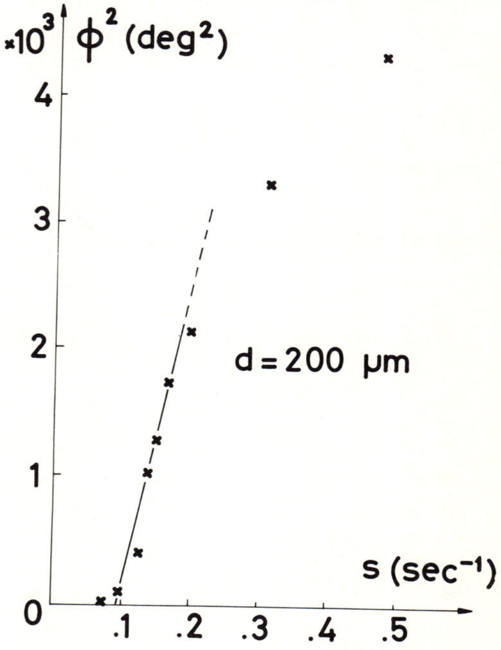

Fig.2. The rotation of the conoscopic image measured by Φ is related to the distortion amplitude ϕ_m by $\Phi = (2/\pi)\phi_m$ when ϕ_m is small.

Recently, attention has been focused on fluctuation effects in the vicinity of a bifurcation point. The argument stems from an analogy between instabilities and phase transitions already implied in the Landau approach [7] ; for a review see ref. 9. Introducing hydrodynamic fluctuations at a very qualitative level, we shall only try to obtain a kind of Ginzburg criterion giving the extent of the "critical domain" where the "mean field result" (eq. 1) breaks down [10] . The first step will be a phenomenological evolution equation for the distortion amplitude [11] measured by ϕ_m :

$$\frac{d\phi_m}{dt} = \frac{1}{\tau_o}\left[(\frac{s}{s_c} - 1)\,\phi_m - \phi_m^3/\phi_c^2\right] + f(t) \qquad (2)$$

τ_o is the relaxation time for a fluctuation with a wave vector $k \sim \pi/d$ in absence of shear :

$$\frac{1}{\tau_o} \sim \frac{K}{\gamma}\left(\frac{\pi}{d}\right)^2$$

where K and γ are typical values for the Frank elastic constant and the orientational viscosity [8] (for $d \simeq 200\ \mu$ we get : $\tau_o \sim 40$ sec.) .f(t) is a fluctuating term which corresponds as usual to a stationnary δ-correlated random noise :

$$\overline{f(t)} = 0 \quad , \quad \overline{f(t)\,f(t+\tau)} = F\,\delta(\tau) .$$

The intensity coefficient F is given by the Fluctuation-Dissipation Theorem :

$$F = \frac{2}{\tau_o}\,\phi_T^2$$

where ϕ_T is the amplitude of spontaneous thermal fluctuations given by the Equipartition Theorem :

$$\frac{1}{2}\,K\,k^2\,\phi_T^2 \sim \frac{1}{2}\,T/V$$

where T is the temperature, $V \sim d^3$ and again $k \sim \pi/d$ (here we get : $\phi_T \sim 4.5 \times 10^{-4}$ rad).

Then one turns from the Langevin equation (2) to a Fokker-Plank equation, the stationnary solution of which gives the probability for having a particular value ϕ_m :

$$\mathcal{P}(\phi_m) = C\,\exp\left\{\frac{1}{\phi_T^2}\left[(\frac{s}{s_c} - 1)\,\frac{\phi_m^2}{2} - \frac{\phi_m^4}{4\phi_c^2}\right]\right\} \qquad (3)$$

It is easily checked that the Landau result given by eq. (1) corresponds to the most probable value, so that the Landau theory neglects fluctuations,the probability of which is derived from eq.(3).Let us consider small fluctuations. *Below the threshold*, their dispersion is given by :

$$\sigma^2 = \phi_T^2/(1 - \frac{s}{s_c}) \qquad (4a)$$

then one expects a strong enhancement of thermal fluctuations close to the threshold. Such pretransitional effects have already been observed in the case of electrohydrodynamical instabilities in nematics [12].*Above the threshold*, the dispersion of small fluctuations about the most probable value ϕ_m^∞ is given by

$$\sigma^2 = \phi_T^2/2(\frac{s}{s_c} - 1) \qquad (4b)$$

Far from the threshold, fluctuations are much smaller than ϕ_m^∞ itself, the Landau result (eq. 1) is correct as long as this remains the case, which leads to the "Ginzburg criterion" :

$$\left(\frac{s}{s_c} - 1\right) \gtrsim \frac{1}{\sqrt{2}} \frac{\phi_T}{\phi_c} \tag{5a}$$

In fact, non linearities suppress the divergence at $s = s_c$. The extend of the "critical domain" where they should be taken into account is given by :

$$\left|\frac{s}{s_c} - 1\right| \lesssim \frac{\phi_T}{\phi_c} \tag{5b}$$

and the order of magnitude of the fluctuations inside this domain is

$$\sigma \sim \sqrt{2\phi_T\phi_c} \tag{5c}$$

In the present case we get

$$\left|\frac{s}{s_c} - 1\right| \lesssim 4 \times 10^{-4} \quad , \quad \sigma \sim 3 \times 10^{-2} \text{ rad}$$

and even if fluctuations are of an observable level (result 5c, see also ref. 13), conditions 5a,b are severe enough to forbid the observation of deviations from the "classical" behaviour (eqs. 1 and 4) as it was already the case for the Benard Instability of Isotropic Liquids [11,13] or Binary Mixture [14].

ACKNOWLEDGMENTS

The author would like to thank Y.Pomeau, E. Dubois-Violette and also E. Guyon who suggested the problem and provided the experimental data.

REFERENCES

[1] P. Piéranski and E. Guyon, Sol. St. Comm. 13, 435 (1973).
[2] P. Piéranski and E. Guyon, Phys. Rev. A 9 404 (1974).
[3] P. Manneville and E. Dubois-Violette, J. de Physique (Paris) 37, 285 (1976).
[4] F.M. Leslie, J. Phys. D. (Applied Physics) 9, 925 (1976).
[5] P. Manneville, Ph. D Thesis, to be presented at the University of Paris-Sud, Orsay.
[6] W.V.R. Malkus and G. Veronis, J. Fluid Mech. 4, 225 (1958).
[7] L.D. Landau, C.R. Acad. Sci. URSS 44, 311 (1944) ; see : Collected Papers of L.D. Landau, D. Ter Haar ed., Pergamon Press (Oxford, 1965).
[8] P.G. de Gennes, The Physics of Liquid Crystals , Clarendon Press (Oxford 1974).
[9] Fluctuations, Instabilities and Phase Transitions, T. Riste ed.,Plenum Press (New York, 1975).
[10] P.G. de Gennes in ref. 9.
[11] C. Normand, Y. Pomeau and M. Velarde, Rev. Mod. Phys. 49, 581 (1977).
[12] I.W. Smith, Y. Galerne, S.T. Lagerwall, E. Dubois-Violette and G. Durand, J. de Physique (Paris) Colloque C1, 36, C1-237 (1975)
[13] R. Graham, in ref. 9.
[14] H.N.W. Lekkerkerker and W.G. Laidlaw : J. de Physique (Paris) 38, 1 (1977).

INSTABILITES THERMOCONVECTIVES EN MILIEU POREUX ET EN GAZ RAREFIES

J.J. BERNARD et J.P. CALTAGIRONE
Laboratoire d'Aérothermique du C.N.R.S.
4ter, route des Gardes, F-92190, MEUDON

1. INTRODUCTION

L'intérêt porté à la convection naturelle est justifié par l'importance de ce phénomène dans de nombreuses évolutions observées aussi bien dans la nature que dans l'industrie.

Le rôle joué par la convection naturelle dans la nature est très important dans la mesure où ce phénomène, associé aux autres modes de transfert de chaleur, conditionne les échanges thermiques au niveau du globe terrestre. Plus spécifiquement, la convection naturelle en milieu poreux se retrouve dans les nappes d'eau souterraines qui sont souvent d'une épaisseur suffisante pour que le gradient de température géothermique y joue un rôle non négligeable ; l'existence de ce gradient adverse induit généralement, au sein de l'aquifère, des mouvements convectifs organisés en cellules. Cette organisation macroscopique des phénomènes se retrouve couramment dans la nature et un exemple significatif est celui des traces hexagonales sur le sol des steppes sibériennes, formées par des accumulations de pierres et délimitant les cellules convectives qui ont existé.

Citons encore, dans le cadre des évolutions naturelles, le rôle joué par la convection dans la transformation au cours du temps des couches de neige et sur le déclenchement possible des avalanches.

La convection naturelle peut être exploitée pour augmenter les transferts de chaleur ou les vitesses de réactions chimiques dans des systèmes spécialement étudiés pour cela ; elle est utilisée aussi pour augmenter localement les écarts de température, par exemple au voisinage des stations de pompage au sein de nappes d'eau chaude.

Dans le domaine de l'isolation, le souci principal est de réduire les échanges thermiques par des isolants à pores ouverts tels que fibres de verre, fibres de

---

La partie de cet exposé concernant les instabilités dans les milieux poreux est développée dans la thèse de Doctorat d'Etat soutenue par J.P. Caltagirone à Paris en Juin 1976.

roche, granulats divers....; le problème est alors de trouver un compromis entre le prix de revient et l'efficacité de cet isolant fibreux ou granulaire.

Enfin, la navigation à haute altitude et à grande vitesse pose également des problèmes de convection naturelle bien que tous les effets convectifs soient fortement atténués par la réduction de la densité du gaz. On a montré en effet que, pour des états de raréfaction n'atteignant pas le régime moléculaire libre, l'existence d'un gradient thermique entre deux surfaces induit, même en apesanteur, des courants d'allure convective qui perturbent notablement le champ thermique et les échanges de chaleur entre les deux surfaces. Le mécanisme qui est à l'origine de ce phénomène ne met évidemment plus en cause, comme dans les cas précédents, la variation, associée aux forces de gravité, de la masse volumique du fluide avec la température, mais les conditions de réflexion des particules sur les parois.

Que le système soit un mur, un tuyau, une turbine, un réservoir de pétrole ou des parois de satellite, l'étude thermique pose toujours un problème particulier qui doit être abordé avec sa géométrie propre dans les conditions aux limites réelles. Dans ce but, une étude approfondie de la convection naturelle associée aux problèmes de stabilité est nécessaire et offre aux expérimentateurs comme aux théoriciens un important champ d'investigation.

2. PROBLEMES DES MILIEUX POREUX

2.1. Formulation mathématique

Considérons un milieu poreux saturé compris dans un volume V ayant une longueur caractéristique H soumis à un écart de température ΔT par l'intermédiaire de sa surface Ω ; dans le cas de la couche plane, H est la distance entre les deux plans horizontaux maintenant un gradient adverse constant ΔT.

La matrice solide a une porosité ε, une perméabilité K. Le fluide saturant a un coefficient d'expansion thermique α, une chaleur volumique $(\rho c)_f$, un coefficient de viscosité cinématique ν. Le milieu poreux est assimilé à un fluide fictif de conductivité thermique λ^* et de chaleur volumique $(\rho c)^*$ de telle sorte que, en un point du milieu, la température du solide et du fluide soit la même. Certaines hypothèses simplificatrices sont adoptées : fluide saturant et matrice poreuse sont considérés comme incompressibles ; les propriétés physiques du milieu sont considérées comme constantes, notamment quant à l'influence de la température. Les variations de la masse volumique en fonction de la température sont négligées sauf en ce qui concerne leur influence sur le terme générateur de la convection naturelle (approximation de Boussinesq). Le système d'équations relatif à ce problème s'écrit :

(1) $$\nabla \cdot \underset{\sim}{V} = 0$$

(2) $$(\rho c)^* \partial_t T - \lambda^* \nabla^2 T + (\rho c)_f \underset{\sim}{V} \cdot \nabla T = 0$$

(3) $$\varepsilon^{-1} \rho\, \partial_t V + \nabla p - \rho\, \underset{\sim}{g} + \mu\, K^{-1} \underset{\sim}{V} = 0$$

où $\underset{\sim}{V} = V_1 \underset{\sim}{e}_1 + V_2 \underset{\sim}{e}_2 + V_3 \underset{\sim}{e}_3$ est la vitesse de filtration, $\underset{\sim}{e}_1$, $\underset{\sim}{e}_2$, $\underset{\sim}{e}_3$ sont les vecteurs unitaires portés par les axes x, y et z ; $\underset{\sim}{g}$ est l'accélération de la pesanteur et p la pression. Ajoutons à ce système l'équation d'état du fluide :

(4) $$\rho = \rho_1 \left[1 - \alpha(T - T_1)\right]$$

où T_1 est une température de référence.

Les coordonnées cartésiennes sont référencées à H, le temps à la grandeur $(\rho c)^* H^2/\lambda^*$, la température à ΔT, les vitesses à $\lambda^*/H\ (\rho c)_f$ et la pression à $\lambda^*\ \mu/K\ (\rho c)_f$.

Le système d'équations adimensionnelles devient :

(5) $$\partial_t T = \nabla^2 T - V.\ \nabla T$$

(6) $$\varepsilon^{-1} F\ Pr^{*-1} M \quad \partial_t \underset{\sim}{V} = - \nabla p - Ra^* \underset{\sim}{k}\ T + Ra^* Ga\ \underset{\sim}{k} - \underset{\sim}{V}$$

avec $\underset{\sim}{k} = - \underset{\sim}{e}_3$ dans le cas de la couche plane, ou $\underset{\sim}{k} = - \cos\varphi\ \underset{\sim}{e}_1 + \sin\varphi\ \underset{\sim}{e}_2$ dans le cas du modèle cylindrique.

Six nombres sans dimensions apparaissent dans les équations (5) et (6) : le nombre de Rayleigh $Ra^* = g\ \alpha\ (\rho c)_f\ \Delta T\ H\ K\ /\ \lambda^* \nu$, un nombre de Prandtl $Pr^* = \nu\ (\rho c)_f/\lambda^*$, et quatre nombres caractéristiques du milieu poreux et des conditions expérimentales, ε la porosité, $M = (\rho c)_f/(\rho c)^*$, $Ga = 1/\ \alpha\ \Delta T$ et $F = K/H^2$; ce dernier nombre F est représentatif de la finesse du milieu poreux par rapport à la hauteur de la couche. Pour les milieux poreux rencontrés dans la pratique ou utilisés par les divers expérimentateurs, F varie de 10^{-5} à 10^{-8}, ce qui rend quasiment négligeable le membre de gauche de l'équation (6). Des essais numériques montrent d'ailleurs que des variations même importantes de F ont peu d'influence sur la solution.

Avec l'approximation F = 0 dans les équations, nous supposons que le champ hydrodynamique est, à chaque instant, en équilibre avec le champ de température et seul le terme instationnaire $\partial_t T$ dans l'équation de l'énergie représentera l'évolution dans le temps.

Compte tenu de cette approximation et en prenant deux fois le rotationnel des deux membres de l'équation de la quantité de mouvement (6), il vient pour un problème bidimensionnel :

(7) $$\partial_t T = \nabla^2 T - \underset{\sim}{V}\ .\ \nabla T$$

(8) $$\nabla^2\ \Psi - Ra^* \ell = 0$$

où $\underset{\sim}{V} = V_1 \underset{\sim}{e}_1 + V_3 \underset{\sim}{e}_3$ est la vitesse du fluide et Ψ la fonction du courant ; $\ell = T_{,1}$ pour la couche plane, $\ell = \sin\varphi\ T_{,1} + \frac{\cos\varphi}{r}\ T_{,2}$ pour la couche cylindrique.

2.2. <u>Divers aspects des instabilités thermoconvectives</u>

La naissance et le développement des instabilités peuvent s'effectuer soit à partir d'un état initial correspondant à un système purement dissipatif, soit à partir d'un état de convection développée. Dans le premier cas, la transition entre les états stables et instables apparaît comme une compétition entre les effets dissipatifs stabilisants d'une part et les effets convectifs déstabilisants d'autre part. Dans le cas où les phénomènes convectifs sont développés, ce qui est souvent le cas dans les systèmes physiques habituels, les conditions d'apparition des instabilités ne se présentent plus sous une forme aussi simple que dans le cas précédent ; pour ces systèmes, la description au niveau local des conditions critiques apparait comme un moyen de résoudre le problème.

Dès lors, l'étude des instabilités thermoconvectives peut se diviser en deux parties correspondant respectivement à la transition conduction-convection régulière et à la transition convection régulière-convection fluctuante. Il peut arriver que l'une ou l'autre de ces transitions, ou les deux, n'existent pas : c'est le cas par exemple de systèmes où la convection apparaît pour tout gradient de température non nul et qui reste régulière quelle que soit la valeur de ce gradient.

L'existence de ces transitions dépendra de la configuration géométrique du système, du champ de température et du vecteur accélération de la pesanteur ; toutefois, les conditions critiques obtenues pour chaque transition sont propres à une configuration géométrique donnée.

3. COUCHE POREUSE HORIZONTALE

3.1. Introduction

Les premières études sur la convection naturelle dans un milieu poreux limité par deux plans horizontaux isothermes maintenant un gradient de température adverse ont été menées par C.W. Horton et F.T. Rogers (1945) et par E.R. Lapwood (1948). Ce dernier auteur a déterminé le critère de stabilité d'une telle couche à partir d'un état de référence correspondant à la conduction ; son analyse linéaire prévoit l'apparition des phénomènes convectifs à partir d'un nombre de Rayleigh de filtration de $4\,\pi^2$. Des expériences ont été effectuées par plusieurs auteurs pour vérifier ce critère : Y. Katto et T. Masuoka (1967), M.J. Schneider (1963), M.A. Combarnous (1970), S.A. Bories (1970), M. Cloupeau et S. Klarsfeld (1970). Leurs résultats ont confirmé cette valeur du nombre de Rayleigh critique d'apparition des phénomènes convectifs.

Dans le cadre des études évoquées ci-dessus, certaines expériences ont révélé un autre mode de convection (M.A Combarnous, B. Le Fur, 1969 ; J.P. Caltagirone, M. Cloupeau, M. Combarnous, 1971) qui est caractérisé par des fluctuations naissant au droit de zones où le gradient de température est le plus fort, alors que les phénomènes convectifs sont très importants et que le nombre de Rayleigh est environ sept fois le nombre de Rayleigh critique d'apparition de la convection naturelle (entre 200 et 390).

En vue d'obtenir les conditions critiques d'apparition de la convection oscillante ainsi que les paramètres essentiels intervenant dans la naissance des perturbations, un modèle numérique bidimensionnel a été élaboré à partir des équations (7) et (8).

3.2. Solution numérique

Le domaine de résolution est un rectangle de hauteur H et de largeur L ; un paramètre important est ainsi défini à partir de ces deux longueurs : l'allongement A = L/H. Nous posons x' = x H A et z' = z H pour rendre adimensionnelles les caractéristiques géométriques du domaine ; x' varie de 0 à L, z' de 0 à H, x et z de 0 à 1.

Les équations adimensionnelles s'écrivent :

$$\partial_t T = \frac{1}{A^2}\frac{\partial^2 T}{\partial x^2} + \frac{\partial^2 T}{\partial z^2} - [\frac{V_x}{A}\frac{\partial T}{\partial x} + V_z \frac{\partial T}{\partial z}] \qquad (9)$$

$$\frac{1}{A^2}\frac{\partial^2 \Psi}{\partial x^2} + \frac{\partial^2 \Psi}{\partial z^2} = \frac{1}{A} Ra^* \frac{\partial T}{\partial x} \qquad (10)$$

avec $V_x = -\frac{\partial \Psi}{\partial z}$ composante horizontale de la vitesse et

$V_x = \frac{1}{A}\frac{\partial \Psi}{\partial x}$ composante verticale de la vitesse.

Les conditions aux limites s'écrivent :

$$(11) \quad \begin{array}{lll} T = 1 \ , & \Psi = 0 & \text{pour } z = 0 \ \forall x \\ T = 0 \ , & \Psi = 0 & \text{pour } z = 1 \ \forall x \\ \frac{\partial T}{\partial x} = 0 \ , & \Psi = 0 & \text{pour } x = 0 \text{ et } x = 1, \forall z \ . \end{array}$$

Les conditions initiales portent sur le champ de température ; une distribution cohérente, du type $\alpha \cos n \pi x \sin m \pi z$ (où α est un coefficient d'amplification et m et n des nombres d'onde), est introduite dans le calcul.

Le maillage, superposé au domaine physique et représentant la discrétisation géométrique, est choisi en fonction du nombre de Rayleigh.

Un maillage de 33 x 33 noeuds est adopté pour un nombre de Rayleigh inférieur ou égal à 100 et un maillage de 49 x 49 noeuds au-dessus de 100. Les équations (9) et (10), transformées en équations aux différences sont résolues par la méthode des directions alternées.

Les résultats numériques obtenus à l'aide de ce modèle sont résumés sur le diagramme Nusselt-Rayleigh de la figure 1.

Pour un nombre de Rayleigh donné, trois régimes de convection apparaissent successivement lorsque A augmente :

- pour les plus faibles allongements, le comportement est celui du régime de conduction qui correspond au domaine I du diagramme de la figure 2 ;
- lorsque l'allongement augmente, le calcul donne une solution convergente représentant la convection naturelle régulière (région II) ;
- pour des allongements encore plus grands la convection fluctuante apparaît, région

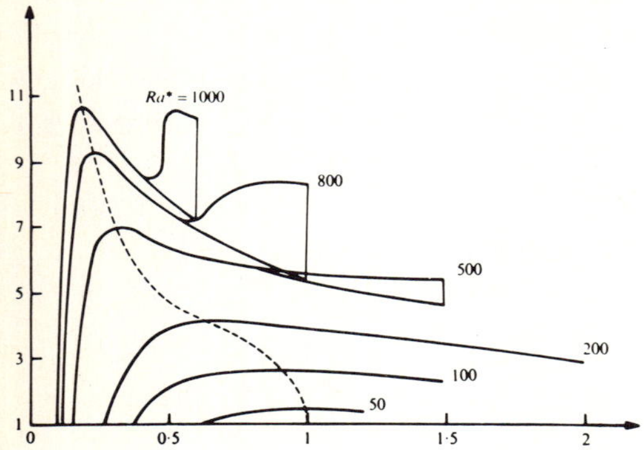

Fig.1 - Résultats numériques
$Nu^* = f(A, Ra^*)$

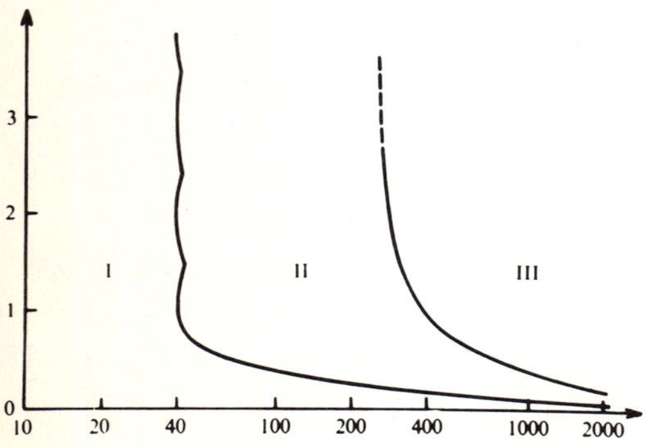

Fig.2 - Trois types d'évolution

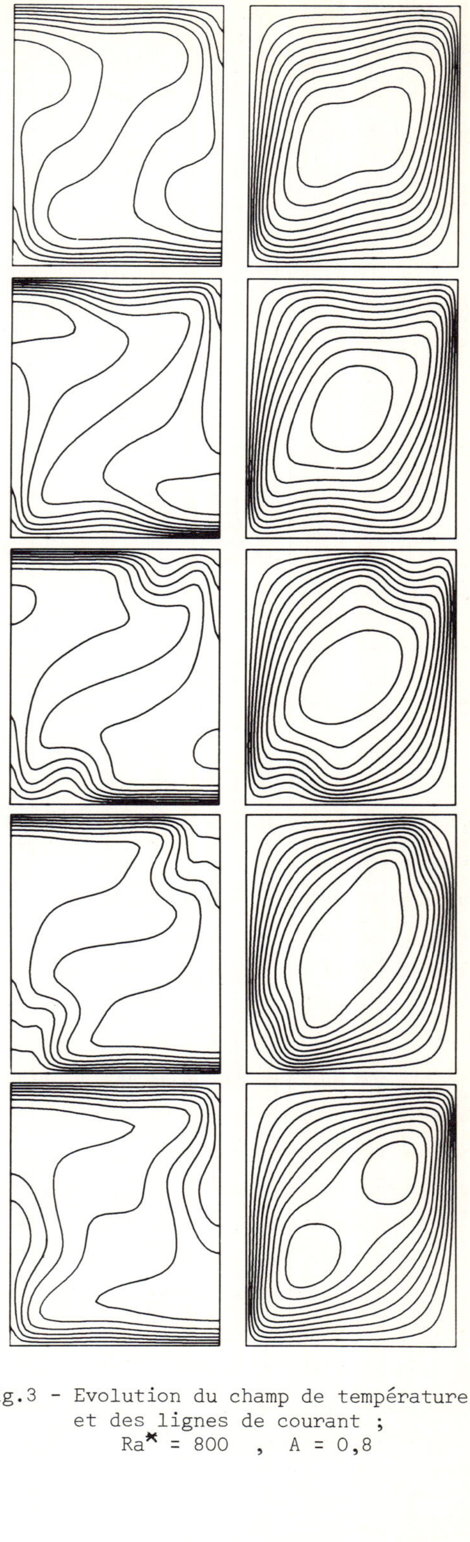

Fig.3 - Evolution du champ de température et des lignes de courant ;
$Ra^* = 800$, $A = 0,8$

III du diagramme. Cette région se caractérise par le fait qu'un régime stationnaire ne peut être atteint ; le champ de température, les vitesses de filtration, le nombre de Nusselt fluctuent au cours du temps et ceci, quel que soit le nombre d'itérations du calcul. L'évolution peut toutefois présenter un caractère quasi-périodique lorsque l'effet des conditions initiales s'est estompé.

La figure 3 représente les évolutions du champ de température et des lignes de courant pour un nombre de Rayleigh de 800 et un allongement de 0,8.

Le modèle numérique bidimensionnel adopté montre le rôle prépondérant joué par l'allongement réduit A de la cellule sur l'apparition des instabilités. Les résultats de notre modèle concernant ce régime "oscillant" sont en bon accord avec ceux de R.N. Horne et M.J. O'Sullivan (1974).

Une analyse de stabilité développée par ailleurs (J.P. Caltagirone, 1975) permet de retrouver les conditions d'apparition de la convection naturelle soit $Ra^*_c = 4\,\pi^2$, mais aussi de prévoir le nombre de Rayleigh critique fluctuant.

4. COUCHE POREUSE COMPRISE ENTRE DEUX CYLINDRES COAXIAUX HORIZONTAUX

4.1. Introduction

Comparée à d'autres configurations telles que la couche poreuse horizontale, la situation de la couche annulaire est moins favorable et les études sont peu nombreuses.

La similitude des phénomènes observés en couche poreuse et en couche fluide, nous permet toutefois d'espérer des comparaisons qualitatives à partir de plusieurs publications correspondant à des études effectuées avec de l'eau, de l'air ou des métaux liquides.

La solution des équations correspondant au régime stationnaire bidimensionnel est cherchée, sous forme de développements de la température et de la fonction de courant en puissance du nombre de Rayleigh, par L.R. Mack et E.H. Bishop (1968). Leurs résultats font apparaître des écoulements secondaires dans les parties supérieure et inférieure de la cellule, pour des nombres de Prandtl très faibles.

Les premiers calculs numériques concernant la géométrie étudiée sont effectués par L. Crawford et R. Lemlich (1962) employant la méthode des différences finies pour résoudre les équations de continuité, de l'énergie et de la quantité de mouvement. Le domaine d'investigation se résume à trois valeurs différentes du rapport des rayons pour une valeur du nombre de Prandtl égale à 0,714.

Toutefois, les résultats les plus significatifs sur la convection dans une couche annulaire fluide sont obtenus par U. Grigull et W. Hauf (1966) ; utilisant l'interféromètre Mach-Zehnder pour les visualisations, les auteurs mettent en évidence différents régimes de convection, en particulier les effets tridimensionnels marqués, dans la partie supérieure de la cellule expérimentale lorsque le nombre de Grashof augmente.

Des renseignements qualitatifs détaillés sont présentés par E.H. Bishop,

C.T. Carley, R.E. Powe (1968), concernant un régime de convection oscillante tridimensionnelle, à partir d'observations sur un espace annulaire contenant de l'air ; la visualisation est obtenue à l'aide de fumée de tabac. L'amplitude et la longueur d'onde des oscillations est donnée en fonction du nombre de Grashof.

En résumé, les études expérimentales développées par les différents auteurs prouvent de façon nette l'apparition d'effets secondaires juxtaposés à l'écoulement principal stationnaire et bidimensionnel, pour des valeurs du nombre de Grashof relativement élevées. Mais ces résultats sont encore fragmentaires et ne permettent pas de définir les critères d'apparition de ces effets, et la forme des cellules thermoconvectives.

Pour aborder ce problème, les moyens d'investigations utilisés ont été successivement (J.P. Caltagirone, 1976) l'expérience sur une cellule de grande longueur, la méthode des perturbations, la simulation numérique bidimensionnelle, l'étude de stabilité et la modélisation numérique par la méthode des éléments finis. Nous développerons ici l'étude de stabilité.

4.2. Analyse de la stabilité

Considérons de petites perturbations de température $\Theta = T - T_o$ et de vitesse $\underset{\sim}{v} = \underset{\sim}{V} - \underset{\sim}{V}_o$ où $\underset{\sim}{v} = u\,\underset{\sim}{e}_1 + v\,\underset{\sim}{e}_2 + w\,\underset{\sim}{e}_3$. La distribution de température de référence T_o et le champ de vitesse de référence $\underset{\sim}{V}_o$ sont fonction de r et de φ.

En introduisant ces perturbations dans les équations (5) et (6), nous obtenons après quelques calculs :

(12) $$\partial_t \Theta = \nabla^2 \Theta - [u\, T_{o,1} + \frac{v}{r} T_{o,2}]$$

(13) $$\varepsilon^{-1} Pr^{*-1} M\ F\ \partial_t\ \nabla^2 \underset{\sim}{v} = Ra\ \underset{\sim}{\ell} - \nabla^2 \underset{\sim}{v}$$

où les trois composantes du vecteur $\underset{\sim}{\ell}$ s'écrivent :

(14) $$\ell_1 = \frac{\cos\varphi}{r}\ \Theta_{,1} + \frac{\sin\varphi}{r}\Theta_{,12} + \frac{\cos\varphi}{r^2}\Theta_{,22} - \frac{\sin\varphi}{r^2}\Theta_{,2} + \cos\varphi\ \Theta_{,33}$$
$$\ell_2 = -\sin\varphi\ \Theta_{,11} - \frac{\cos\varphi}{r}\Theta_{,12} + \frac{\cos\varphi}{r^2}\Theta_{,2} - \sin\varphi\ \Theta_{,33}$$
$$\ell_3 = -\cos\varphi\ \Theta_{,13} + \frac{\sin\varphi}{r}\Theta_{,23}$$

Les observations expérimentales permettent de simplifier ce système : la zone où les perturbations commencent à s'amplifier d'abord se situe dans la partie supérieure de la cellule ($\varphi \simeq 0$).

Dans cette hypothèse, $\varphi \simeq 0$ et en remarquant que $T_{o,2} = 0$, les équations de perturbations deviennent, en développant les perturbations arbitraires en fonctions périodiques,

(15) $$\partial_t \Theta = (D^2 + \frac{1}{r} D - s^2)\ \Theta - T_{o,1} u$$

(16) $\varepsilon^{-1}Pr^{*-1}M\,F\partial_t(D^2 + \frac{1}{r}D - s^2 - \frac{1}{r^2})u = Ra^*(\frac{1}{r}D - s^2)\Theta - (D^2 + \frac{1}{r}D - s^2 - \frac{1}{r^2})u$

où $D = d/dr$ et s est le nombre d'onde de la perturbation.

La méthode de Galerkin est appliquée ici pour résoudre ce système. La distribution de température T_o est calculée par le modèle numérique bidimensionnel et introduite dans les équations de perturbation. Un nombre de Rayleigh critique est calculé ; un calcul numérique est entrepris avec cette nouvelle valeur du nombre de Rayleigh et un processus itératif convergent permet d'obtenir la valeur du nombre de Rayleigh critique "fluctuant" Ra^*_{ct} pour une valeur donnée du rapport des rayons $R = r_e/r_i$.

Les variations de $\mathcal{R}a^*_{ct} = Ra^*_{ct}(R-1)$ et du nombre d'onde critique $\alpha_c = s_c(R-1)$ en fonction de (R-1) sont représentées sur les figures 4 et 5.

Lorsque le rapport R tend vers 1, la courbe $\mathcal{R}a^*_{ct}(R)$ tend bien vers la limite correspondant à l'apparition de la convection naturelle dans une couche poreuse horizontale, c'est-à-dire $4\,\pi^2$; le nombre d'onde tend alors vers π.

La figure 6 regroupe les résultats expérimentaux et théoriques correspondant à un rapport de rayon égal à 2 ; pour cette valeur de R, la valeur de $\mathcal{R}a^*_{ct}$ obtenue par l'analyse linéaire : 66,96, est en bon accord avec celle déterminée expérimentalement : $\mathcal{R}a^*_{ct} = 65 \pm 4$.

5. PROBLEME DES GAZ RAREFIES

Le problème de l'apparition d'instabilités en gaz raréfiés sera abordé ici sous une forme assez rudimentaire et plutôt qualitative. Nous examinerons pour commencer le cas du régime moléculaire libre qui conduit à un modèle simple du régime de conduction pure.

5.1. Régime moléculaire libre

Considérons, entre deux plans parallèles infinis 1 et 2 maintenus aux températures respectives T_1 et T_2, un gaz très raréfié dont la température initiale est T_o et la densité numérique n_o ; la distribution des vitesses est maxwellienne avec une vitesse moyenne nulle.

Le nombre de molécules du gaz qui frappent chaque paroi pendant l'unité de temps est donné par l'expression bien connue $n_o\sqrt{2rT_o/\pi}/2$. Supposons que les molécules qui ont frappé le plan 1 (ou 2) sont réfléchies avec une distribution des vitesses maxwelliennes correspondant à la température T_1 (ou T_2). La forte raréfaction du gaz permet d'admettre que les deux classes de molécules réfléchies coexistent sans interaction ni entre elles ni avec les molécules initiales. Il est alors facile d'écrire le système différentiel gouvernant l'évolution des densités n_o, n_1 et n_2 de chaque classe moléculaire :

$$\frac{dn_o}{dt} = -\,2\,\frac{n_o}{\tau_o}$$

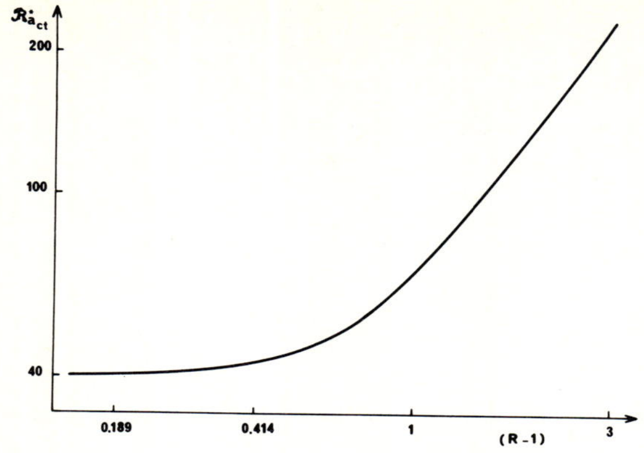

Fig. 4 - Variation du nombre de Rayleigh critique en fonction du rapport des rayons

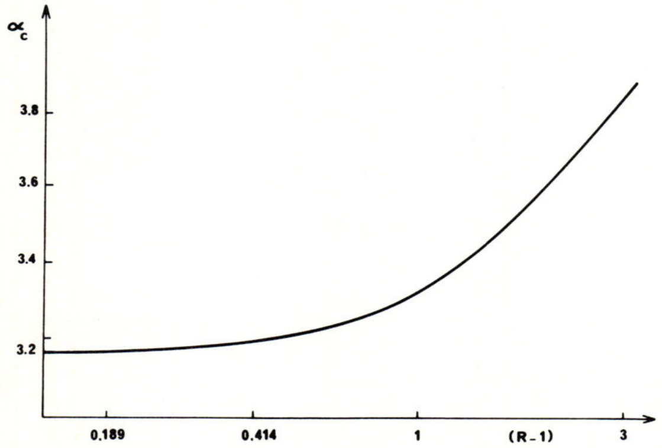

Fig. 5 - Variation du nombre d'onde critique en fonction du rapport des rayons

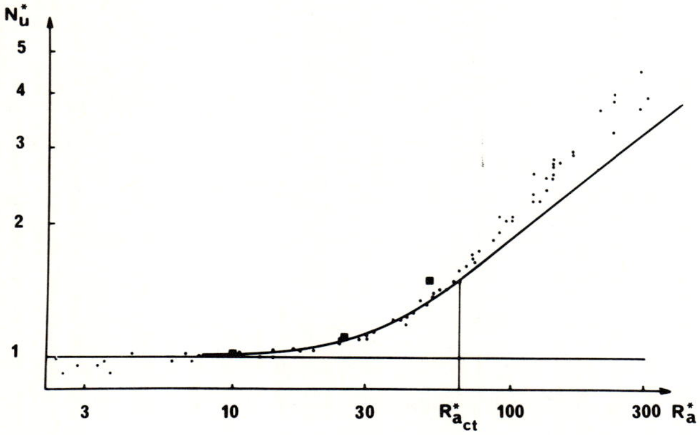

Fig. 6 - Comparaison des résultats : • expérimentaux, ■ méthode des perturbations, ——— modèle numérique

$$\frac{dn_1}{dt} = - \frac{n_1}{\tau_1} + \frac{n_2}{\tau_2} + \frac{n_o}{\tau_o}$$

$$\frac{dn_2}{dt} = \frac{n_1}{\tau_1} - \frac{n_2}{\tau_2} + \frac{n_o}{\tau_o}$$

en désignant par τ_o, τ_1, τ_2 les temps caractéristiques correspondant à une distance h des deux plans :

$$\tau_i = h\sqrt{\frac{2\,\pi}{rT_i}} \qquad (i = 0,\ 1,\ 2)$$

La solution correspondant à $n_1 = n_2 = 0$ pour $t = 0$ est presque immédiate :

$$n_o(t) = n_o(0)\ \exp\left(- \frac{2t}{\tau_o}\right)$$

$$n_1(t) = n_o(0)\ [(1-k_1) + \delta_{o2}\ \exp\left(- \frac{2t}{\tau_o}\right) + k_o\delta_{21}\ \exp\left(- \frac{t}{k_2\tau_2}\right)]$$

$$n_2(t) = n_o(0)\ [(1-k_2) + \delta_{o1}\ \exp\left(- \frac{2t}{\tau_o}\right) + k_o\delta_{12}\ \exp\left(- \frac{t}{k_1\tau_1}\right)]$$

avec

$$k_i = \frac{1}{\tau_i}/\left(\frac{1}{\tau_1} + \frac{1}{\tau_2}\right) \qquad \text{et} \qquad \delta_{ij} = \left(\frac{1}{\tau_i} - \frac{1}{\tau_j}\right)/\left(\frac{1}{\tau_1} + \frac{1}{\tau_2} - \frac{2}{\tau_o}\right).$$

Comme on pouvait s'y attendre, $n_o(t)$ tend vers une valeur asymptotique nulle tandis que $n_1(t)$ et $n_2(t)$ tendent respectivement vers $k_1n_o(0)$ et $k_2n_o(0)$.

Cet état limite, qui correspond à un régime de conduction pure, est ainsi représenté par l'existence de deux classes de molécules maxwelliennes correspondant aux températures des deux plaques et s'échangent à chaque collision avec ces dernières.

5.2. Régime d'interactions moléculaires

L'extension du modèle précédent au régime d'interactions moléculaires n'interdit pas de conserver les mêmes conditions de collisions pariétales et d'admettre que, près de chaque paroi, les molécules sont encore maxwelliennes à la température de paroi dans une couche dont l'épaisseur est de l'ordre du libre parcours moyen.

On peut alors envisager de représenter la distribution des vitesses moléculaires en dehors de ces deux couches, donc dans la zone où dominent les chocs moléculaires, par une combinaison linéaire de deux demi-maxwelliennes, c'est-à-dire de la forme

$$f = n_1f_1 + n_2f_2$$

avec

$$f_1 = \begin{cases} \left(\frac{1}{2\pi rT_1}\right)^{3/2} \exp\left(- \frac{u^2+v^2+w^2}{2rT_1}\right) & \text{pour } w > 0 \\ 0 & \text{pour } w < 0 \end{cases}$$

$$f_2 = \begin{cases} 0 & \text{pour } w < 0 \\ \left(\frac{1}{2\pi\ r\ T_2}\right)^{3/2} \exp\left(-\frac{u^2+v^2+w^2}{2\ r\ T_2}\right) & \text{pour } w > 0 \end{cases}$$

dans laquelle (u, v, w) sont les composantes de la vitesse moléculaire $\vec{V}$ sur les axes (x, y, z), z étant pris perpendiculairement aux plans et orienté de 1 vers 2.

Les coefficients n_1 et n_2 peuvent être, en principe, des fonctions de (x,y,z) et du temps, cette distribution étant ainsi du type Mott-Smith.

Dans le cadre du présent exposé, nous nous contenterons d'examiner s'il existe un modèle stationnaire généralisant, dans le cas d'interactions moléculaires, le modèle asymptotique précédent. Nous considérons donc le système au bout d'un temps suffisamment long pour que la quasi-totalité des molécules du gaz initial aient subi au moins une collision sur l'un des plans et nous pouvons ainsi ne pas prendre en compte les molécules du gaz initial et considérer que les fonctions n_1 et n_2 ne dépendent que de z.

Il est par contre nécessaire de faire intervenir un troisième terme dans la distribution F, car celle-ci conduit à une vitesse moyenne non nulle, ce qui est exclu du modèle que nous avons en vue. Cela conduit à prendre une distribution de la forme

$$F = n_1 f_1 + n_2 f_2 + n_3 f_3$$

dans laquelle

$$f_3 = \left(\frac{1}{2\pi\ r\ T_3}\right)^{3/2} \exp\left[-\frac{(u^2+v^2+(w-\bar{w})^2}{2\pi\ T_3}\right],$$

la fonction n_3 étant telle que

$$\frac{n_1}{2}\sqrt{\frac{2rT_1}{\pi}} - \frac{n_2}{2}\sqrt{\frac{2rT_2}{\pi}} + n_3\bar{w} = 0 .$$

Selon la méthode généralement utilisée avec des distribution de ce type, on cherche à déterminer les fonctions n_1 et n_2 au moyen des équations de transfert de fonctions $\Phi(u,v,w)$:

$$\frac{d}{dz}\iiint_{-\infty}^{+\infty} F\ \Phi\ w\ du\ dv\ dw = \Delta\Phi,$$

$\Delta\Phi$ désignant la variation de Φ due aux chocs moléculaires.

L'application de ces relations aux fonctions conservées dans les chocs moléculaires ($\Phi = 1$, $\Phi = w$, $\Phi = u^2+v^2+w^2$) conduit au système differentiel :

$$\frac{1}{2}\sqrt{\frac{2rT_1}{\pi}}\ \frac{dn_1}{dz} - \frac{1}{2}\sqrt{\frac{2rT_2}{\pi}}\ \frac{dn_2}{dz} + \bar{w}\ \frac{dn_3}{dz} = 0$$

$$\frac{rT_1}{2}\frac{dn_1}{dz}\frac{rT_2}{2}\frac{dn_2}{dz} + (\bar{w}^2 + rT_3)\frac{dn_3}{dz} = 0$$

$$\frac{1}{\sqrt{\pi}}(2rT_1)^{3/2}\frac{dn_1}{dz} + \frac{1}{\sqrt{\pi}}(2rT_2)^{3/2}\frac{dn_2}{dz} + (\bar{w}^2 + 5rT_3)\,\bar{w}\,\frac{dn_3}{dz} = 0.$$

La condition imposée à n_3, évidemment compatible avec la première équation de ce système, réduit les deux autres à un système de deux équations différentielles linéaires homogènes en n_1 et n_2, qui pourront être rendues compatibles par un choix approprié des valeurs $\bar{w}$ et T_3, et la mise en équation du problème pourra alors être complétée par une équation de transfert supplémentaire non homogène ($\Phi = w^2$ ou $\Phi = w\,(u^2+v^2+w^2)$ par exemple).

5.3. Apparition d'instabilités

Le modèle précédent aboutit ainsi à une représentation du régime, stationnaire et sans mouvements macroscopiques, d'un gaz comportant des interactions moléculaires. En fait, la mise en équation a été conduite dès le début en fonction de ce comportement particulier mais on serait évidemment parvenu à un système plus complet en conservant le temps et les variables (x,y) dans les fonctions utilisées. L'étude de la stabilité du système, sensiblement plus complexe mais toujours linéaire, qui serait ainsi obtenu ferait alors apparaitre des mouvements convectifs assez voisins de ceux qui ont été décrits précédemment dans les milieux poreux.

L'existence et la configuration de ces mouvements ont été montrées il y a plusieurs années, entre autres, par Kogan (1973) et par Sone (1974) en introduisant dans les équations de transfert usuelles les contraintes thermiques obtenues à partir de solutions d'ordre supérieur de l'équation de Boltzmann. Les lignes de courant de ces mouvements ont pu être obtenues par calcul numérique mais l'ensemble des équations du problème est très complexe et parait mal adapté à l'étude de la stabilité qui n'a du reste pas été abordée par ces auteurs. Par contre, des modèles linéaires du type présenté ici s'y prêtent assez aisément.

6. SYNTHESE

Les études d'instabilité en gaz raréfiés sont encore trop peu avancées pour permettre d'en tirer d'autre conclusion que l'attention que l'on peut porter sur la signification profonde de cette genèse d'instabilités par des phénomènes aléatoires d'une autre échelle.

Par contre, il semble intéressant de conclure cet exposé par une synthèse des résultats obtenus dans l'étude d'un même phénomène pour des conditions aux limites et des configurations géométriques différentes : la convection naturelle en milieu poreux. L'analyse de ce phénomène, abordée par une même méthode de recherche fait apparaître des modes d'évolution communs aux différentes géométries étudiées.

Le comportement des systèmes physiques envisagés peut se décomposer en trois phases : le régime de conduction ou de pseudo-conduction, le régime de convection régulière et celui de convection fluctuante ; examinons donc ces évolutions différentes pour les géométries étudiées.

- L'état de conduction pure ne peut exister que si la composante horizontale du gradient de température est nulle dans tout le domaine et que si la composante verticale est inférieure à une certaine limite. C'est le cas de la couche plane poreuse soumise à un gradient constant et uniforme inférieur à celui correspondant à un nombre de Rayleigh $Ra_c^* = 4\pi^2$. L'état conductif se retrouve aussi lorsque les conditions aux limites sont instationnaires ; un nombre de Rayleigh critique d'apparition des phénomènes convectifs est défini, il dépend du gradient de température moyen mais aussi du type de signal à la paroi. Dans le cas du modèle cylindrique, le gradient radial fait naître immédiatement la convection entre les cylindres ; toutefois pour des gradients de température très faibles le transfert de chaleur par conduction est prédominant et les isothermes sont quasi-concentriques aux cylindres. Nous qualifierons ce régime de pseudo-conductif. C'est généralement à partir de ce régime de conconduction que les études de stabilité sont effectuées : l'état de référence dans la théorie linéaire développée par E.R. Lapwood (1948) correspond à un état de conduction. Un grand nombre d'autres auteurs ont recherché les conditions critiques marginales par cette voie : S. Chandrasekhar (1961), D.A. Nield (1968).

Dans les équations linéarisées sont introduites des petites perturbations sous forme d'ondes périodiques et les équations de perturbations ainsi obtenues sont résolues par diverses techniques : méthode de Galerkin, analyse des modes normaux, méthode du potentiel local, développements asymptotiques, séries de Fourier, etc... Les résultats obtenus par la méthode des petites perturbations appliquée à un état de référence correspondant à la conduction pure sont généralement significatifs et bien vérifiés par l'expérience, par exemple $Ra_c = 1708$ pour la couche fluide, $Ra_c^* = 39,48$ pour la couche poreuse dans le cas de limites imperméables et isothermes. Nous pouvons donc dire que, en général, l'état marginal séparant les régimes de conduction et de convection est bien défini.

- Au-delà de l'état marginal, les phénomènes convectifs commencent à s'amplifier ; les isothermes subissent des distorsions par rapport à l'état initial d'autant plus grandes que le nombre de Rayleigh est élevé. Dans la couche plane la convection régulière s'organise en cellules à base hexagonale lorsque les limites latérales sont grandes vis-à-vis de la hauteur de la couche, ou en rouleaux contrarotatifs lorsque le système est quasi-bidimensionnel. Dans le cas de la couche annulaire, la convection se développe sous la forme de deux rouleaux symétriques par rapport à un plan vertical passant par l'axe commun aux deux cylindres, les modifications les plus importantes de la forme des isothermes sont observées dans les parties supérieure et inférieure du modèle ; dans la partie supérieure, les isothermes se tassent près du cylindre extérieur froid alors que dans la partie inférieure celles-ci se rapprochent du cylindre intérieur chaud.

Le transfert de chaleur entre les surfaces devient relativement important et peut atteindre plusieurs dizaines de fois le transfert dû à la seule conduction.

Les équations du phénomène ne peuvent plus être résolues analytiquement. Un grand nombre de méthodes peuvent alors être employées pour résoudre le système d'équations aux dérivées partielles couplées : méthode des différences finies, méthode des éléments finis, méthode intégrale, méthode de Galerkin, séries de Fourier, méthodes analogiques ou hybrides, etc... De toutes les méthodes, la méthode des différences finies a été certainement la plus employée jusqu'à présent à cause de sa simplicité et de la rapidité de sa mise en oeuvre. Depuis quelques années la méthode des éléments finis, qui a surtout été utilisée en mécanique, a trouvé de nombreuses applications parmi lesquelles le calcul de la distribution de température dans les solides ayant des formes compliquées ; cette méthode permet, en effet, de traiter des problèmes à géométries complexes et ceux des milieux inhomogènes et anisotropes ce qui contrebalance largement sa moins grande facilité d'emploi. Le changement de configuration géométrique, pour un phénomène régi par les mêmes équations, se traduit par un changement de maillage, indépendant du programme principal.

Le régime de convection régulière peut être ainsi appréhendé assez facilement par l'une des méthodes énumérées plus haut. La solution du problème est donnée, généralement, par le champ de température, par les composantes de la vitesse de filtration et par les transferts de chaleur locaux et globaux. Depuis quelques années le développement technologique de calculateurs puissants a suscité quelquefois le remplacement d'expériences longues et délicates par une simulation numérique à l'aide de modèles bidimensionnels ou tridimensionnels. La moisson des résultats est généralement importante et il convient de distinguer ceux qui possèdent une certaine valeur réaliste.

- Les deux premiers régimes, à savoir le régime de conduction ou de pseudo-conduction et le régime de convection régulière, sont désormais bien connus et expliqués.

Les résultats les plus significatifs que nous pensons avoir obtenus portent sur la définition des critères de stabilité relatifs à l'état marginal entre la convection régulière et la convection fluctuante :

- l'étude numérique bidimensionnelle concernant le problème de la couche poreuse horizontale soumise à un gradient constant, où les trois régimes décrits plus haut ont été effectivement retrouvés et où le rôle important de l'allongement de la cellule A est montré, notamment sur l'initiation des instabilités fluctuantes ;
- l'étude de stabilité par la méthode de Galerkin où un nombre de Rayleigh critique fluctuant ($Ra^*_{cf} = 384$ pour A = 1) a pu être trouvé, en accord avec les expériences et l'étude numérique ;
- l'étude expérimentale effectuée sur une cellule de grande longueur qui a permis de faire apparaître nettement les effets tridimensionnels fluctuants au-

delà de $Ra^*_{ct} = 65$ pour $R = 2$;

- l'étude de stabilité par la méthode de Galerkin qui a confirmé cette valeur de Ra^*_{ct} ($Ra^*_{ct} = 66{,}96$ pour $R = 2$) ;
- enfin, l'étude numérique tridimensionnelle dont les résultats confirment ceux obtenus expérimentalement et théoriquement.

La bonne concordance des résultats expérimentaux, numériques et théoriques est due, en grande partie à la très bonne représentativité phénoménologique des équations employées et à l'efficacité des méthodes théoriques et numériques telles que la méthode de Galerkin ou de la méthode des éléments finis.

Le régime fluctuant par lui-même est encore assez mal compris, ne serait-ce que par la relative nouveauté du problème (M.A. Combarnous et B. Le Fur, 1969). Les observations expérimentales sur une couche poreuse de faible épaisseur nous montrent que des perturbations, superposées aux cellules thermoconvectives apparaissent sous forme de microtourbillons perturbant l'organisation macroscopique et pouvant induire le développement de nouvelles cellules ou la disparition d'un couple de cellules existant. Ce phénomène n'apparaît que pour un nombre de Rayleigh suffisamment important ($Ra^*_{cf} = 200$ à 390 suivant les milieux). Le régime fluctuant est alors caractérisé par l'évolution aléatoire de la distribution de température au cours du temps et par un accroissement du transfert de chaleur global probablement dû à l'apparition et à la disparition continuelles de couples de cellules.

Ces observations nous conduisent à formuler une hypothèse : le régime fluctuant n'est que le résultat du dépassement, au niveau local, des conditions critiques d'apparition de la convection. En effet, les instabilités se développent toujours dans les zones à fort gradient de température vertical ; dans la couche plane ces zones se localisent près des surfaces horizontales et, dans la couche poreuse annulaire, les instabilités se manifestent dans la partie supérieure de la cellule, pour $\varphi \simeq 0$. Ces zones peuvent être assimilées à de petites couches horizontales à frontières libres et isothermes ; nous pouvons alors essayer d'évaluer dans ces petites couches les conditions critiques d'apparition de ces instabilités mais le problème est très délicat et compliqué. Si l'étude globale du phénomène par les méthodes numériques ou la théorie linéaire nous a effectivement permis de mettre en évidence la genèse des microtourbillons, il faut à notre sens recourir à une étude plus locale, à l'échelle même de ces microtourbillons éphémères, tout en gardant une description macroscopique du phénomène, pour obtenir un modèle théorique plus représentatif des phénomènes observés. Le recours aux méthodes d'approches de la thermodynamique des processus irréversibles et de la théorie des bifurcations nous semble alors la voie à suivre.

REFERENCES

J.L. BECK, Convection in a box of porous materiel saturated with fluid, The Phys.

Fluid, 15, 1377-1383, 1972.
E.H. BISHOP, C.T. CARLEY, R.E. POWE, Natural convective oscillatory flow in cylindrical annuli, I.J.H.M.T., 11, 1741-1752, 1968.
S.A. BORIES et M.A. COMBARNOUS, Natural convection in a sloping porous layer, J. Fluid Mech., 57, 63-79, 1973.
J.P. CALTAGIRONE, Thermoconvective instabilities in a porous layer, J. Fluid Mech., 72, 269-287, 1975.
J.P. CALTAGIRONE, Thermoconvective instabilities in a porous medium bounded by two concentric horizontal cylinders, J. Fluid Mech., 76, 337-362, 1976.
S. CHANDRASEKHAR, Hydrodynamic and Hydromagnetic stability, Oxford Univ. Press Clarendon, London N-Y, 1961.
M.A. COMBARNOUS, S.A. BORIES, Hydrothermal convection in satured porous media, Advances in Hydroscience, 10, 231-317, Acad. Press, 1975.
M.A. COMBARNOUS, B. LE FUR, Transfert de chaleur par convection naturelle dans une couche poreuse horizontale, Comptes-Rendus Acad. Sci., B, 269, 1009-1012, 1969.
L. CRAWFORD, R. LEMLICH, Natural convection in horizontal concentric cylindrical annuli, Indus. Eng. Chem. Fundamentals, 1, 260-264, 1962.
B.A. FINLAYSON, The Galerkin method applied to convective instatibility problems, J. Fluid Mech., 33, 201-208, 1968.
B.A. FINLAYSON, The method of weighted residuals and variationnal principles Acad. Press, 1972.
P. GLANSDORFF, Non-equilibrium thermodynamics, variationnal techniques and stability, Univ. Chicago Press, Chicago and London, 1965.
P. GLANSDORFF, I. PRIGOGINE, Structure, stabilité et fluctuations, Masson, 1971.
U. GRIGULL, W. HAUF, Natural convection in horizontal cylindrical annuli, Proc. Third Int. Heat Transfer Conf. Pap. 60, 182-195, 1966.
R.N. HORNE, M.J. O'SULLIVAN, Oscillatory in horizontal in a porous medium heated from below, J. Fluid Mech., 66, 339-352, 1974.
L.V. KANTOROVICH, V.I. KRYLOV, Approximate methods in higher analysis, ed. P. NOORDHOFF, Gröningen, the Netherlands, 1958.
Y. KATTO, T. MASUOKA, Criterion for onset of convective flow in a fluid in a porous medium, I.J.H.M.T., 10, 297-309, 1967.
C.W. HORTON, F.T. ROGERS, Convection currents in a porous medium, J. Appl. Phys. 16, 367-370, 1945.
M.N. KOGAN, Molecular Gas Dynamics, in Annual Rev. of Fluid Mechanics vol.5, 383-404 Palo Alto , 1973
R. KRISHNAMURTI, On the transition to turbulent convection. Part 1 - the transition from two-to three-dimensional flow, J. Fluid. Mech., 42, 295-307, 1970.
E.R. LAPWOOD, Convection of a fluid in a porous medium, Proc. Cambridge Phil.Soc. 44, 508-521, 1948.
J. LASALLE, S. LEFSCHETZ, Stability by Liapunov's direct method, Acad Press, 1961.
C.C. LIN, The theory of hydrodynamic stability, Cambridge Univ. Press, London, 1955.
D.R. MOORE, N.O. WEISS, Nonlinear penetrative convection, J. Fluid Mech., 61, 553-581, 1973
D.A. NIELD, The onset of transient convection instability, J. Fluid Mech., 71, 441-454, 1975.
L.R. MACK, E.H. BISHOP, Natural convection between horizontal concentric cylinders for low Rayleigh numbers. Quart. J. Mech. and Appl. Math., 21, 223-241, 1968.
Y. SONE, Rarefied gas flow induced between non parallel plane walls with different temperatures. Rarefied Gas Dynamic. Proceedings of the Ninth International Symposium, II, Edited by M. BECKER and FIEBIG, D.F.V.L.R. Press, D-23.1, 1974.

INSTABILITES HYDRODYNAMIQUES AU VOISINAGE DE L'INTERFACE EAU-GLACE

M. AZA AZOUNI

Laboratoire d'Aérothermique du CNRS
4 ter, route des Gardes, F-92190 MEUDON

Des essais de solidification verticale, conduits sur des suspensions aqueuses diluées ou sur des solutions salines dans des cellules cylindriques, ont laissé apparaître une ségrégation dans la glace de particules ou de soluté sous forme hélicoïdale. Plusieurs expériences ont permis de préciser les conditions d'apparition et les caractéristiques des hélices. La mesure des températures a mis en évidence un nouvel élément; il s'agit d'oscillations de température dans la phase liquide non loin de 4°C. L'exploration des températures le long d'une génératrice et dans chaque section de l'échantillon a permis l'esquisse d'un modèle basé sur la notion d'instabilités thermoconvectives. Il s'agit d'un rouleau convectif tournant autour de son axe vertical; il est induit par l'inversion de densité de l'eau à 4°C. Les nombres de Rayleigh calculés vont de 3.10^3 à 9.10^4 pour des facteurs de forme de 0,53 à 1,6.

1. INTRODUCTION

Au cours de la congélation d'un soluté ou d'un liquide contenant des suspensions, la convection naturelle gouverne le degré de ségrégation à l'interface solide-liquide. En 1953, TILLER [1] a souligné le rôle qu'elle joue dans le contrôle de la distribution du soluté. En effet, la convection instationnaire peut produire en un point fixe des variations de température et par conséquent des perturbations dans le champ thermique. Les origines de ces fluctuations de température et les différentes configurations dans lesquelles elles ont été observées, ont été discutées récemment par CARRUTHERS[2]. Les effets de la convection dans les milieux subissant un changement de phase ont été détectés dans plusieurs systèmes tels que les métaux fondus, les oxydes et les semi-conducteurs[3,4,5]. Des variations de température ont été observées: elles présentent des profils allant du régime fluctuant au régime oscillatoire stable. Ces variations de température produisent des variations de la vitesse d'avancement de l'interface solide-liquide, lesquelles induisent une non-uniformité de la distribution du soluté dans les cristaux, nous citons comme exemple les stries observées dans les monocristaux[6].

Des phénomènes analogues ont apparu dans d'autres domaines que celui de la croissance cristalline, tel que les fluides confinés et chauffés par le bas : l'air[7], les gaz[8] et les métaux liquides[9].

Nous présentons ici des résultats nouveaux obtenus dans un milieu aqueux; il s'agit de la congélation de suspensions aqueuses diluées et de solutions salines. Deux phénomènes importants ont été décelés dans ce milieu, d'une part l'existence d'une distribution hélicoïdale du soluté ou des particules dans les milieux solidifiés et d'autre part, l'apparition d'oscillations dans le champ de température au voisinage de l'interface solide-liquide.

2. EXPERIMENTATION

De nombreux essais ont été entrepris afin de découvrir l'origine de la ségrégation hélicoïdale au cours du gel vertical des solutions et des suspensions aqueuses.

2.1. Description de l'installation et méthode.

La cellule d'essai consiste en un tube cylindrique en plexiglas isolé par du polystyrène expansé. Elle est refroidie en bas par un piston en cuivre, le haut

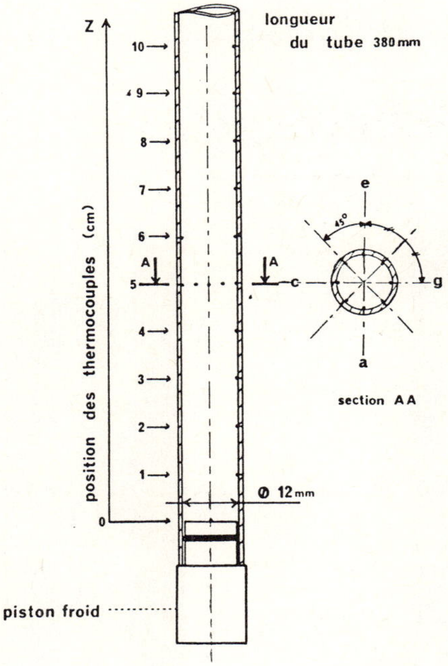

Fig.1 - Schéma de la cellule expérimentale

étant à la température ambiante (Fig.1).

Les températures sont enregistrées à l'aide de thermocouples constantan-manganine placés le long de la paroi en contact immédiat avec le liquide.

Plusieurs types de solutions et de suspensions ont été utilisés pour différents arrangements expérimentaux. Le tableau suivant résume les principales conditions expérimentales.

Conditions expérimentales

Température du bain		de $-20°C \pm 0,1°C$	à $-70°C \pm 0,1°C$
Solutions		Concentration (g/l)	
	NaCl	de 0,012	à 0,059
	Fluorescine	0,05	1
	Bleu de méthylène	0,01	à 0,1
Suspensions		Diamètre des particules (μm)	Nombre de particules par millilitre
	Boules de latex	0,109	$1,37.10^{13}$ à $0,686.10^{13}$
		0,234	$1,5\ .10^{12}$ $0,75\ .10^{12}$
		0,312	$6,1\ .10^{11}$ $3\ .\ 10^{11}$

2.2.Résultats expérimentaux.

Des hélices droitesou gauches apparaissent dans le cas de la solidification des solutions salines et des suspensions aqueuses (fig.2 et 3). Les essais menés dans

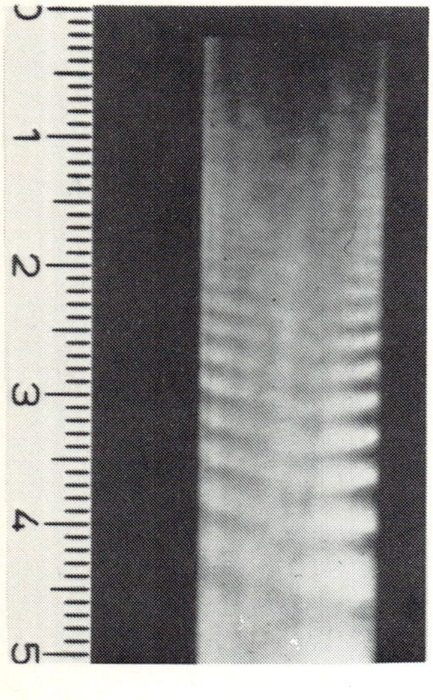

Fig.2 - Distribution hélicoïdale de NaCl dans la glace.
Concentration de Nacl 0,585g/l ,
$T_{bain} = -22°C$.

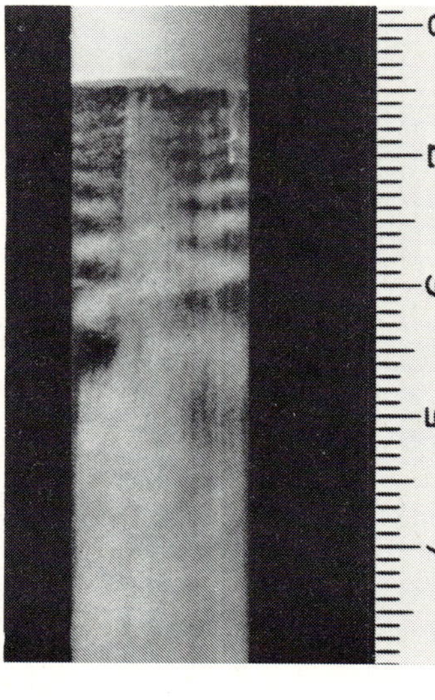

Fig.3 - Distribution hélicoïdale de boules de latex dans la glace.
Diam. boules de latex : 0,312 μm ,
Concentration : 3.10^{11} part./ ml ,
$T_{bain} = -30°C$.

certains liquides dont la température de congélation est voisine de 0°C tels que le benzène ou le mélange eau-alcool à faible concentration, ont montré un gel uniforme pour des conditions expérimentales identiques à celle de l'eau.

La ségrégation sous forme hélicoïdale est donc étroitement liée aux propriétés intrinsèques voire uniques de l'eau.

Des thermoucouples placés judicieusement le long de la génératrice révèlent au cours du gel vertical vers le haut soit d'une suspension, soit d'une solution, des variations sinusoïdales dans le temps de la température entre environ 4°C et 0°C (fig.4 et 5). Ce sont des mouvements oscillatoires en phase le long de la génératrice

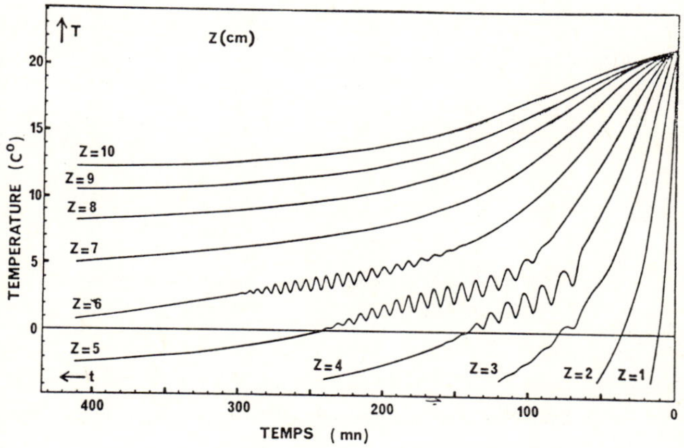

Fig. 4 - Profil de température le long d'une génératrice pour une solution de fluorescéine. Concentration de la solution : 0,5 g/l
T_{bain} : - 20,6°C

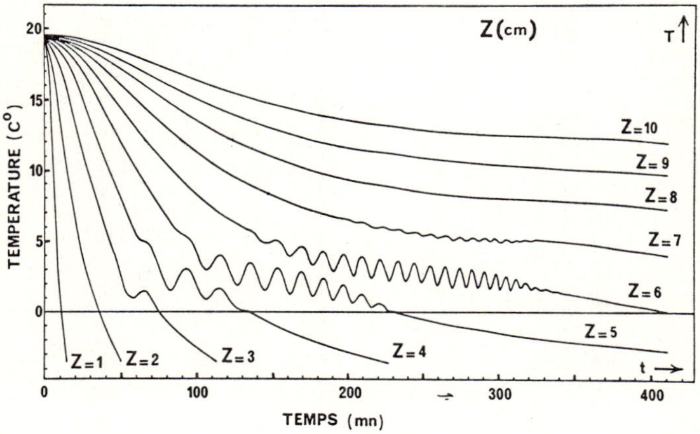

Fig. 5 - Profil de température le long d'une génératrice pour une suspension aqueuse de particules de latex : Ø =0,312μm , concentration 3.10^{11}part./ml
T_{bain} : - 20,6 °C

et qui s'amortissent au voisinage de 0°C pour devenir complètement plats dans la glace. Au début des oscillations, les périodes sont de 40 mn à 10 mn et les amplitudes de 2,3°C à 1°C.

Il est important de souligner que des oscillations analogues se manifestent dans le cas de l'eau pure (fig. 6).

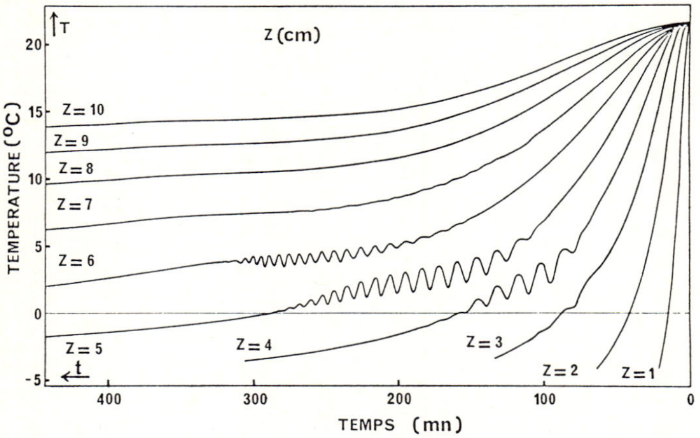

Fig. 6 - Oscillations de température dans l'eau pure le long d'une génératrice. T_{bain} = -20,7±0,1°C.

Aussi, observe-t-on le même phénomène oscillatoire pour des thermocouples placés sur la circonférence d'une section. De plus, on remarque que les oscillations des températures enregistrées en différents points de cette section comportent une différence de phase; en particulier, les oscillations en deux points diamétralement opposés

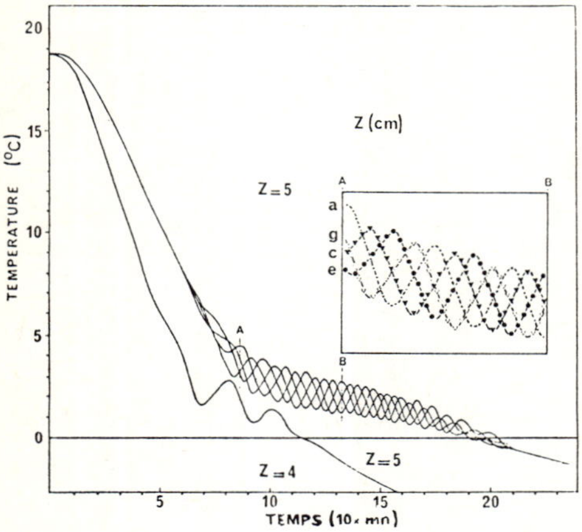

Fig. 7 - Oscillations de température enregistrées par des thermocouples placés sur une section (voir figure 1). Boules de latex : Ø = 0,109 μm concentration $0{,}686 . 10^{13}$ part/ml T_{bain} = - 20°C.

sont en opposition de phase (fig. 7). Il faut noter que ces oscillations n'apparaissent que dans l'eau et que le pas de l'hélice λ est relié à la vitesse d'avancement du front de glace v et la période d'oscillation τ par une loi linéaire

$$\lambda = v \tau \qquad (1)$$

3. MODELISATION

A la lumière des informations dégagées de l'expérimentation, la caractéristique essentielle du modèle est l'existence d'un rouleau de convection dont l'apparition résulte de l'inversion de densité de l'eau à 4°C et qui est animé de deux mouvements de rotation s'effectuant respectivement autour d'un axe horizontal et d'un axe vertical (fig.8). En présence d'une interface solide-liquide, le balayage de l'ensemble du volume liquide par un rouleau tournant serait à l'origine de l'apparition de l'hélice.

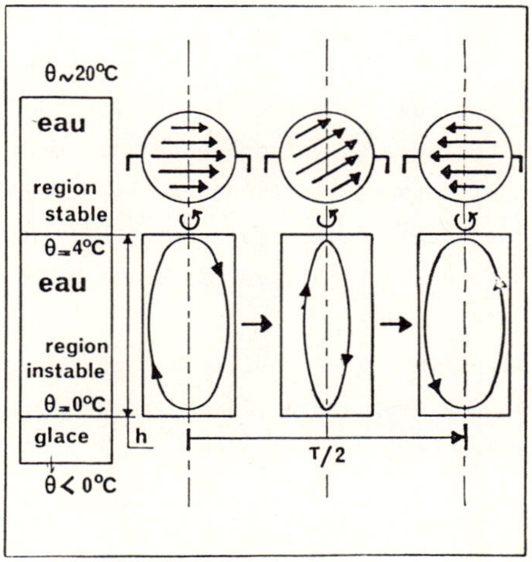

Fig.8 - Modèle de la convection oscillatoire.

4. CONDITIONS HYDRODYNAMIQUES

Lorsqu'une couche d'eau a sa surface inférieure maintenue à 0°C et la surface supérieure à 4°C, elle cesse d'être en repos car le fluide le plus dense se trouve au-dessus du fluide le moins dense et des mouvements convectifs apparaissent, entraînant la montée du fluide froid et la descente du fluide chaud. Le paramètre qui mesure le degré d'instabilité thermoconvective est le nombre de Rayleigh. Dans le cas particulier où le fluide présente un maximum ou un minimum de densité le nombre de Rayleigh s'écrit [10]:

$$Ra = \frac{g\, h^3}{\nu k} \frac{\Delta\rho}{\rho} \cong \frac{g\, h^3}{\nu k} \beta\, (\Delta T)^2 \qquad (2)$$

où g est l'accélération de la pesanteur, h la profondeur de la région instable, ρ la masse volumique de l'eau, ν la viscosité cinématique, k la diffusivité thermique, β le coefficient de dilatation thermique de l'eau, et ΔT l'écart de température dans la région où l'instabilité thermoconvective existe, soit $\Delta T = 4°C$. Unequestion se pose : quelles sont les valeurs significatives qu'il faut prendre pour h, β, ρ, k et ν dans le liquide quand une inversion de densité existe ? Plusieurs possibilités ont été examinées par BOGER et WESTWATER (11), les résultats les plus satisfaisants ont été obtenus lorsque les paramètres sont évalués ainsi : h est la profondeur de l'eau entre 0°C et 4°C, la valeur correcte de β est sa valeur maximale à 0°C, soit $\beta(0) = 8.10^{-6} °C^{-2}$, les valeurs de ν et de k sont prises à la température moyenne, soit à 2°C. Dans cette étude les nombres de Rayleigh calculés vont de 3.10^3 à 9.10^4 pour des facteurs de forme de 0,53 à 1,6.

5. CONCLUSION

Nos résultats expérimentaux démontrent l'existence de convection oscillatoire dans des couches d'eau cylindriques au voisinage de l'interface solide-liquide. Cette convection particulière induit des oscillations de température qui, dans le cas de changement de phase donne un modèle de solidification original : une distribution hélicoïdale des impuretés où le pas de l'hélice est relié à la période d'oscillation de la température.

Le modèle décrit ici définit les conditions expérimentales dans lesquelles naît la convection oscillatoire. Ces observations nous aident dans la formulation d'une théorie non linéaire du transport par convection.

REFERENCES

(1) TILLER W.A, JACKSON K.A, RUTTER J.W and CHALMERS B, Acta Met., 1, 428 (1953).
(2) CARRUTHERS J.R, J. of Crystal Growth, 32, 13 (1976).
(3) COLE G.S, and WINEGARD W.C, J. Inst. Metals, 93, 5 (1964).
(4) HURLE D.T.J, JAKEMANN E, JOHNSON C.P, J. Fluid Mech. 64, 566 (1974).
(5) CARRUTHERS J.R, and PAVILONIS J, J. of Appl. Phys., 39, 5814 (1968).
(6) WITT A.F and GATOS H.C, J. Electrochem. Soc.,113, 808 (1966).
(7) WILLIS G.E and DEARDORFF J.W., J.Fluid Mech., 44, 661 (1970).
(8) MITCHELL W.T and QUINN J.A, A.I.Ch.Eng. J., 12, 1116 (1966).
(9) VERHOEVEN J.D, Phys. of Fluids, 12, 1733 (1969).
(10) VERONIS G., Astrophys. J. 137, 641 (1963).
(11) BOGER D.V. and WESTWATER J.W., J. of Heat Transf. Trans. ASME, Serie C, 89, 81 (1967).

PROBLEMES DE BENARD AVEC ECOULEMENT

DANS LES MELANGES LIQUIDES

J.C. LEGROS
Faculté des Sciences Appliquées
Université Libre de Bruxelles
B-1050-Bruxelles

J.K. PLATTEN
Faculté des Sciences
Université de l'Etat de Mons
B-7000-Mons

I. Problème de Bénard

Une couche de fluide horizontale est chauffée par le bas, au-dessus d'une différence de température critique, (observée par Bénard[1] dès 1901) l'état de repos disparaît et fait place à une structure convective qui reste stationnaire tant que le flux de chaleur reste constant; c'est une structure dissipative.

Ces expériences de Bénard ont induit une série de travaux théoriques, à commencer par ceux de Rayleigh[2] en 1916, sur la dynamique des petites perturbations, conduits dans le cadre d'une analyse linéaire.

Les équations de conservation linéarisées pour les perturbations de vitesse et de température d'un fluide de Boussinesq sont avec l'équation de continuité :

$$\begin{cases} \operatorname{div} \underline{u} = 0 \\ \dfrac{\partial \underline{u}}{\partial t} = -\dfrac{1}{\rho_0} \nabla p + \nu \nabla^2 \underline{u} - g \alpha \theta \lambda \\ \dfrac{\partial \theta}{\partial t} = - w \beta + \kappa \nabla^2 \theta \end{cases}$$

où λ est le vecteur (0,0,1) parallèle à g et β le gradient de température adverse. Les fluctuations peuvent croître, et donc l'état de repos devenir instable, lorsqu' une différence de température réduite appelée nombre de Rayleigh ($Ra = g\alpha\beta d^4/\kappa\nu$) dépasse une valeur critique. Cette valeur critique dépend des conditions aux bords, et en particulier pour des surfaces rigides, imperméables et infiniment conductrices elle vaut 1708. Cette prédiction de l'analyse linéaire de stabilité a été vérifiée expérimentalement[3].

Au-delà de cette valeur critique, un mouvement convectif structuré se développe sous forme de rouleaux convectifs. Remarquons ici que si le fluide est limité latéralement par des parois verticales, parallèles deux à deux, les rouleaux convectifs vont s'orienter, pour des raisons énergétiques[4], parallèlement aux parois latérales les plus courtes.

II. Problème de Bénard avec un écoulement de Poiseuille.

C'est l'étude de la stabilité d'une couche liquide chauffée par le bas et animée d'un écoulement parabolique caractérisé par un nombre sans dimensions Re, appelé nombre de Reynolds. Cette fois, l'état stationnaire dont on examine la stabilité n'est donc plus un état de repos, mais un écoulement laminaire entre deux surfaces horizontales maintenues à des températures différentes. A partir de 1925, ce problème a intéressé beaucoup de météorologistes (cf. quelques exemples réf.5). Faisant le lien entre les cellules de Bénard et la forme des nuages, ils s'intéressaient à l'action du vent sur l'alignement des bandes nuageuses. Allaient-elles s'aligner transversalement ou parallèlement à la direction du vent ? Ne s'agissait-il pas d' instabilités de cisaillement du type Kelvin-Helmholtz ? Le grand nombre de photos, provenant d'une multitude d'observations, si elles sont parfois très belles à regarder, se rapportent à des situations physiques mal définies, en présence de convection turbulente à très grands nombres de Rayleigh et de Reynolds. Tous ces articles se rapportent à l'influence de l'écoulement sur la structure du mouvement convectif et non à son influence sur le nombre de Rayleigh critique.

A notre connaissance, les premiers qui se soient intéressés à la mesure de l'action de la vitesse sur le nombre de Rayleigh critique sont Platten et Lefevre en 1971[6].

D'autre part, les premières analyses linéaires de stabilité sont dues à Velte[10] (1962) et à Sani[11] (1964), qui se sont intéressés à l'apparition de rouleaux convectifs parallèles à la vitesse d'écoulement. Naturellement dans ce cas, il n'y a pas d'influence de l'écoulement sur le nombre de Rayleigh critique. Nous reviendrons sur ce point plus tard.

Platten[12] (1970) a repris ce problème comme une application, pour vérifier et mettre au point le fonctionnement de la technique de calcul du potentiel local. Dans le cas de perturbations à deux dimensions, il a étudié l'effet stabilisant d'un écoulement de Poiseuille sur l'apparition de rouleaux convectifs perpendiculaires à la vitesse de base, vérifiant ainsi pour tous nombres de Prandtl (Pr) les résultats obtenus par Gage et Reid[13] pour $Pr=1$.

III. Problèmes de Bénard dans les mélanges binaires

Ce problème a été étudié principalement par Legros-Platten[7], Hurle-Jakeman[8], Caldwell[9]. Dans ce cas, il faut tenir compte de la thermodiffusion, c'est-à-dire de l'apparition d'un gradient de concentration en présence d'un flux de chaleur. Cette contribution apparaîtra dans le terme de force et le système d'équations de départ devra contenir un bilan du titre massique pour les différentes espèces chimiques en présence.

Si on se limite au cas des solutions diluées, les équations linéarisées s'écrivent[7]:

$$\frac{\partial u'}{\partial t} = -\frac{\partial p}{\partial x} + \nabla^2 u'$$

$$\frac{\partial v'}{\partial t} = -\frac{\partial p}{\partial y} + \nabla^2 v'$$

$$\frac{\partial w'}{\partial t} = -\frac{\partial p}{\partial z} + Ra\,\theta + Rth\, n_1 + \nabla^2 w'$$

$$Pr\,\frac{\partial \theta}{\partial t} = w' + \nabla^2 \theta$$

$$Sc\,\frac{\partial n_1}{\partial t} = -\frac{Sc}{Pr} w' \delta + \nabla^2 n_1 - \delta \frac{\partial n_1}{\partial z} + \delta^2 \frac{\partial \theta}{\partial z} + \delta N_1^S \nabla^2 \theta$$

$$0 = \frac{\partial u'}{\partial x} + \frac{\partial v'}{\partial y} + \frac{\partial w'}{\partial z}$$

L'effet de la thermodiffusion sera soit stabilisant, soit déstabilisant suivant le signe de D'/D[+] (appelé coefficient Soret dans les liquides). Dans le cas de $D'/D > o$, le constituant le plus dense s'accumule au voisinage de la plaque supérieure et le gradient de concentration s'additionne ainsi à l'effet de la dilatation thermique: le système est déstabilisé. $D'/D > o$ entraîne une diminution très rapide de Ra^{cr}.

Au contraire, si $D'/D < o$ le gradient de concentration stabilise le système.

Ces compartiments sont schématisés sur la figure 1.

+) $D'/D > o$ par convention, le constituant le plus dense migre vers la paroi froide.

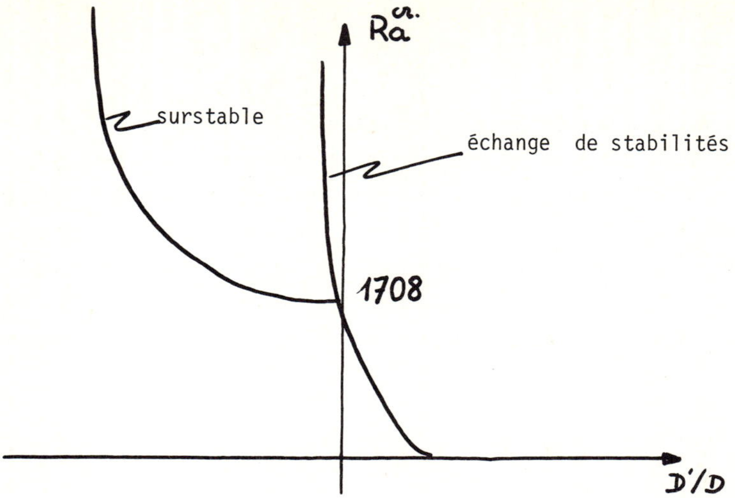

FIG.1
Ra^{cr} en fonction de D'/D

Le couplage des gradients de température et de concentration, introduit certains phénomènes intéressants tels qu'une branche oscillante (surstable) dans le diagramme de stabilité, une dépendance importante de la taille des cellules convectives qui deviennent très grandes pour $D'/D > 0$,...

IV. Problème de Bénard dans les mélanges binaires avec écoulement

Depuis 1968, nous avons entrepris à Bruxelles des mesures du coefficient de thermodiffusion à l'aide d'une méthode à circulation de liquide[14].

Schématiquement représenté sur la figure 2, l'appareil se présente de la façon suivante :

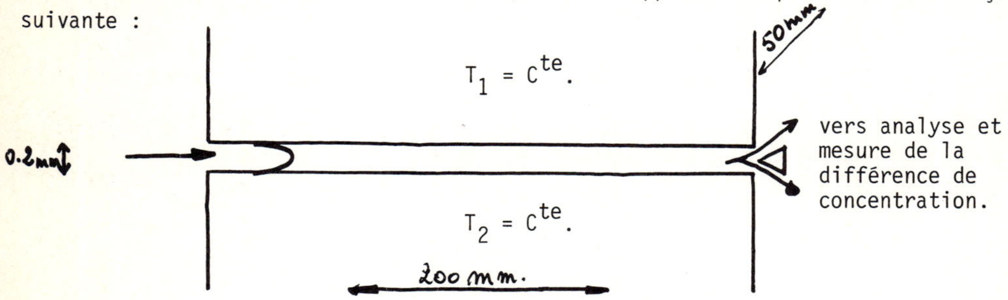

FIG.2
Schéma de la méthode à circulation de liquide

Lors des mesures du coefficient Soret, T_1 est plus grand que T_2 de façon à assurer la stabilité "hydrostatique". Nous avons eu la curiosité de regarder ce qui se passait si on imposait $T_2 > T_1$. Pour un mélange benzène-tétrachlorure de carbone, le CCl_4 qui est le plus dense migre vers la paroi froide, vers le haut de l'appareil ($D'/D > o$). Le système est donc déstabilisé par le gradient de concentration. Nous avons alors observé un phénomène que nous ne comprenions pas, la séparation mesurée à l'état stationnaire est une fonction inattendue de la vitesse d'écoulement.

L'existence de ce phénomène a été vérifiée plus récemment par Poty[15)] sur les systèmes C_6H_6-CCl_4, C_6H_{12}-CCl_4, H_2O-isopropanol. Ce dernier système est le plus intéressant car son coefficient Soret a la particularité de changer de signe en fonction de la composition du mélange. On peut donc préparer des solutions avec $D'/D > o$ et $D'/D < o$ et aussi petit que l'on veut en valeur absolue.

Les résultats obtenus montrent que si $D'/D < o$, c'est-à-dire si le système est stabilisé par le gradient de concentration alors, pour les différences de températures utilisées, la vitesse d'écoulement n'a pas d'influence sur la séparation. Ceci est représenté sur la partie inférieure de la figure 3, qui montre schématiquement comment les choses se passent.

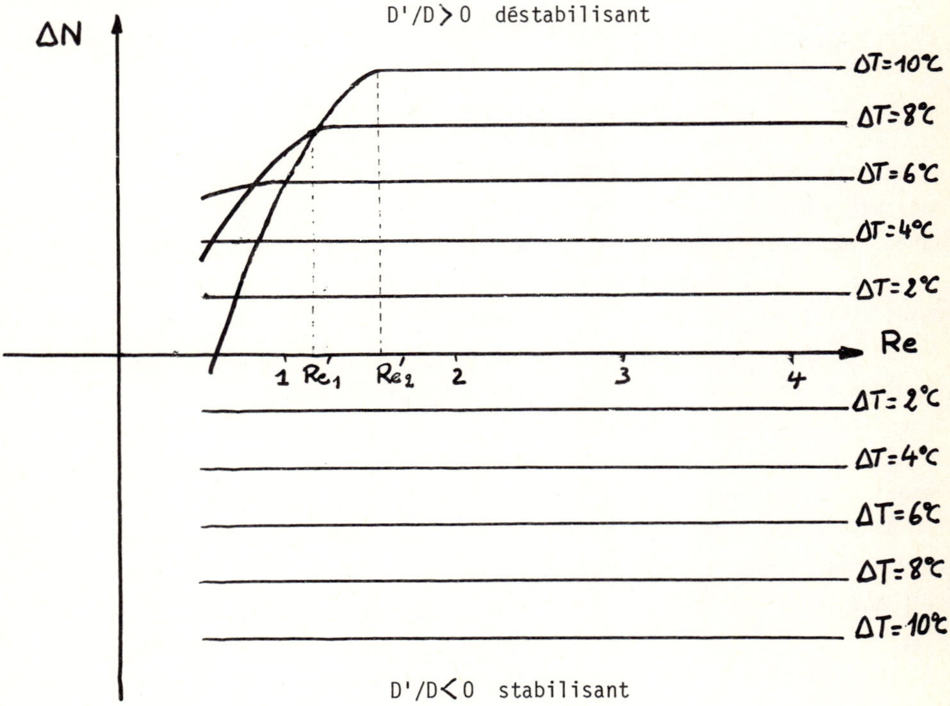

FIG.3

Séparation obtenue en fonction de la vitesse d'écoulement quand on chauffe un mélange par le bas, pour $D'/D > o$ et $D'/D < o$.

Dans le cas $D'/D > o$, on observe une forte influence de Re sur la séparation, dans certains cas, la séparation peut aller jusqu'à s'inverser pour $Re \rightarrow o$. Ce type de comportement a également été confirmé par Klapisz et Weill[16)] en 1973 sur le système H_2O-HCl, à l'aide d'une technique de mesure similaire à la nôtre.
L'allure des courbes avec paliers horizontaux, représentées sur la partie supérieure du diagramme précédent fait penser à la destruction d'un mouvement convectif par l'écoulement, Re_l^i étant la valeur de l'écoulement au-dessus de laquelle Ra^{cr} devient plus grand que Ra calculé pour le système à l'aide de la valeur de ΔT. Les très petites valeurs de Ra ne doivent pas nous inquièter, D'/D est positif et dans ce cas Ra^{cr} tend déjà vers zéro dans le problème de Bénard à deux constituants sans écoulement[7)].

A la suite de ces observations, nous avons repris l'analyse linéaire de stabilité[17)], cette fois dans les mélanges et en tenant compte de la thermodiffusion. Les calculs se compliquent très vite à cause de la condition aux bords sur le flux de thermodiffusion. Nous nous sommes donc limités à construire un potentiel local et à utiliser des fonctions d'essai les plus simples possibles (1 seul paramètre variationnel). Pour des liquides d'extension latérale infinie et limités en haut et en bas par des surfaces rigides, imperméables et infiniment conductrices, nous avons repris comme Platten[12)] dans le cas des corps purs, des perturbations de la forme :

$$a = A(z) \exp\left(i\alpha x + i\beta y - \sigma t\right)$$

où x est la direction de l'écoulement.
Nous avons posé $\beta = o$, et dans ce cas l'amplification des perturbations donnera naissance à des rouleaux convectifs perpendiculaires à la vitesse d'écoulement.

Pour $D'/D > o$, comme dans le cas des corps purs, Ra^{cr} est une fonction croissante de Re. Elle est représentée à la figure 4. On constate que la courbe rejoint rapidement la courbe correspondant à un corps pur, tracée en pointillés, forme un point anguleux et ensuite les courbes restent parallèles, à quelques unités l'une de l'autre, jusqu'à des Re très grands[17)].

D'autre part, on sait que la stabilité des rouleaux parallèles à la vitesse d'écoulement n'est pas influencée par cette vitesse. Cela se déduit immédiatement du fait que dans ce cas l'équation de conservation linéarisée, écrite pour les perturbations de vitesse suivant x, est découplée.

Dans le cas de rouleaux longitudinaux ($\alpha = o$), on a donc :

$$Ra^{cr}\ (D'/D, Re) = Ra^{cr}\ (D'/D, Re=o).$$

On constate donc que ce ne seront jamais des rouleaux transversaux qui vont se former, car l'instabilité se déclenchera toujours pour le nombre de Rayleigh critique le plus petit, la vitesse d'écoulement n'a donc aucune influence sur la stabilité du système dans le cas de $D'/D > o$.

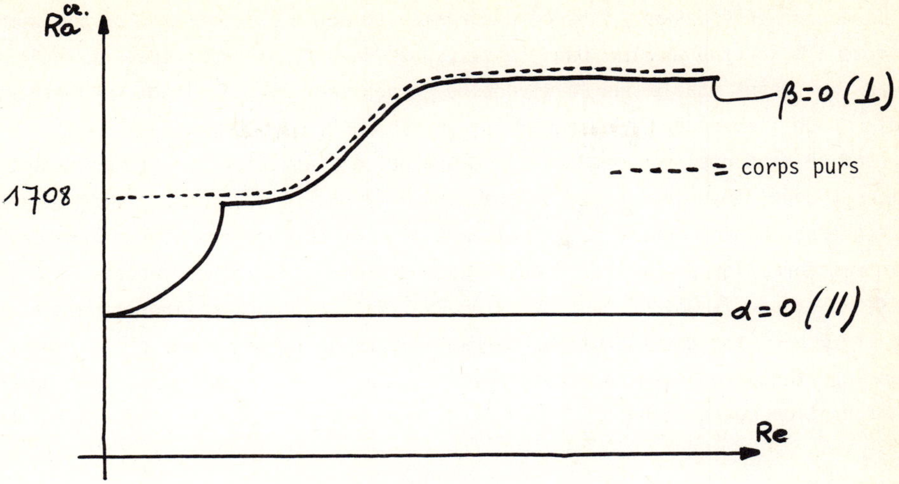

FIG.4

Ra^{cr} en fonction de Re pour des mélanges avec $D'/D>o$, déstabilisé par le gradient de concentration

Dans le cas de $D'/D<o$, cette tendance de Ra^{cr} à rejoindre la valeur des corps purs se manifeste comme dans le cas où $D'/D>o$ et induit le comportement inattendu représenté à la figure 5.

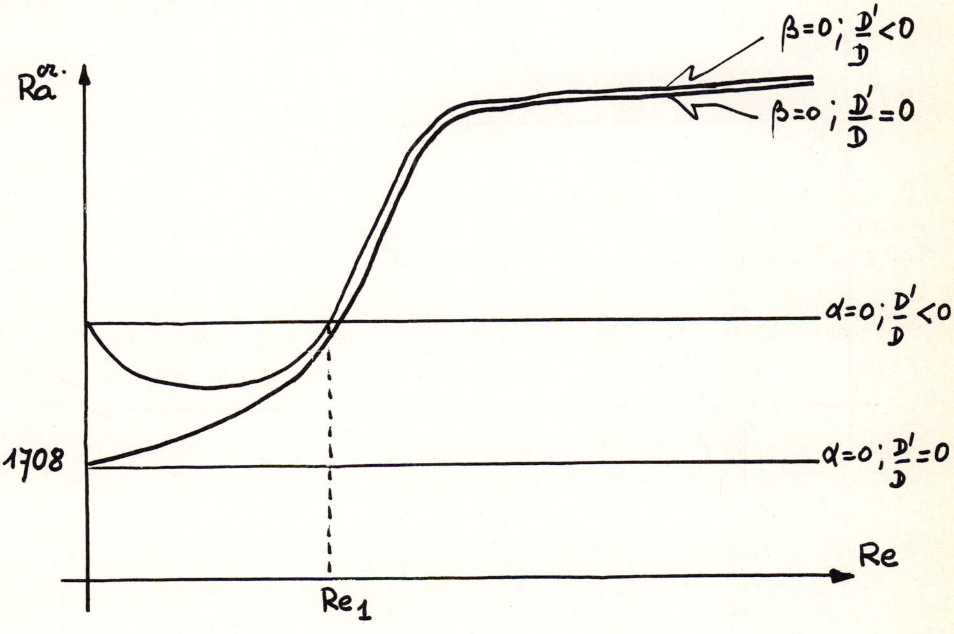

FIG.5

Ra^{cr} en fonction de Re pour un mélange stabilisé par le gradient de concentration ($D'/D<o$).

La courbe intéressante dans ce diagramme est celle qui présente un minimum et se rapporte à β =o et D'/D$<$ o. Dans ce cas, pour Re$<$$Re_1$, la structure en rouleaux transversaux est moins stable que la structure en rouleaux longitudinaux et aussi moins stable qu'en l'absence d'écoulement.

Ceci se rapporte évidemment à une étude de la stabilité linéaire pour des perturbations à deux dimensions, avec soit α =o, soit β =o.

Vanderborck[18)] a montré qu'il existait dans ce cas une transformation similaire à la transformation de Squire(cf.aussi Gage et Reid [13)]. Si on connaît $Ra^{cr}=Ra^{cr}(Re)$ pour α =o et pour β =o, on peut calculer $Ra^{cr}=Ra^{cr}(Re)$ pour n'importe quel couple $\alpha \neq$ o et $\beta \neq$ o. Cette transformation se ramène dans notre cas à une dilatation plus ou moins importante de l'axe horizontal des Re. La figure 6 indique l'effet de cette transformation quand D'/D$<$ o.

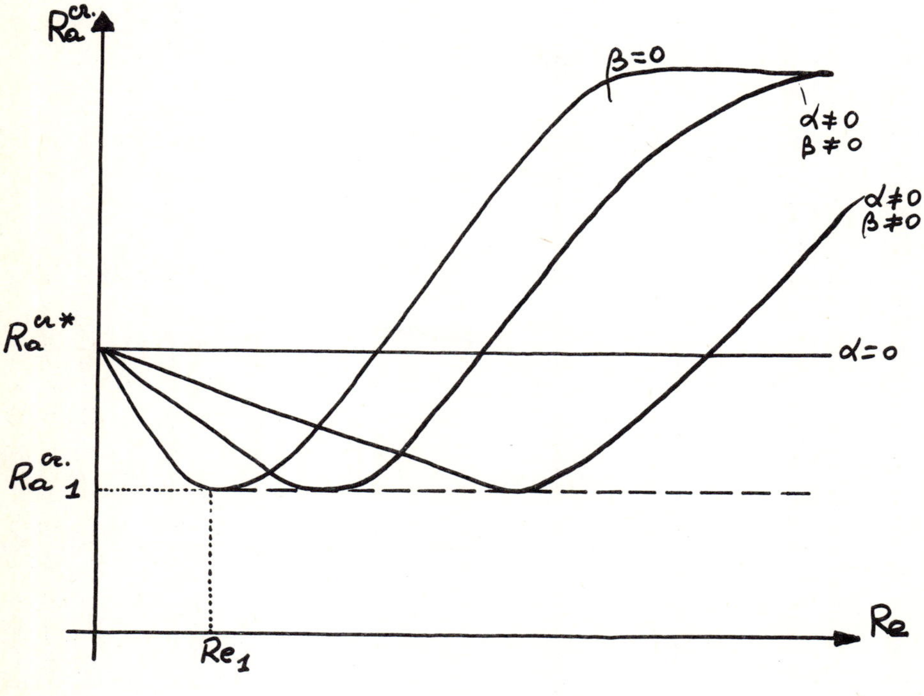

FIG.6

Transformation vers le problème à 3 dimensions

Au-delà de Re_1, il va donc toujours exister un couple $\alpha,\beta \neq$ o pour lequel la stabilité du système sera déterminée par Ra_1^{cr}, cette stabilité ne sera plus fonction de la vitesse d'écoulement, mais, chose importante, $Ra_1^{cr} < Ra^{cr}$ (Re=o).

On arrive ici à la situation où un système stabilisé par la thermodiffusion deviendra instable pour un nombre de Rayleigh critique qui sera plus petit en présence d'un écoulement qu'en l'absence d'écoulement.

La structure convective est formée de rouleaux transverses pour des valeurs de $Re < Re_1$, et au-delà de cette valeur, il s'établira des structures à trois dimensions, différentes et fonction de Re. Dans ce cas, ce ne sont donc plus les rouleaux longitudinaux qui apparaissent, comme dans le cas des corps purs et des systèmes à $D'/D > o$, ils ne jouent plus aucun rôle dans la stabilité des systèmes à $D'/D < o$.

A la suite de ces résultats, nous nous sommes posés la question suivante :"Cette décroissance initiale existe-t-elle ou est-elle une conséquence de la méthode de calcul utilisée ?"

Nous avons alors entrepris de tester nos résultats par deux méthodes de calcul différentes[17]:

a) par une intégration numérique directe des équations de départ et après transformation du problème aux conditions aux bords en un problème aux conditions initiales.

Cette méthode numérique, qui a déjà été utilisée par Schechter et Chock[19] pour résoudre le problème d'Orr-Sommerfeld, confirme la décroissance initiale. Elle est malheureusement limitée à des petites valeurs de D'/D et à des écoulements lents($Re < 20$). Il s'agit en fait dans cette méthode d'ajuster trois paramètres pour annuler un déterminant. Ce qui demande des temps de calcul sur ordinateur beaucoup trop longs si D'/D et Re ne sont pas petits.

b) A nouveau à l'aide du potentiel local, mais en utilisant cette fois comme fonctions d'essai des développements en séries de polynomes de Chebyshev, pondérés de façon à répondre aux conditions aux bords. Ces calculs ont été effectués par Poty[15].

Par cette technique de calcul, la condition aux bords d'annulation du flux de thermodiffusion est impossible à utiliser. Elle a été remplacée par une condition de paroi perméable : perturbations de titre nulles aux bords. L'influence de cette nouvelle condition a été testée dans le cas sans écoulement, la concordance obtenue est bonne. L'utilisation de cette nouvelle condition aux bords ne paraît donc pas gênante, d'autant plus que lorsque Re croît, la petite différence qui existe entre les résultats fournis par les deux dernières méthodes tend vers zéro, illustrant bien une nouvelle fois que dans le problème à deux dimensions, le rôle de D'/D est limité aux petites valeurs de Re, l'écoulement devient rapidement dominant et efface alors l'influence de la thermodiffusion; on se ramène très rapidement à la stabilité des corps purs.

Ces calculs de stabilité nous amènent à la conclusion "désagréable" pour nous, que le nombre de Rayleigh critique en présence d'un écoulement ne peut jamais être plus grand qu'en l'absence d'écoulement.

On ne comprend donc plus ce qui peut expliquer les stabilisations observées indépendamment par :

- Platten-Lefevre[6)]
- Chavepeyer[20)]

} dans le cas des corps purs (mesures de $\Delta T^{cr} = \Delta T^{cr}$ (Re))

- Klapisz-Weill[16)]
- Legros[14)]

dans le cas de mélanges binaires (mesures de $\Delta N = \Delta N(Re)$)

De plus, Chavepeyer a mis en évidence non seulement une augmentation de Ra^{cr}, mais la présence d'oscillations de température dont la fréquence est strictement proportionnelle à Re. Lorsque Re dépasse une certaine valeur, les oscillations semblent devenir "non linéaires" et ensuite elles disparaissent. C'est à notre connaissance, la seule indication expérimentale que nous possédions sur l'existence de rouleaux transverses dans les liquides en présence d'un écoulement.

Signalons ici le cas des milieux poreux où Combarnous[21)] a mis en évidence pour
Re = o : une structure en cellules polygonales,
Re "petit : des rouleaux transverses
Re "grand": des rouleaux longitudinaux.
Mais dans les milieux poreux, $Ra^{cr} = C^{te}$ car $\bar{u}_x = C^{te}$ indépendante de z.

Il nous faut remarquer ici que toutes les analyses de stabilité sont effectuées dans l'approximation linéaire et pour des couches fluides d'extension latérale infinie. Qu'est-ce que ces restrictions apportent ?

- linéarité : en principe ne pose pas de problèmes puisque nous nous intéressons seulement au point critique;
- couches infinies : dans les expériences, les cellules de mesure sont forcément finies. Cette approximation mérite d'être examinée de plus près.

Dans le cas des corps purs, on sait d'une part que si une couche fluide est limitée latéralement, la convection va s'organiser sous forme de rouleaux parallèles au plus petit côté[4)]. D'autre part, pour une couche d'extension infinie, les rouleaux convectifs sont orientés parallèlement à la vitesse d'écoulement[17)].
Nous pensons donc, et les calculs aboutiront prochainement, qu'il existe dans une géométrie finie, une valeur de Re en dessous de laquelle une structure en rouleaux transverses est stable, et que ce sont les parois latérales qui stabilisent cette structure. Au-delà de cette valeur de Re, la structure convective se modifie et évolue vers une structure en bandes longitudinales (cf. la disparition des oscillations dans les expériences de Chavepeyer). On comprendra mieux cette idée sur le diagramme de la figure 7.

La distance entre la courbe qui correspond à une couche infinie et celle d'une couche finie est évidemment fonction du rapport largeur/hauteur de cette couche. Nous pensons de plus que les horizontales α=o se séparent plus vite que les courbes β=o.

ΔRa^{cr}_{Re} est donc une fonction de ce rapport d'aspect. Nous abordons actuellement ce problème intéressant de l'influence de la vitesse d'écoulement sur les effets de bords dans un conduit rectangulaire de longueur infinie. Mais nous sommes persuadés que cette étude ne nous permettra pas d'expliquer la stabilisation observée expérimentalement.

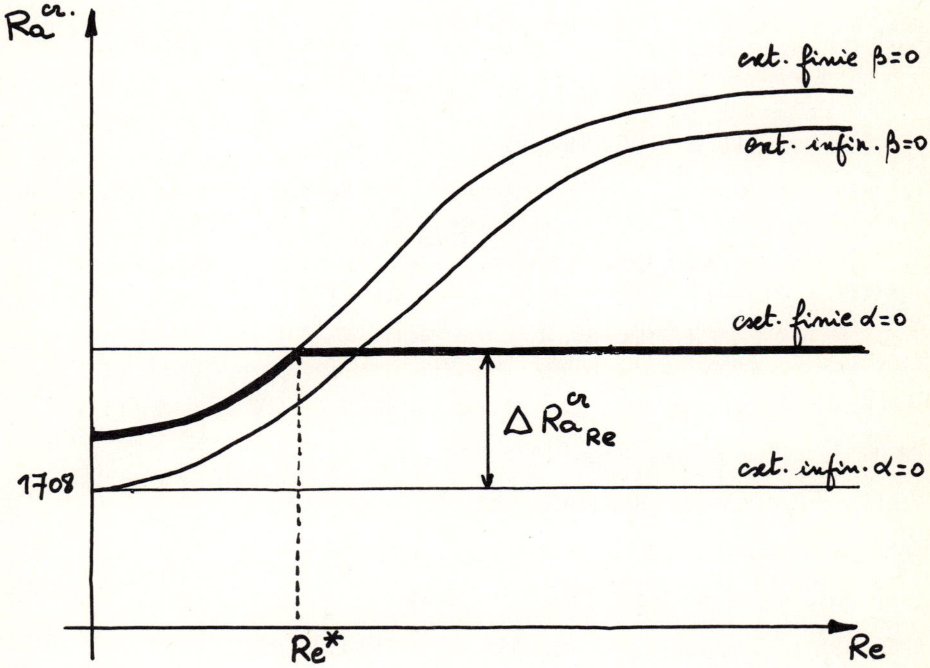

FIG.7

Ra^{cr} en fonction de Re pour une couche infinie et pour une couche finie

En effet, par analogie avec les effets de bords latéraux dans le problème de Bénard dans une boîte, nous pensons que ΔRa^{cr}_{Re} ne devient significatif que si le rapport d'aspect largeur/hauteur devient plus petit que 6. Donc dans les appareils utilisés, où ce rapport d'aspect est au minimum de 100, (on a en effet toujours essayé de se rapprocher des conditions d'une couche infinie) Re^* doit être très petit. L'effet de stabilisation ne serait pas mesurable et ne paraît pas pouvoir être comparé avec l'effet observé.

Afin d'essayer de comprendre ce problème, nous allons entreprendre également un travail de visualisation des structures convectives en écoulement dans les liquides.

BIBLIOGRAPHIE

1. BENARD, H. Ann. de Chimie et de Physique, 23, 62, (1901);

2. RAYLEIGH Proc. Roy. Soc. (London) A93, 148, (1916)

3. CHANDRASEKHAR, S. Hydrodynamic and Hydromagnetic Stability, Oxfort Press(1961)

4. DAVIS, S.H., J. Fluid Mech., 30, 465, (1967)

5. MAL, S., Beitrage zur Physik des Atmosphäre, 17, 40, (1930)
PHILLIPS, A.C., WALKER, G.T., Quarterly J. Roy.Met.Soc.58, 23 (1932)
GRAHAM, A., Phil. Trans. Roy. Soc. A 232, 285, (1933)
CHANDRA, K. Proc. Roy. Soc. A 164, 231, (1938)

6. PLATTEN, J.K., LEFEVRE, M., Physica 51, 330, (1971)

7. LEGROS, J.C., VAN HOOK, W.A., THOMAES, G., Chem.Phys.Letters, 1, 696, (1968)
LEGROS, J.C., VAN HOOK, W.A., THOMAES, G., Chem.Phys.Letters, 2, 249, (1968)
LEGROS, J.C., RASSE, D., THOMAES, G., Chem. Phys. Letters, 4, 632, (1970)
LEGROS, J.C., PLATTEN, J.K., POTY, P., Phys. Fluids, 15, 1383, (1972)
PLATTEN, J.K., CHAVEPEYER, G., Phys. Fluids, 15, 1555, (1972)
LEGROS, J.C., POTY, P., THOMAES, G., Physica, 64, 481, (1973)
PLATTEN, J.K., CHAVEPEYER, G., J. Fluid Mech., 60, 305, (1973)
LEGROS, J.C., LONGREE, D., CHAVEPEYER, G., PLATTEN, J.K., Physica 80A, 76,(1975)

8. HURLE, D.T.J., JAKEMAN, E., J. Fluid Mech., 47, 667, (1971)

9. CALDWELL, D.R., J. Phys. Chem., 77, 2004, (1973)

10. VELTE, Z.A.M.P., 13, 591, (1962)

11. SANI, R., Z.A.M.P., 15, 381, (1964)

12. PLATTEN, J.K., Ph.D. Thesis, U.L.B., (1970)

13. GAGE, K.S., REID, W.H., J. Fluid Mech., 33, 21, (1968)

14. LEGROS, J.C., Ph.D. Thesis, U.L.B., (1971)
LEGROS, J.C., RASSE, D., THOMAES, G., Physica 57, 585, (1972)

15. POTY, P., Ph. D. Thesis, U.L.B. (1976)
POTY, P., LEGROS, J.C., THOMAES, G., Z. Naturforsch., 29a, 1915, (1974)

16. KLAPISZ, C., WEILL, M.E., Physica, 71, 112, (1974)

17. LEGROS, J.C., PLATTEN, J.K., 1) et 2), J. non equilibrium Thermod.
ã paraître (1977)

18. VANDERBORCK, G. (communication personnelle)

19. CHOCK, D.P., SCHECHTER, R.S., Phys. Fluids, 16, 329, (1973)

20. CHAVEPEYER, G., Ph. D. Thesis, Mons, (1974)

21. COMBARNOUS, M., Ph. D. Thesis, Paris, (1970)

CONVECTION DANS UNE BOITE RECTANGULAIRE QUASI HORIZONTALE, CHAUFFEE PAR LE HAUT, EN PRESENCE D'EFFET SORET

par B. DULIEU

Laboratoire de Thermodynamique des Milieux Ioniques et Biologiques - Université Paris VII - Tour 33-43 - E2 - 2 place Jussieu - 75221 Paris Cedex 05 - E.R.A. - C.N.R.S. n° 370.

I. INTRODUCTION

L'étude de la convection naturelle d'un fluide dans une région fermée de l'espace et pour les grandes valeurs du nombre de Rayleigh est difficile (8). Même dans le cas d'une géométrie rectangulaire, si l'écoulement est bidimensionel, laminaire et stationnaire, la structure de la région centrale n'est pas encore théoriquement bien élucidée; de plus le raccordement de la région centrale aux couches limites proches des parois est, sauf exception, délicate. Par exemple, le cas dans lequel les parois isothermes sont verticales, a été abordé expérimentalement par Elder (5) et étudié théoriquement par Gill (6). Ce dernier propose un raccordement analytique entre la région intérieure et les couches limites.

Pour une inclinaison quelconque on est réduit à résoudre le système d'équations par une méthode numérique ou de type Galerkin. C'est ce qui a été fait par Catton, Ayyaswamy et Clever (1).

L'examen des résultats publiés par ces auteurs nous a convaincu de la nécéssité d'examiner plus avant le cas quasi horizontal. Cette situation offre un double avantage. En premier lieu, le système d'équations est linéarisable. En second lieu, cette situation se rencontre fréquemment dans l'expérimentation en laboratoire. Tout expérimentateur mesurant, par exemple, la conductivité thermique d'un liquide, ou bien l'effet Soret dans un mélange liquide obtient, quelles soient les précautions prises, des résultats que la convection affecte d'une manière théoriquement mal connue (2, 3).

C'est pourquoi nous avons choisi d'étudier la situation où un liquide est enfermé entre deux parois isothermes, parallèles, quasi horizontales, la paroi supérieure étant la plus chaude.

Nous examinerons dans une première partie le cas d'un liquide pur, et dans une seconde partie, le cas d'un mélange où, pour de très petits angles d'inclinaison, la thermodiffusion semble influencer considérablement les phénomènes.

2. PREMIERE PARTIE : CAS D'UN LIQUIDE PUR

2.1. *Equations et conditions aux limites*

Supposons que l'axe oz soit toujours parfaitement horizontal. Nous sommes ramenés à un problème à deux dimensions suivant les axes ox et oy . En régime bidimensionel stationnaire, les équations du problème s'écrivent dans le cadre des approximations de Boussinesq :

$$\left\{\frac{\partial\psi}{\partial y}\frac{\partial}{\partial x} - \frac{\partial\psi}{\partial x}\frac{\partial}{\partial y}\right\}\Delta\psi = A\left\{-\frac{g_x}{g}\frac{\partial}{\partial x} + \frac{g_y}{g}\frac{\partial}{\partial y}\right\}T + Pr\,\Delta^2\psi$$

$$\left\{\frac{\partial\psi}{\partial y}\frac{\partial}{\partial x} - \frac{\partial\psi}{\partial x}\frac{\partial}{\partial y}\right\}T = \Delta T \qquad (2.1.)$$

avec $A = \dfrac{T_c - T_f}{2h}\,\dfrac{g\beta h^4}{\chi^2}$, $Pr = \dfrac{\nu}{\chi}$ (nombre de Prandtl). β est le coefficient de dilatation, $\vec{g}(g_x, g_y)$ l'accélération de la pesanteur. On a choisi pour unité de longueur la demi épaisseur h , pour unité de fonction de courant ψ la diffusivité thermique χ ,et pour unité de température la demi différence des températures imposées T_c et T_f . L'origine est choisie au centre (Cf. Figure 1)

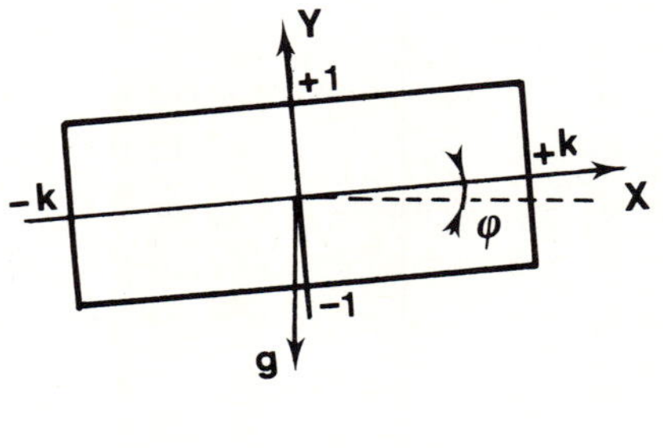

Figure 1.
Coupe de la boîte selon un plan vertical.

Les conditions aux frontières sont

$$T(x, +1) = +1 \quad , \quad -k < x < +k$$
$$T(x, -1) = -1 \quad , \quad -k < x < +k \qquad (2.2.)$$
$$\frac{\partial}{\partial x} T(\pm k, y) = 0 \quad , \quad -1 < y < +1$$
$$\psi(x, \pm 1) = \frac{\partial \psi}{\partial y}(x, \pm 1) = 0 \quad , \quad -k < x < +1$$
$$\psi(\pm k, y) = \frac{\partial \psi}{\partial x}(\pm k, y) = 0 \quad , \quad -1 < y < +1$$

2.2. *Linéarisation*

Puisque les situations qui nous intéressent ici concernent de très petits angles d'inclinaison, nous supposons comme l'a fait Hart (7) qu'il existe un développement rationnel par rapport à l'angle

$$T(x, y) = T_o + \varphi T_1(x, y) + \varphi^2 T_2(x, y) + \ldots$$
$$\psi(x, y) = \psi_o + \varphi \psi_1(x, y) + \varphi^2 \psi_2(x, y) + \ldots \quad , \qquad (2.3.)$$

la substitution de ce développement dans le système (2.1.) conduisant aux systèmes linéaires :

$$\frac{\partial}{\partial x} T_\alpha - \frac{1}{M} \Delta^2 \psi_\alpha = f_\alpha$$
$$\frac{\partial}{\partial x} \psi_\alpha + \Delta T_\alpha = g_\alpha \qquad (\alpha = 0, 1, 2, \ldots) \qquad (2.4.)$$

où $M = A/Pr$ est le nombre de Rayleigh et avec

$$f_o \equiv g_o \equiv 0 \quad , \quad f_1 \equiv 1 \; , \; g_1 \equiv 0 \; ,$$
$$f_2 = \frac{\partial T_1}{\partial y} - \frac{1}{Pr}\left(\frac{\partial \psi_1}{\partial y} \Delta \frac{\partial \psi_1}{\partial x} - \frac{\partial \psi_1}{\partial x} \Delta \frac{\partial \psi_1}{\partial y}\right)$$
$$g_2 = \frac{\partial \psi_1}{\partial y}\frac{\partial T_1}{\partial x} - \frac{\partial \psi_1}{\partial x}\frac{\partial T_1}{\partial y} \quad \ldots$$

ainsi que les conditions suivantes

$$\psi_\alpha = \vec{\nabla}\psi_\alpha \cdot \vec{n} = 0 \quad \text{sur les bords,}$$

$$T_\alpha(x, \pm 1) = 0 \quad \text{si} \quad \alpha > 1 \text{ , } T_o(x, \pm 1) = \pm 1 \text{ , } \frac{\partial T_\alpha}{\partial x}(\pm k, y) = 0 \qquad (2.5.)$$

On peut noter qu'au premier ordre les lignes de courant sont symétriques par rapport aux axes ox et oy , et le champ de température T_1 symétrique par rapport à ox mais antisymétrique par rapport à oy . C'est la raison pour laquelle le nombre de Nusselt est du second ordre en φ .

On note également que le nombre de Prandtl n'intervient qu'à partir du deuxième ordre et son rôle reste alors négligeable pour les liquides usuels ($Pr > 1$).

Les situations expérimentales qui nous intéressent sont caractérisées par des grandes valeurs de M*, supérieures à 10^3. Le système (2.4.) devient singulier lorsque $\frac{1}{M}$ s'annule, et la forme de T_1 pour le régime assymptotique $M \to \infty$ se raccorde difficilement aux conditions aux limites sur la totalité des bords. C'est pourquoi nous avons été amenés à résoudre le système (2.4.) par la méthode de Galerkin comme d'ailleurs Poots, Hart et Catton l'ont fait avant nous.

Les détails sur l'emploi de cette méthode se trouvant développés dans les références (1, 4, 7), nous n'insisterons pas sur sa présentation.

2.3. *La forme des lignes de courant*

Le calcul fait apparaître pour des valeurs suffisamment grandes du nombre de Rayleigh une région centrale où les isothermes sont horizontales et où une circulation lente de signe contraire aux circulations voisines des parois isothermes s'établit. Cette nappe centrale se développe pour des valeurs de M croissantes avec k .

Citons le résultat obtenu pour $k = 2$, $\varphi = 1°$, puis 5° pour 4 valeurs du nombre de Rayleigh (Cf. fig. 2). On peut le comparer aux vérifications auxquelles nous avons procédé : on a photographié le montage rempli soit d'eau, soit de glycol contenant en suspension des paillettes d'aluminium (Cf. fig. 2 bis).

2.4. *Nombre de Nusselt*

---

* M est le nombre de Rayleigh suivant la définition donnée ci-dessus à la page précédente.

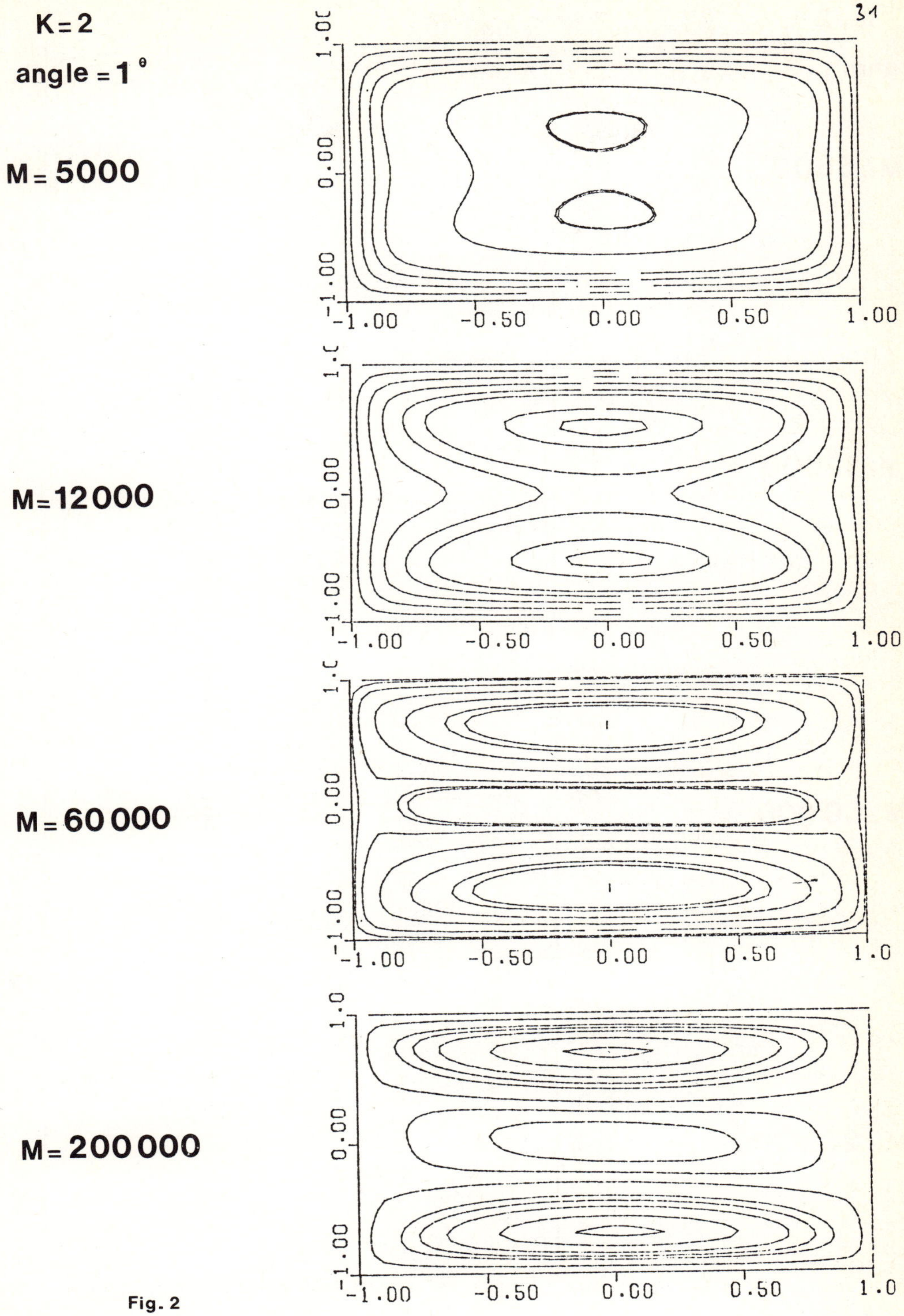

Fig. 2

K = 2

angle = 5^0

M = 5000

M = 12000

M = 60 000

M = 200 000

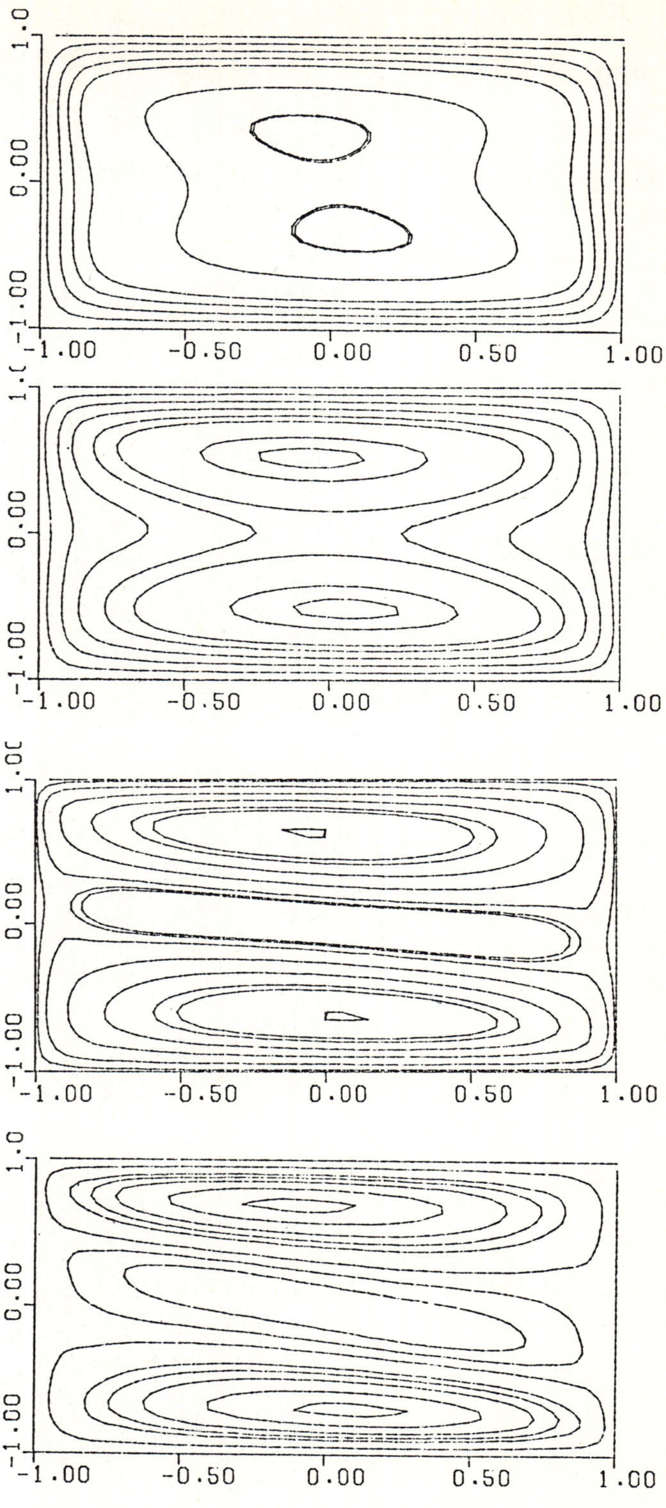

Fig.2

K = 2

angle = 5°

M = 5000

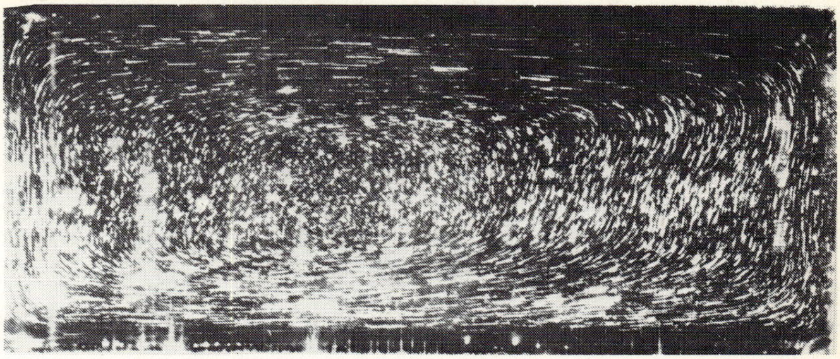

M = 12 000

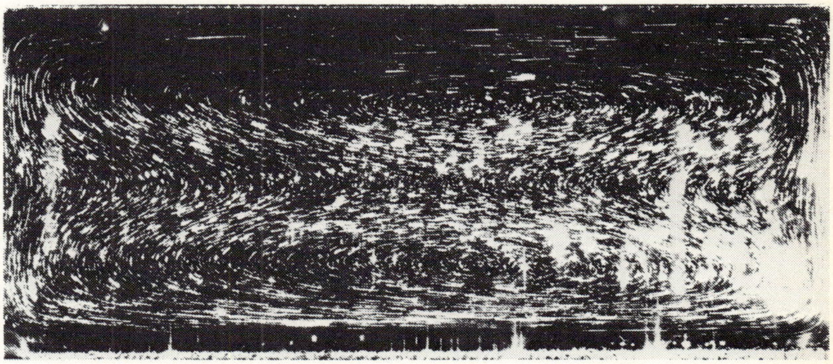

M = 60000

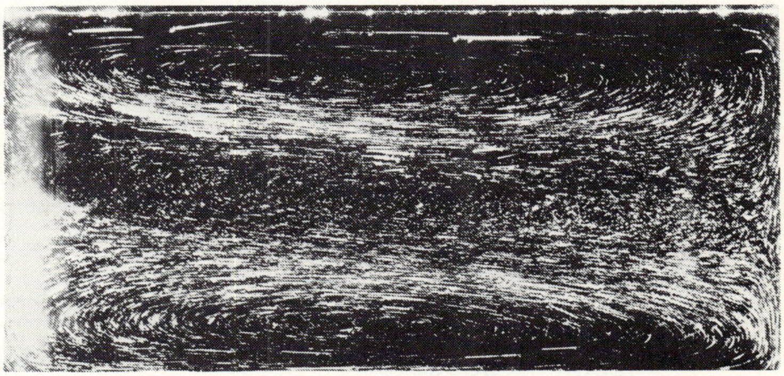

M = 200 000

Fig. 2 bis

Désignant par Φ le flux de chaleur qui traverse la cellule, nous définissons un nombre de Nusselt global Nu par

$$\mathrm{Nu}\ (M, k, \varphi, \mathrm{Pr}) = \frac{\Phi(M, k, \varphi, \mathrm{Pr})}{\Phi(M, k, 0, \mathrm{Pr})} \qquad (2.6.)$$

qui exprime le rapport du flux de chaleur en présence de convection sur le flux de chaleur dû à la conduction pure. Ce nombre dépend théoriquement du nombre de Prandtl Pr . Nos calculs portent sur le cas de l'eau (Pr 6,7). Néanmoins, nous pensons qu'ils demeurent applicables au cas des liquides usuels si $\mathrm{Pr} > 1$. Par des considérations de symétrie on montre que Nu est une fonction de φ^2 de sorte que nous posons

$$\mathrm{Nu} = 1 + \alpha(k, M)\ \varphi^2 \quad . \qquad (2.7.)$$

On obtient alors les résultats de la figure 3.

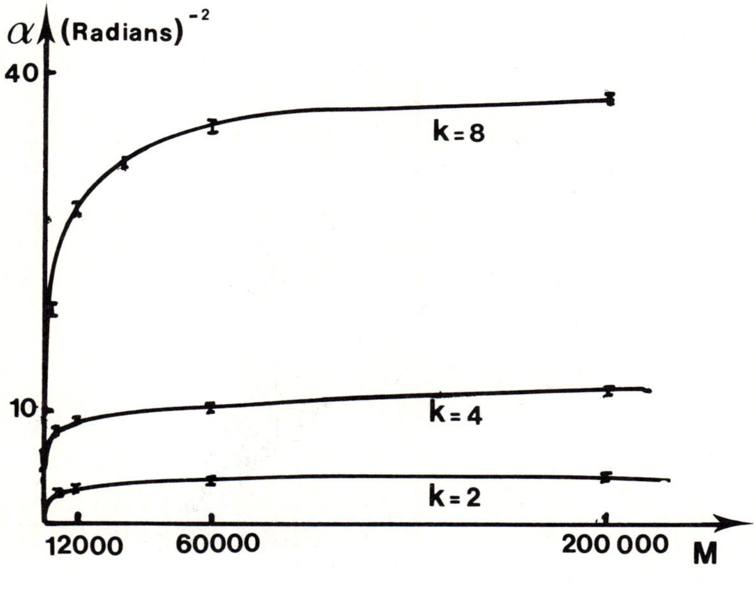

Figure 3.

Influence du facteur de forme k *et du nombre de Rayleigh* M *sur le nombre de Nusselt. Théorie.*

On notera sur la courbe la transition entre la partie rapidement croissante et la partie stagnante, transition qui correspond à la mise en mouvement de la circulation centrale.

Toutes choses étant égales par ailleurs, ces résultats mettent en évidence l'importance des petits facteurs de formes dans les cellules de mesures où la convection est un phénomène à éviter.

2.5. *Limite de validité du développement par rapport à l'angle. Rôle de l'inclinaison de la diagonale.*

A notre connaissance il ne semble pas avoir été démontré théoriquement que le champ de température dans la région centrale était stratifié horizontalement lorsque le nombre de Rayleigh prend de grandes valeurs. Cependant, les résultats expérimentaux concernant le cas vertical (Elder) et le cas faiblement incliné (Hart et ce travail) montrent que cette stratification horizontale stable des isothermes existe, de sorte que, dans la région centrale, on peut écrire $T = T(x \sin\varphi - y \cos\varphi)$.

D'un point de vue expérimental, considérons deux cellules identiques inclinées dans les conditions suivantes : $\mathrm{tg}\varphi > \frac{1}{k}$, situation A et $\mathrm{tg}\varphi < \frac{1}{k}$, situation B. Pour les valeurs très élevées du nombre de Rayleigh nous constatons que les régions où la vitesse du liquide est grande se disposent schématiquement comme l'indique la figure 4.

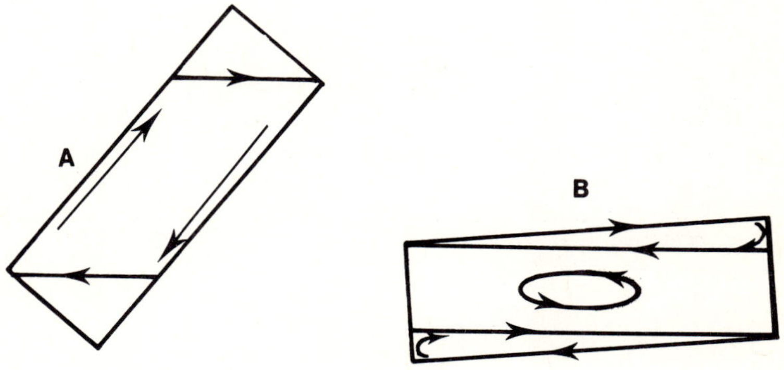

Figure 4.

Représentation schématique du champ de vitesse aux grandes valeurs du nombre de Rayleigh.

Au stade actuel des investigations, l'observation expérimentale nous incline à penser que la région centrale est quasi immobile, stratifiée de manière à être stable et disposée de façon à ce que les isothermes de la partie centrale se raccordent aux isothermes imposées. La situation A ne diffère pas fondamentalement du cas vertical Mais la situation B qui est celle que nous étudions en est très différente. C'est la raison pour laquelle nous pensons que $\varphi \ll \frac{1}{k}$ est la condition à retenir pour définir le domaine de validité de nos calculs. Remarquons encore que cette condition peut être introduite plus formellement à partir des équations (4).

3. DEUXIEME PARTIE : CAS D'UN MELANGE

Dans le cas d'un mélange, les variations de densité du liquide sont liées non seulement aux variations de température mais aux variations de composition, via l'effet Soret. Nous référerons les variations de la composition à l'aide de la variable *fraction massique*.*

Si le liquide b contient le corps a , définissons la fraction massique N_a par

$$N_a = \frac{\rho_a}{\rho_a + \rho_b}$$ où ρ_a et ρ_b sont les masses volumiques des constituants.

En admettant que l'équation d'état s'exprime par

$$\rho(T', N_a) = \rho(\overline{T}, \overline{N_a}) \left\{ 1 - \beta(T' - \overline{T}) + \gamma(N_a - \overline{N_a}) \right\} \tag{3.1.}$$

où $\overline{T}$ et $\overline{N_a}$ sont les valeurs moyennes de T et N_a ,
on peut alors écrire les équations décrivant le système

$$\frac{1}{Pr}\left\{\frac{\partial}{\partial y}\psi\frac{\partial}{\partial x} - \frac{\partial}{\partial x}\psi\frac{\partial}{\partial y}\right\}\Delta\psi = \Delta^2\psi + M\left\{\frac{g_y}{g}\frac{\partial}{\partial x} - \frac{g_x}{g}\frac{\partial}{\partial y}\right\}T - R\left\{\frac{g_y}{g}\frac{\partial}{\partial x} - \frac{g_x}{g}\frac{\partial}{\partial y}\right\}N_a$$

$$\left\{\frac{\partial}{\partial y}\psi\frac{\partial}{\partial x} - \frac{\partial}{\partial x}\psi\frac{\partial}{\partial y}\right\}T = \Delta T \tag{3.2.}$$

$$\left\{\frac{\partial}{\partial y}\psi\frac{\partial}{\partial x} - \frac{\partial}{\partial x}\psi\frac{\partial}{\partial y}\right\}N_a = \frac{D}{\chi}\Delta N_a + a\,\nabla\cdot\left\{N_a(1 - N_a)\,\nabla T\right\} ,$$

dans lesquelles, outre les symboles déjà introduits, on a pris

$$R = \frac{h^3 g\gamma}{\chi\nu} \quad \text{et} \quad a = \frac{D'}{D}\,\frac{T_c - T_f}{2} .$$

* qui permet de repérer la thermodiffusion indépendamment des effets de volume dus à la température.

D est le coefficient de diffusion isotherme, et $\frac{D'}{D}$ le coefficient Soret.

En linéarisant de la même manière que dans la première partie et en posant

$$\psi = \psi_o + \varphi \psi_1 \quad , \quad T = T_o + \varphi T_1 \quad , \quad N = N_o + \varphi N_1 \quad , \qquad (3.3.)$$

compte tenu des conditions aux limites

$$\psi = 0 \qquad T_o = y \qquad N_o = \frac{ke^{-ay}}{1 + ke^{-ay}} \sim \overline{N_o}\,(1 - ay)$$

on obtient, au premier ordre,

$$\Delta^2\psi_1 - M\partial_x T_1 + R\partial_x N_1 = R\partial_y N_o - M\partial_y T_o$$

$$\Delta T_1 + \partial_y T_o\, \partial_x \psi_1 = 0 \qquad (3.4.)$$

$$\frac{D}{\chi}\left\{ \Delta N_1 + a\, \nabla\cdot\left\{ N_o(1 - N_o)\, \nabla T_1 + N_1\,(1 - 2N_o)\, \nabla T_o\right\}\right\} = - \partial_y N_o \partial_x \psi_1 \quad .$$

Dans le cas où $\overline{N_o} << 1$, et comme $a << 1$, et $\frac{D}{\chi} << 1$ nous simplifions pour ne retenir que

$$\partial_x T_1 - \alpha\partial_x N - \frac{1}{M}\Delta^2\psi_1 = 1 + aN_o \frac{R}{M}$$

$$\Delta N - \partial_x \psi_1 = 0 \qquad (3.5.)$$

$$\Delta T_1 + \partial_x \psi_1 = 0$$

où nous avons posé $N = \frac{D}{\chi}\frac{1}{aN_o} N_1$ et $\alpha = \frac{\gamma}{\beta}\frac{D'}{D}\frac{\chi}{D} N_o$.

Puisqu'en fait $aN_o \frac{R}{M} << 1$ et lorsque φ est assez petit, la situation peut être décrite au moyen des paramètres M, α, k, .

Notons encore que la condition aux frontières, retenue pour N, soit $\vec{\nabla N}$ tangent aux parois, est cohérente dans le cadre de la simplification adoptée pour le système d'équations (3.4.). Une fois encore, le système (3.5.) sera résolu au moyen de la méthode de Galerkin. Cette analyse simplifiée conduit à admettre, dans la limite $\varphi \to 0$, l'existence d'une composante horizontale du gradient de concentration liée au couplage convection-effet Soret, tout à fait comparable à celle qui intervient dans le cas classique de la thermogravitation. La situation convective est cependant ici extêment différente. Pour donner une idée de l'influence des paramètres k et α , nous présentons un tableau (Cf. tableau I) des coefficients fondamentaux ψ_{11} , T_{11} et N_{11} des développements de ψ_1, T_1 et N respectivement.

Dans le tableau I, les paramètres suivants ont été adoptés

$M = 31750$, $T_c - T_f = 20°$, $2h = 0{,}5$ cm .

Ils concernent l'eau pure et des solutions de NaCl.

TABLEAU I

α \ k	2	4	10
0 Titre = 0 m/l	ψ_{11} = - 6,25 T_{11} = 1,94 N_{11} = - 7,79	- 23,2 3,78 - 44,1	- 134 8,67 - 538
$1{,}81\ 10^{-2}$ $5\ 10^{-4}$ m/l	- 5,74 1,78 - 7,15	- 18,4 3,01 - 35,2	- 59,6 3,87 - 240
$1{,}86\ 10^{-1}$ $5\ 10^{-3}$ m/l	- 3,33 1,03 - 4,11	- 6,47 1,07 - 12,5	- 9,82 0,650 - 40,3
1,61 $5\ 10^{-2}$ m/l	- 0,76 0,237 - 0,913	- 1,06 0,175 - 1,98	- 1,39 0,09 - 5,16
2,85 0,1 m/l	- 0,475 0,147 - 0,558	- 0,703 0,112 - 1,18	ψ_{11} = - 0,974 T_{11} = 0,004 N_{11} = - 3,00

Ce tableau permet de faire les commentaires suivants :

1°) pour des solutions extrêment diluées ($\alpha \to 0$)

N_{11} varie *grosso modo* comme $k(1 + k^2)$ et l'on peut dire que $\psi_{11} \sim - k^2$ et $T_{11} \sim k$.

2°) pour α croissant le contrôle de la vitesse n'est plus assuré par le champ de température mais par la répartition du corps dissous.

La vitesse est une fonction décroissante de α et, pour α assez grand, T_{11} décroît avec k.
N_{11} passe d'une croissance rapide en k à une croissance linéaire, soit $N_{11} \propto k$.

Ces résultats sont qualitativement prévisibles à partir d'une analyse grossière des ordres de grandeur (4). Il convient toutefois de noter que la différence de nature des conditions aux limites, qui concernent T_1 et N_1, entraine des variations quantitatives appréciables.

La possibilité d'obtenir une séparation par thermodiffusion repose sur l'existence et la persistance en proportion appréciable d'une double stratification de la température et de la concentration, stratification représentée par les solutions d'ordre zero.

Or il est possible de vérifier que les termes du second ordre par rapport à l'angle contribuent à détruire cette stratification. C'est pourquoi la comparaison des divers termes dans les équations conduit à prendre pour limite de la validité de cette analyse

$$\varphi << \frac{D}{\chi} \frac{k}{\psi_1} \qquad (3.6.)$$

En utilisant les valeurs numériques de ψ_1 on peut alors conclure, à l'intention des expérimentateurs qui mesurent le coefficient Soret dans une cellule horizontale, qu'un défaut d'horizontalité minime peut affecter les mesures d'autant plus que k est grand lorsque les solutions sont très diluées ($\alpha << 1$). Au contraire, les mesures devraient être non affectées par la convection quand α est assez grand.

Ces résultats semblent jusqu'ici conformes aux observations expérimentales (2, 3 et le présent travail). Mais le principal intérêt de ces résultats réside sans doute dans l'existence d'une composante horizontale du gradient de concentration, composante suffisamment importante pour qu'on puisse imaginer l'utiliser en vue d'un procédé de séparation efficace.

Schématiquement le procédé consiste à accoler des cellules rectangulaires (Cf.fig5) de facteurs de forme k appropriés; le transfert d'une cellule à l'autre s'effectuant par diffusion. Les études expérimentales préliminaires d'une "machine" de ce genre montrent qu'il est possible d'obtenir une séparation importante. En contre partie, le mécanisme de transfert diffusif d'une cellule à l'autre nécessite un temps considérable.

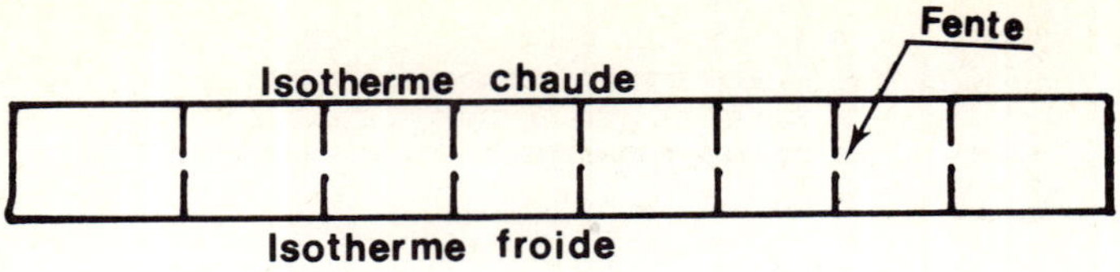

Figure 5.
Représentation schématique du dispositif de séparation proposé.

Compte tenu des hypothèses simplificatrices utilisées dans la théorie, il paraît très important de contrôler expérimentalement les résultats. Ce contrôle a été possible en utilisant une cellule de thermodiffusion (Cf. fig. 6) que nous pouvons incliner volontairement.

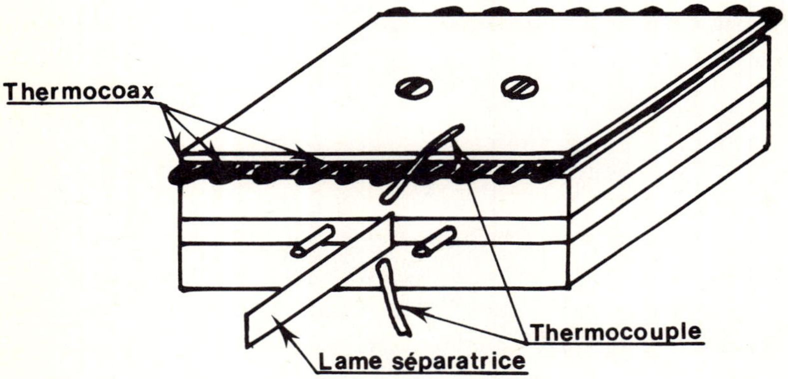

Figure 6.
Cellule pour la mesure de la composante horizontale du gradient de concentration.

Après établissement du régime stationnaire ($t > \frac{(2h)^2}{\pi^2 D}$) nous coupons le volume utile en deux compartiments égaux et nous mesurons par conductimétrie les concentrations gauche et droite. Nous pouvons alors tracer les courbes dont l'allure est rappelée dans la figure 7. (Cf. fig. 7.).

Pour deux types de mélanges expérimentés (ClNa et NBu_4NBr dans l'eau) à différentes concentrations et pour des valeurs de k différentes, l'accord entre les courbes expérimentales et les pentes théoriques peut être considéré comme satisfaisant.

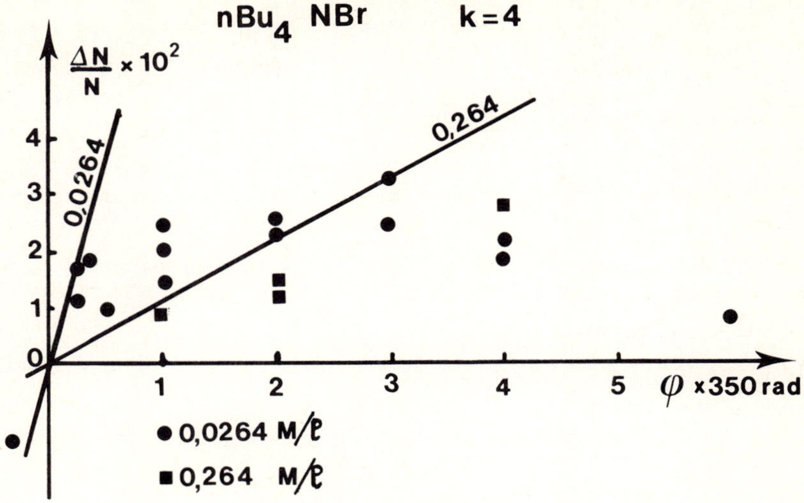

Figure 7.
Variation horizontale mesurée de la concentration. Les droites correspondent aux pentes théoriques calculées.

4. CONCLUSION

Nous espérons avoir mis en évidence au cours de l'étude résumée ci-dessus les points suivants :

1°) Pour les grandes valeurs du nombre de Rayleigh, bien que dans une cellule rectangulaire inclinée la région centrale soit, semble t'il, toujours (dans le cas stable) stratifiée horizontalement, le raccordement des isothermes centrales aux isothermes imposées par les conditions aux limites se produit différemment selon que $\text{tg}\,\varphi < \frac{1}{k}$ ou $\text{tg}\,\varphi > \frac{1}{k}$ et cette condition délimite deux situations physiquement assez distinctes.

2°) Dans le cas où $\text{tg}\,\varphi < \frac{1}{k}$, la convection est très lente et dépend essentiellement du facteur de forme k .

3°) Pour des mélanges très dilués, de très faibles inclinaisons peuvent fausser les mesures de coefficient Soret si les cellules de mesures sont trop allongées.

4°) Il est possible d'envisager un type nouveau de couplage convection-thermodiffusion permettant d'atteindre des valeurs de séparation comparables aux méthodes déjà connues.

REFERENCES

1. Catton, I., Ayyaswamy, Clever, R.M. (1974) *Natural convection flow in a finite, rectangular slot arbitrarily oriented with respect to the gravity vector,* Int. J. Heat Mass transfer, 17 p. 173-185.

2. Chanu, J., (1967) *Thermal diffusion of halides in aqueous solutions,* Chemical Physics, Vol. XIII p. 349-367, Interscience publishers.

3. Chanu, J. et Mousselin, L., (1969) *Coefficient Soret des solutions aqueuses de bromures alcalins et alcalino-terreux à 25°C,* Electrochemica Acta, 14, p. 1-16.

4. Dulieu, B., *Convection naturelle et thermodiffusion dans une enceinte rectangulaire faiblement inclinée, chauffée par le haut* (1977), Thèse Université Paris VII.

5. Elder, J.W., (1965) *Laminar free convection in a vertical slot,* J. Fluid Mech., 23, p. 77-98.

6. Gill, A.E., (1966) *The boundary layer regime for convection in a rectangular cavity,* J. Fluid Mech., 26, p. 515-536.

7. Hart, J.E., (1971) *A note on the structures of thermal convection in a slightly slanted slot,* Int. J. Heat transfer, 16, p. 747-753.

8. Ostrach, S., (1972) *Natural convection in enclosures,* Advances in Heat transfer, Vol. 8, Academic Press.

RAYLEIGH-BENARD CONVECTION OF FLUID LAYERS: SOME NEW THEORETICAL RESULTS

M. G. VELARDE

DEPARTAMENTO DE FÍSICA - C-3
UNIVERSIDAD AUTÓNOMA DE MADRID
CANTOBLANCO (MADRID) SPAIN

AND

LABORATOIRE DE DYNAMIQUE ET THERMOPHYSIQUE DES FLUIDES
UNIVERSITÉ DE PROVENCE, CENTRE DE SAINT-JEROME
13397-MARSEILLE-CEDEX 4 (FRANCE)

ABSTRACT

Several new results in the (linear) stability analysis of fluid layers heated from below (Rayleigh-Bénard problem) are reported. Attention is directed towards (i) the correcting role of non-ideal thermal boundaries, (ii) the influence of rigid rotation in Soret-driven convection, and (iii) the coupling of Dufour to Soret effect in the convective stability analysis of a two-component fluid layer. In all cases, the results have been obtained with the Galerkin method.

CONTENTS

1. PALM'S MODEL OF A NON-BOUSSINESQUIAN FLUID WITH TEMPERATURE-DEPENDENT VISCOSITY

Following Palm (1960) and Jensen (1963) we consider the Rayleigh-Bénard stability problem of a fluid with viscosity given by the law $\nu = \nu_o - \gamma \cos \frac{\pi z}{d}$, in which ν_o denotes some mean value of the kinematic viscosity and γ/ν_o measures the deviation from the Boussinesquian approximation. We shall take $\mu^2 \equiv (\gamma/\nu_o)^2 << 1$. Other models have been considered elsewhere (Roja and Finlayson (1970), Córdoba and Velarde (1977)). $\underline{d}$ is the cell gap along the axis z.

The differential problem described by Palm is in dimensionless form

$$(D^2-a^2)^2 W + \mu \cos \pi z (D^2-a^2)^2 W - 2\mu \sin \pi z \, (D^2-a^2) DW - \pi^2 \mu \cos \pi z (D^2+a^2) W - Ra^2\theta = 0 \qquad (1.a)$$

$$W + (D^2 - a^2)\,\theta = 0 \qquad (1.b)$$

subjected to the following b.c.

<u>rigid plates</u> $W = DW = 0$ (Jensen) at $z = 0$, $z = 1$

<u>stress-free plates</u> $W = D^2W = 0$ (Palm) at $z = 0$, $z = 1$

and $\theta = -BD\theta$ at $z = 1$, for non-ideal thermal plates.

$\theta = BD\theta$ at $z = 0$

We have introduced the vertical velocity component W, $D \equiv \frac{d}{dz}$, $\underline{a}$ is the dimensionless wave number of the horizontal normal mode, and B is the radiation-like (Biot) parameter (b.c. of the third kind). $B = 0$ ($B = \infty$) corresponds to the good conducting plate (respectively the poor conducting boundary). Note that $\mu = 0$ yields back the Boussinesquian approximation. θ denotes the temperature.

In the Galerkin method we take the following expansions $W = \sum_{i=1}^{N+1} A_i W_i$, $\theta = \sum_{i=1}^{N+1} B_i \theta_i$, where the summatory runs to (N+1) for convenience of calculation. With trial functions given by $W_i = z^2(1-z)^2(z-1/2)^{i-1}$ and $\theta_i = (z-1/2)^{i-1}$ and for different values of B, we found to a first approximation the results reported in Table 1. For the case B = 0, with stress-free boundaries we found the results of Table 2, where Table 3 lists the results found with B = 0 in the case of rigid boundaries, up to a third approximation. These latter results are compared with the predictions made respectively by Palm and Jensen. In Table 1 for comparison are also reproduced the predictions obtained by Normand et al. (1977) with the standard solution of the determinantal equation that appears in the exact solution with $\mu = 0$. It can be seen that with symmetric b.c. both the corrections to the critical Rayleigh number with $\mu \neq 0$ and $B \neq 0$ ($\neq \infty$) are second-order. With asymmetric b.c. however the corrections should be first-order (see for details Cordoba and Velarde (1977)).

TABLE 1: Critical values of Rayleigh number and wave-number in a fluid layer with temperature-dependent viscosity and non-ideal ($B \neq 0$, $B \neq \infty$) thermal rigid boundaries: a_c (critical wave-number), $\mu = 0$ (Boussinesquian layer)

a_c x B \ μ	0(*)	0	0.001	0.01	0.1
0.5	1415.1	1175.492	1175.492	1175.467	1172.979
	2.669	2.594	2.594	2.594	2.592
1	1267.5	1105.186	1105.185	1105.161	1103.807
	2.398	2.452	2.452	2.452	2.374
5	955.1	910.227	910.227	910.203	907.844
	1.629	1.854	1.854	1.854	1.852
50	772.8	778.386	778.385	778.362	775.985
	0.803	0.891	0.891	0.891	0.889
1000	727.2	727.736	727.735	727.712	725.400
	0.300	0.334	0.334	0.334	0.333
50000	720.5	720.569	720.569	720.547	717.243
	0.082	0.090	0.090	0.090	0.090

(*) Normand, Pomeau and Velarde (1977)

TABLE 2: Critical parameters (Rayleigh number and wave-number below it) in Palm's original model

μ	N = 1	Exact (Palm, 1960)
0	664.261	657.5114
	2.23	2.2214
0.001	664.257	657.5114
	2.226	2.2213
0.01	664.248	657.5112
	2.226	2.2213
0.1	663.273	657.4984
	2.226	2.2166

TABLE 3: Critical parameters (Rayleigh number and wave-number) in Palm's model with rigid boundaries, to the first-, second- and third-approximation

μ	N = 1	N = 2	N = 3	Exact (Jensen, 1963)
0	1749.9774	1708.4994	1707.5638	1708.2
	3.117	3.1163	3.1179	3.1258
0.001	1749.9774	1708.4991	1707.5636	1708.2
	3.117	3.1163	3.1179	3.1258
0.01	1749.9458	1708.4703	1707.5357	1708.19
	3.117	3.1163	3.1178	3.1258

2. NEMATIC LIQUID LAYERS WITH NON-IDEAL THERMAL BOUNDARIES.

Following Dubois-Violette (1974) we consider a (planar) two-dimensional problem which describes stability for regions where non-oscillatory Rayleigh-Bénard bifurcation is expected. Denoting by U, W, φ, and θ dimensionless infinitessimal disturbances to respectively the horizontal and vertical velocity components, the nematic director and the temperature field we have

$$iaU + DW = 0 \tag{1.a}$$

$$0.238D^3U - ia(1.338D^2-1.035a^2)W - 1.18iad^2\theta = 0 \qquad (1.b)$$

$$\beta d^2W - 0.4 \times 10^{-3}\beta dia\varphi + 10^{-3}(D^2-a^2)\theta = 0 \qquad (1.c)$$

$$-0.012dDU + 0.775iadW - 10^{-7}(6D^2-7a^2)\varphi = 0 \qquad (1.d)$$

subjected to the following boundary conditions $\varphi = W = U = 0$ at $z = 0$, $z = 1$, $\theta = -BD\theta$ at $z = 1$ and $\theta = BD\theta$ at $z = 0$. In the above equations β denotes the temperature gradient across a cell of width d; $D \equiv \frac{d}{dz}$; a (dimensionless wave number of normal modes along the horizontal; B is a radiation-like (Biot) parameter (b.c. of third kind): $B = 0$ (respectively $B = \infty$) yields a good conducting (respectively a poor conducting) boundary.

In the Galerkin method, we seek for approximate solutions in the form

$$\{U = \sum_{i=1}^{N} A_iU_i ; W = \sum_{i=1}^{N} B_iW_i ; \varphi = \sum_{i=1}^{N} C_i\varphi_i ; \theta = \sum_{i=1}^{N} D_i\theta_i\} \qquad (2.a)$$

<u>First choice</u>

$$U_i = z^i(1-z) = W_i = \varphi_i ; \text{ and } \theta_i = z^{1-i} \qquad (2.b)$$

Clearly the u_i, W_i, and φ_i satisfy the b.c. but θ_i does not. Thus, for the temperature trial functions we have the following boundary residuals

$$R_B(1) = \sum_{i=1}^{N} D_i\left[\theta_i(1) + BD\theta_i(1)\right] \qquad (3.a)$$

$$R_B(0) = \sum_{i=1}^{N} D_i\left[\theta_i(0) - BD\theta_i(0)\right] \qquad (3.b)$$

Introducing for compactness

$$\theta_{ij} = \frac{\theta_j(1)\theta_i(1)+\theta_j(0)\theta_i(0)}{B} \text{ and } D_{ji} = \langle D\theta_j D\theta_i\rangle + a^2\langle\theta_j\theta_i\rangle$$

the standard application of the Galerkin method yields the following equation

$$\begin{vmatrix} 1.338\langle DW_j DW_i\rangle + 1.035a^2\langle W_j W_i\rangle & 0 & -1.18iad^2\langle W_j \theta_i\rangle \\ -\beta d^2\langle \theta_j W_i\rangle & 0.4 \times 10^{-3} iad\beta\langle \theta_j \varphi_i\rangle & 10^{-3}[\theta_{ij} + D_{ji}] \\ 0.775iad\langle \varphi_j W_i\rangle & 10^{-7}[6\langle D\varphi_j D\varphi_i\rangle + 7a^2\langle \varphi_j \varphi_i\rangle] & 0 \end{vmatrix} = 0$$

To a first approximation we find the results listed in Table 4.

TABLE 4: Critical parameters . nematic fluid layers with non-ideal thermal boundaries

B	a_c	$\lvert\beta d^4\rvert_c$
10^{-1}	2.533	2.843×10^{-3}
0.5	1.925	1.011×10^{-3}
1	1.672	0.73×10^{-3}
5	1.180	0.43×10^{-3}
10	1.016	0.38×10^{-3}
50	0.748	0.314×10^{-3}
10^2	0.679	0.301×10^{-3}
10^3	0.589	0.284×10^{-3}
10^4	0.577	0.281×10^{-3}
∞	0	0.264×10^{-3}

Second choice

Very nearly the same results are also found with the more drastic choice of $U_1 = W_1 = \varphi_1 = \sin\pi z$, and $\theta_1 = 1$.

These results are to be contrasted with the prediction by Dubois-Violette: $B = 0$, $|\beta d^4| = 2.6 \times 10^{-3}$ (and the more recent results by Barratt and Sloan: $B = 0$, $|\beta d^4| = 2.7 \times 10^{-3}$) and the experimental findings for some copper plates on boundaries: B, unknown; $|\beta d^4| = 2.2 \times 10^{-3}$ (Pieranski et al., 1973). Further and more complete details of this part will be published elsewhere (Zuñiga, Cervera and Velarde, 1977).

3. SORET-DRIVEN CONVECTION WITH RIGID ROTATION OF THE CONTAINER

This part is devoted to an extension of work done some time ago with R. S. Schechter, about the role of thermal diffusion (Soret effect) in convective stability. The theory (Velarde and Schechter, 1972) has had a beautiful experimental verification (Sparasci and Tyrrell, 1975, Giglio and Vendramini, 1977) and this encouraged me to consider the present natural extension. This consists in adding to the constraints a rigid rotation of the horizontal layer along the vertical axis, to analyze the influence of the rotation upon the (linear) critical parameters. Rotation has a stabilizing role in Rayleigh-Bénard convection of single-component Newtonian (and Boussinesquian) fluids (Chandrasekhar, 1961) when one restricts consideration to steady (monotonic) bifurcations, as we do here. Non-conservative forces (Coriolis force, etc.) generally make overstability possible especially for fluids with small Prandtl numbers.

The complete linear differential problem (Chandrasekhar, 1961) for the secondary solutions, is in dimensionless form,

$$\left[(D^2-a^2)^2 - \frac{\sigma}{Sc}(D^2-a^2)\right]W - TScD\zeta + \frac{a^2R}{\tau r_D}\Gamma - \frac{a^2R|\Delta T|}{r_D\Delta T}\theta = 0 \qquad (1.a)$$

$$DW + Sc\left((D^2-a^2) - \frac{\sigma}{Sc}\right)\zeta = 0 \qquad (1.b)$$

$$-S\tau W + \left((D^2-a^2)-\sigma\right)\Gamma + S\tau\frac{|\Delta T|}{\Delta T}(D^2-a^2)\theta = 0 \qquad (1.c)$$

$$r_D\frac{\Delta T}{|\Delta T|}W + \left((D^2-a^2) - \sigma r_D\right)\theta = 0 \qquad (1.d)$$

in which σ is the time constant that determines stability; $D \equiv \frac{d}{dz}$, $W = W(z)$ and $\zeta = \zeta(z)$ denote respectively the vertical velocity component and the vorticity along z; $\Gamma(z)$ and $\theta(z)$ account for the concentration and temperature fluctuations; and $a^2 = a_x^2 + a_y^2$ denotes the separation constant or wave number of normal modes along the horizontal plane. R is the Rayleigh number, $r_D = D/\kappa$ (Lewis number), Sc = ν/D (Schmidt number); $S = PrRs/ScR$, in which Pr is the Prandtl number and $Rs = \frac{g\gamma d^3 \Delta N_1}{D\nu}$. $T = \frac{4\Omega^2 d^4}{\nu^2}$ (Taylor number for a rotation angular velocity Ω of a layer of depth, d). ΔN_1 refers to top-bottom differences in concentration of component "one". For convenience a supplementary parameter has also been introduced $\tau = \frac{\alpha\beta}{\gamma}$ in which $\alpha = -\frac{1}{\rho}(\frac{\partial\rho}{\partial T})_{P,N_1}$ $\beta = \frac{\Delta T}{d}$ and $\gamma = \frac{1}{\rho}(\frac{\partial\rho}{\partial N_1})_{T,P}$. A relevant and useful simplification can be achieved by eliminating the temperature fluctuations in the manner described by Velarde and Schechter (1972). Then disregarding θ, with rigid, conducting and impervious plates to matter flow, i.e. for b.c.

$$W = DW = \zeta = D\Gamma = 0 \qquad \text{at } z = \pm 1/2$$

the following trial functions have been used in the Galerkin method,

$$W_i = (z^2 - 1/4)^{i+1}$$
$$\zeta_i = z(z^2 - 1/4)^i$$
$$\Gamma_i = (z^2 - 1/4)^{2i}$$

To just the first approximation (i = 1) Table 5 illustrates the results found.

TABLE 5: Critical Rayleigh and Taylor numbers for the onset of convection in a two-component Soret-Driven convective instability with rotation

a_c	$\tilde{R} = R\,S\,/\,r_D$	T
0	720	0
0	724.08	10
0	728.16	20
0	740.40	50
0	760.81	10^2
0	924.08	5×10^2
0	1128.16	10^3
0	2760.83	5×10^3
0	4801.66	10^4
0	21128.34	5×10^4
0	41536.68	10^5
0	408886.85	10^6

As it was the case in the problem without rotation, here there is also symmetry in the heating, and the predictions are valid for both $\Delta T > 0$ and $\Delta T < 0$. Further details about this work with the study of several different boundary conditions (like permeable and stress-free boundaries and some other choices), and the discussion of the more general case of rotation not aligned with the gravitational field, can be found in a paper by Antoranz and Velarde (1977). In this latter reference the complete problem (1) to (4) together with the time-dependent terms, has been considered. The locus of linear overstable critical modes has also been obtained. For the complete problem, the critical wave number depends on the Soret number, as it was already the case in the problem without rotation (Legros et al. 1972, Schechter et al., 1974).

4. Soret- and Dufour-driven convective instability

The Dufour effect (heat flow cross-driven by concentration or chemical potential gradients) is of little importance in liquids (de Groot and Mazur, 1962). It is, however, of relevance in gases. But the complete stability analysis of a gas layer demands an order of magnitude greater labor and complexity than the study of incompressible fluids. There is a way out to overcome the difficulties with gases by invoking an old argument developed by Jeffreys (1930, see also Normand, Pomeau and Velarde, 1977). Jeffreys' argument yields a valuable conclusion: To a good approximation a gas layer under thermal constraint behaves much like an incompressible fluid layer. One merely needs to rescale at the end of the calculation the thermal gradient (or the density gradient) by replacing its value by the excess over the adiabatic gradient. Thus, higher thermal or mass gradient is needed to make a gas layer unstable than that required for an incompressible liquid.

Based on the previous argument, I give in this section some of the results found in the stability analysis of an horizontal two-component fluid layer heated from below or from above, when both the Soret and the Dufour phenomena are operating.

In dimensionless form, the steady linearized differential problem is the following

$$(D^2-a^2)^2W - \frac{|\Delta T|}{\Delta T} R\, a^2\theta + \frac{r_D R_s\, a^2}{\Delta N_1} \Gamma = 0 \tag{1.a}$$

$$\frac{\Delta T}{|\Delta T|} W + (D^2-a^2)\theta + D_F(D^2-a^2)\,\Gamma = 0 \tag{1.b}$$

$$\frac{\Delta N_1}{r_D} W - \frac{|\Delta T|}{\Delta T} \Delta N_1 (D^2-a^2)\theta + (D^2-a^2)\,\Gamma = 0 \tag{1.c}$$

Needless to say, we continue restricting consideration to the regions where steady transition is expected. As the complete differential problem does not generally satisfy the theorem of exchange of stabilities there are regions where overstable modes appear, but I shall not consider them here. A more complete study, and a description of overstability and transition under various combinations of boundary conditions, can be found in the paper by García Ybarra and Velarde (1977).

In the above equations (1) we have again introduced the followingparameters: $r_D = D/\kappa$ (Lewis number, of order one in gases, whereas in liquids $D/\kappa \approx 10^{-2}$), the Soret separation constant $S = r_D Rs / R$ and the Dufour coefficient: D_F (de Groot and Mazur , 1962).

The following boundary conditions have been considered

$$W = DW = \theta = 0 \tag{2.a}$$

$$D\Gamma = \frac{\Delta N_1\, |\Delta T|}{\Delta T} D\theta \tag{2.b}$$

at $z = \pm 1/2$. They correspond to rigid, heat conducting plates impervious to mass transport.

With the simple trial functions

$$\theta = A(z^2 - 1/4) \tag{3.a}$$

$$\Gamma = B\left[(z^2 - 1/4) + 1\right] \tag{3.b}$$

$$W = C(z^2 - 1/4)^2 \tag{3.c}$$

to a first approximation the Galerkin method yields the following equation for the critical Rayleigh number,

$$\begin{aligned} R = \{ & 28(a^4 + 24a^2 + 504)(a^2 + 10)(41a^2 + 10) + \\ & + \frac{|\Delta T|}{\Delta T} 112(2a^2 - 5)^2 (a^4 + 24a^2 + 504)\Delta N_1 \cdot D_F\} \times \\ & \times \{1107a^4 + 270a^2 + 33\, Sa^2 \left(12a^2 - 30 + \frac{11(a^2 + 10)}{r_D}\right) - \\ & - \frac{|\Delta T|}{\Delta T} 198(2a^2 - 5) \frac{\Delta N_1 \cdot D_F}{r_D} a^2\}^{-1} \end{aligned} \tag{4}$$

Some typical results obtained from equation (4) are tabulated in Table 6. It is to be noted that in the equations the Dufour coefficient always appears dotted with ΔN_1. On the other hand, the first approximation that yields eq. (4) gives $a_c = 3.12$ and $R_c = 1755.9$ when $D_F = 0$ and $S \approx 0$, which correspond to the single component case (exact values $a_c = 3.117$, $R_c = 1707.7$, $D_F = S = 0$). R_c positive (negative) accounts for the heating from below (above), and as usual S positive (negative) indicates that the denser component migrates to the cold (warm) boundary. Further details, and the actual interpretation of specific experiments in gases, can be found in the paper by García Ybarra and Velarde (1977).

TABLE 6: Some critical values of Rayleigh number (R_c) and wave number (a_c) as function of Dufour and Soret parameters

a_c	$\Delta N_1 . D_F$	S	R_c
1.50	0	0.311	62.3
	10^{-5}	0.311	62.3
	10^{-4}	0.312	62.0
	10^{-3}	0.325	59.6
2.00	0	0.0317	504.4
	10^{-5}	0.0317	504.1
	10^{-4}	0.0319	502.0
	10^{-3}	0.0335	482.0
2.50	0	0.0121	937.8
	10^{-5}	0.0121	937.4
	10^{-4}	0.0122	933.5
	10^{-3}	0.0129	896.3
3.12	0	-0.0000518	1,755.9
	10^{-5}	-0.0000487	1,755.1
	10^{-4}	-0.0000209	1,747.8
	10^{-3}	0.000258	1,678.1
5.00	0	-0.0162	9,714.0
	10^{-5}	-0.0162	9,709.5
	10^{-4}	-0.0162	9,669.2
	10^{-3}	-0.0166	9,284.0
0.50	0	-0.00294	-21,718.0
	10^{-5}	-0.00294	-21,707.8
	10^{-4}	-0.00293	-21,616.5
	10^{-3}	-0.00277	-20,742.7
1.00	0	-0.0201	- 1,255.1
	10^{-5}	-0.0201	- 1,254.5
	10^{-4}	-0.0201	- 1,249.2
	10^{-3}	-0.0207	- 1,198.7
1.40	0	-0.298	- 67.5
	10^{-5}	-0.298	- 67.5
	10^{-4}	-0.299	- 67.2
	10^{-3}	-0.312	- 64.4

ACKNOWLEDGMENTS

This report accounts for work done with my collaborators J. M. Cervera, J. C. Antoranz, P. L. García Ybarra and I. Zuñiga. Fruitful discussions during an early stage of the work in part 2 (nematics) with Elisabeth Dubois-Violette are also acknowledged.

This work has been supported by the J. E. N.(Madrid,Spain).

REFERENCES

1. Antoranz, J.C. and M.G. Velarde, Phys. Fluids (submitted).
2. Barratt, P.J. and D.M. Sloan,J. Phys.(London) A9 (1976) 1987.
3. Chandrasekhar, S.,Hydrodynamic and Hydromagnetic Stability (Clarendon, Oxford, 1961).
4. Córdoba, A. and M.G. Velarde, Phys. Fluids (in preparation).
5. de Groot, S.R. and P. Mazur, Non-equilibrium Thermodynamics (North-Holland, Amsterdam,1962).
6. Dubois-Violette, E., Solid State Commun. 14 (1974) 767.
7. Finlayson, B.A., The Method of Weighted Residuals and Variational Principles (Academic, New York, 1972).
8. García Ybarra, P.L. and M.G. Velarde,J. Non-equil. Therm.(submitted).
9. Giglio, M. and A. Vendramini, Phys.Rev. Lett. (submitted).
10. Jeffreys, H., Procs. Camb. Philos. Soc. 26 (1930) 170.
11. Jensen, O., Acta Polytech. Scand. 24 (1963) 1.
12. Legros, J.C.,J.K. Platten and P. Poty, Phys. Fluids 15 (1972) 1383.
13. Normand, Ch.,Y. Pomeau and M.G. Velarde, Revs.Mod.Phys. 49(1977)581.
14. Palm, E., J. Fluid Mech. 8 (1960) 183.
15. Piearanski, P.,E. Dubois-Violette and E. Guyon, Phys. Rev. Lett. 30 (1973) 736.
16. Roja, D.S. and B.A. Finlayson, A.I.Ch.E. Journal 16 (1970) 876.
17. Schechter,R.S.,M.G. Velarde and J.K. Platten, Advs. Chem. Phys. 26 (1974) 265.
18. Sparasci,A. and H. Tyrrell,J.Chem.Soc.(Faraday Trans.)II 71(1975)42.
19. Velarde, M.G.,in Fluid Dynamics(Les Houches,1973),ed. by R. Balian and J. Peube(Gordon and Breach,New York,1976) 469.
20. Velarde, M.G. and R.S. Schechter, Phys. Fluids 15 (1972) 1707.
21. Zúñiga, I.,J.M. Cervera and M.G. Velarde, J. Physique (submitted).

DIFFUSIVE INSTABILITIES IN MAGNETOHYDRODYNAMIC CONVECTION

P.H. Roberts
School of Mathematics
The University, Newcastle upon Tyne, NE1 7RU, U.K.

ABSTRACT

The role played by diffusion in destabilizing dynamically stable fluid flows is reviewed. The resistive instabilities, to which a rapidly rotating Bénard layer lying in a uniform magnetic field is prone, are described. It is shown that diffusivity of heat and field permits convection that would be forbidden in their absence. When the model is generalized to spherical systems and to non-uniform fields a new, even more unstable, mode will occur provided the magnetic diffusivity is sufficiently small (though non-zero).

1. Constraint-Breaking by Diffusion

The fluid mechanist often encounters the belief that diffusion processes such as viscosity, thermal conductivity and (in magnetohydrodynamics) resistivity are necessarily stabilizing. In other words, if a fluid flow is *dynamically stable* (that is, stable when all diffusion processes are ignored) it must be *secularly stable* (that is, stable when diffusion processes are properly recognized), and further that the converse does not follow.

That this belief is naïve was already recognized in the late nineteenth century, from which the terms 'dynamical stability' and 'secular stability' came to us. A central problem of astrophysics at that time was the stability or otherwise of the Maclaurin, Jacobi and (later) the pear-shaped figures of equilibrium of a rotating body of self-gravitating liquid. When its angular momentum, M, is smaller than a certain value M_1 only the Maclaurin spheroid exists, but for any $M>M_1$ both that spheroid and the Jacobi ellipsoid are possible solutions. Which would exist in practice? The Jacobi ellipsoid has the smaller total energy but both, it was soon shown, are *dynamically* stable in a certain range $M_1<M<M_2$. The difference in energy can, it was argued, be irreversibly transformed into heat if viscosity is restored. In their classic text, Thomson and Tait (1912, p. 335) put the matter most forcibly:

> "If there be any viscosity, however slight, in the liquid, or if there be any imperfectly elastic solid, however small, floating in it or sunk within it, the equilibrium in any case of energy either a minimax or a maximum cannot be secularly stable: and the only secularly stable configurations are those in which the energy is a minimum with given moment of momentum."

Although a fluid mechanical demonstration of the secular instability of the Maclaurin spheroid in the range $M_1<M<M_2$ was not known fifteen years ago (see Roberts and Stewartson, 1963; see also Rosenkilde, 1967, and Hunter, 1977), the nineteenth century arguments were so convincing that few fluid mechanicists doubted them. This was the lesson learned: the inviscid fluid must, by the Kelvin-Helmholtz theorem, preserve its vorticity: vortex tubes must move with the fluid in all perturbations of the equilibrium. The vorticity of a viscous fluid can (without changing the total angular momentum, M, of the system) be diffused between different tubes and so allow the viscous fluid to take up states inaccessible to the inviscid fluid, and in particular the vital, lower energy, Jacobi state. Using today's catch phrase, we would say that 'viscosity releases the constraint of vorticity'. When $M<M_1$, viscosity causes the envelope of the otherwise undamped oscillations of the Maclaurin spheroid to contract secularly to zero. When $M_1<M<M_2$, however, the envelope secularly expands, so demonstrating the expected instability.

The above example of a secularly modulated oscillation might be called 'secular overstability'. It is often easier to treat theoretically than the other case, 'secular exchange of stabilities'. Here a previously neutral mode is transformed by diffusive effects into an unstable one. Again diffusion releases a constraint. In the absence of viscosity and non-linearities (inertial effects), the steady motion of a rapidly rotating fluid must be two-dimensional; the fluid elements lying on any vortex line share a common motion. Viscosity is able to relax the constraint of this Taylor-Proudman theorem.

Many other instances of secular instability of dynamically stable systems have arisen since the nineteenth century. Perhaps the instability of plane Poiseuille flow is the most famous (see, for example, Lin, 1967; Reid, 1974a, b). More relevant to my theme are the numerous examples of doubly-diffusive instability, for instance the astrophysically interesting so-called 'Goldreich-Schubert instability' (Yih, 1963; Goldreich and Schubert, 1967, 1968) and the mainly oceanographically motivated studies of thermohaline convection (e.g., Turner, 1973). Imagine, for example, a layer of incompressible salty fluid having a predominantly bottom-heavy density distribution, as for example if an upward gradient of temperature more effectively reduces the density upwards than a co-existing upward gradient of salt concentration increases it. Since in the absence of diffusion the entropy and salt are trapped within every fluid element, so preserving its density, one might be excused for thinking that such a layer would be stable. This is not the case. Because the diffusivity of heat greatly exceeds the diffusivity of salt, a motion of a sufficiently small horizontal scale (known as a 'salt-finger') can develop almost isothermally, though keeping its salt content almost intact. The thermal stabilization is thereby removed to leave only the saline destabilization. The salt fingers can therefore exchange the salt-rich upper reaches of the layer with the salt-deficient regions beneath. This is an example where thermal diffusion releases a density constraint and allows the system to draw on otherwise inaccessible gravitational potential energy.

In magnetohydrodynamics, Alfvén's theorem provides the chains and electrical resistance the deliverance. Alfvén's theorem, a close analogue of the Kelvin-Helmholtz theorem for vorticity, assures us that tubes of magnetic force move with any motion of a perfectly conducting fluid as though frozen to it. Electrical resistance can cause lines of force to diffuse relative to the fluid, and also allows them to reconnect in topologically new ways.

In the absence of diffusion, Alfvén's theorem provides a powerful constraint on the allowable motions. For example, ignoring non-linear effects, the possible motions in a perfectly conducting fluid permeated by a unidirectional magnetic field are two-dimensional, an MHD analogue of the Taylor-Proudman theorem above.

It is not difficult to see how resistivity can release the constraint of Alfvén's theorem. To take an extreme case, the Maxwell stresses oppose the bending of a straight flux tube into a hair-pin, and would return the tube to its original straight form if it were released. Thus springiness of flux tubes provides a restoring force which is generally stabilizing. Ohmic diffusion is particularly potent in regions of large field gradient, as at the bend of the hair-pin. This can cause the pin to 'break', or more precisely to reconnect to other field lines outside the pin. The energy stored in the bent field is then largely dissipated in heat and fluid motions, and the stabilizing springiness of the flux tube is destroyed.

One of the first and most celebrated examples of a secular instability in magnetohydrodynamics was the resistive instability of the sheet pinch (e.g. Furth, Killeen and Rosenbluth, 1963, Gibson and Kent, 1971, Baldwin and Roberts, 1972), of which the tearing mode is perhaps of greatest interest. The sheet, $0<z<d$, of fluid contains a sheared field $\underline{B} = [B_x(z), B_y(z), 0]$ of typical strength B , defining an Alfvén velocity $A = B/(\mu_o\rho)^{\frac{1}{2}}$, where ρ is density and μ_o is permeability (both constants). This provides a dynamical time-scale $\tau_D = d/A$, while the conductivity σ defines the resistivity time-scale $\tau_\eta = \mu_o\sigma d^2$ where $\tau_\eta >> \tau_D$. Even in situations that are dynamically stable (with respect to a slight top-heavy density distribution supposed present), a tearing mode can develop on the secular time-scale $\tau_S = \tau_\eta^{3/5}\tau_D^{2/5}$. The dynamical stability theory is concerned with events over the comparatively short time-scale τ_D, and therefore completely overlooks this tearing mode. Since $\tau_S << \tau_\eta$, however, the tearing mode disrupts the system in a time short compared with the time, τ_η, over which the magnetic field B evolves ohmically, and it is plausibly still correct to ignore the effects of diffusion on the equilibrium state. Diffusion is, however, crucial to the tearing mode within a certain critical layer of thickness $\delta = d(\tau_D/\tau_\eta)^{2/5}$.

An historically even earlier example of the diffusive destabilization of a magnetic system arises in the next section.

2. Bénard Convection in a Rotating Magnetic Layer

Astrophysics boasts a wide variety of magnetic rotating systems. It might at first sight seem that these could be understood with at least qualitative correctness by adding one's knowledge of MHD to his experience with rotating flows, or the reverse. The insight gained by considering the two in conjunction might seem an inadequate recompense for the horrors of a fully magnetohydrodynamical treatment of rotating flows. This view may seem plausible, but it is almost totally incorrect! Magnetism and rotation acting in concert are responsible for completely new effects, totally absent when only one or the other act alone. This unexpected fact was presaged by an early study by Lehnert (1954, 1955) on the propagation of Alfvén waves in an incompressible dissipationless rotating fluid pervaded by a uniform magnetic field $\underline{B}$.

Assuming a wave vector, $\underline{k}$, defining and Alfvén frequency, $\omega_A(=1/\tau_A)$ by

$$\omega_A = \underline{B}\cdot\underline{k}/\sqrt{(\mu_o\rho)} , \qquad (1)$$

and taking $\Omega_k = \underline{\Omega}\cdot\underline{k}/k$ to be the component of the angular velocity, $\underline{\Omega}$, parallel to $\underline{k}$,

Lehnert obtained the wave frequencies, $\pm\omega$, where

$$\omega = \Omega_k \pm \surd(\Omega_k^2+\omega_A^2). \tag{2}$$

Thus, when the rotation is large in the sense that $\Omega_k >> \omega_A$, there are two types of waves, sometimes called 'the fast waves' and 'the slow waves'. The frequency of the former is obtained by taking the upper sign in (2) and is approximately $2\Omega_k$: it represents an inertial wave slightly disturbed by Lorentz forces. Inertial effects are negligible to leading order when considering the other (slow) wave: this has a frequency of only $\omega_A^2/2\Omega_k$. To remind ourselves that Magnetic and Coriolis (and, of course, pressure) forces are the only ones effectively operating, we might call these 'MC-waves'.

When, in addition, the fluid is stratified and lying in a gravitational field, buoyancy forces act and both types of waves are modified. Following Braginsky (1964), we might then call the slow disturbances 'MAC waves', where the vowel A, chosen to turn the letters into a syllable, stands for Archimedian after the pioneer in the study of Buoyancy (the acronym MCB would be unpronouncable). Of course, if the fluid is sufficiently top-heavy, it will be gravitationally unstable despite the constraints of rotation and magnetic field, and for at least one MAC wave Im(ω) will be positive. [Our sign convention supposes perturbations proportional to $\exp(i\underline{k}\cdot\underline{x}-i\omega t)$.] Like the sheet pinch in §1, the fluid will be marginally unstable when $|N|^2/\omega_A^2$ exceeds a number of order unity; here N is the (imaginary) Brunt-Väisälä frequency defined by the stratification. (If α is the coefficient of volume expansion, g the acceleration due to gravity, and β the adverse temperature gradient, then $N^2 = -g\alpha\beta$ in a Boussinesq fluid.)

Only when $|N|^2$ exceeds $O(\omega_A^2)$ can an instability grow on a dynamic time-scale determined by ω_A, Ω and $|N|$. Experience with the sheet pinch must make us wonder, however, whether a secular instability might exist for $|N|^2<O(\omega_A^2)$ which grows on a diffusive time-scale dependent on the magnetic diffusivity, $\eta(=1/\mu_o\sigma)$, the thermal diffusivity, κ, and the kinematic viscosity, ν.

To illustrate the subtleties associated with diffusion, let us consider the relatively straightforward example of the Bénard layer, $0<z<d$, rotating about the vertical with a prevailing co-rotating vertical field, B_o. (See Chandrasekhar, 1961, Ch. V.) The dimensionless measures of β, Ω, and B_o are the Rayleigh number, R, the Taylor number, T, and the Hartmann number, M, where

$$R = \frac{g\alpha\beta d^4}{\nu\kappa}, \quad T = \left(\frac{2\Omega d^2}{\nu}\right)^2, \quad M = B_o d\left(\frac{\sigma}{\rho\nu}\right)^{\frac{1}{2}}. \tag{3}$$

(Sometimes the Chandrasekhar number $Q = M^2$ is used in place of M, and the Ekman number $E = T^{-\frac{1}{2}}$ in place of T.) The ratios of diffusivities that arise are the Prandtl number, p, the magnetic Prandtl number, p_m, and the nameless parameter, $q(=p_m/p)$, where

$$p = \nu/\kappa, \qquad p_m = \nu/\eta, \qquad q = \kappa/\eta. \tag{4}$$

Suppose first that $M = 0$ and p is fixed. At infinite T the Taylor-Proudman theorem disbars steady vertical motion and therefore disallows steady convection. However, convection can occur for large though finite T when $R>R_c = O(T^{2/3})$, and takes the form of thin cells with horizontal dimensions that are $O(T^{-1/6}d)$, a kind of juxtaposition of Stewartson's $E^{1/3}$-layers. If $p>1$ the motions are steady, but once $p<1$ there is a possibility (realized with $p<0.677$, approximately) that R_c is smaller for oscillatory modes than steady modes: the inertial forces associated with the oscillation partially 'release the constraint of the Kelvin-Helmholtz theorem' and allow slightly larger cells with correspondingly smaller viscous energy losses. (See Chandrasekhar, 1961, Ch. III.)

Suppose next that $T = 0$ and q is fixed. At infinite M the magnetohydrodynamic analogue of the Taylor-Proudman theorem disbars steady vertical motion and therefore disallows steady convection. However, convection can occur for large though finite M when $R>R_c = O(M^2)$, and takes the form of thin cells with horizontal dimensions that are $O(M^{-1/3}d)$. If $q<1$ the motions are steady, but once $q>1$ oscillatory motions that 'release the constraint of Alfvén's theorem' are preferred: these motions are on a slightly larger horizontal scale and expend energy in ohmic dissipation with less profligacy. (See Chandrasekhar, 1961, Ch. IV.)

It is obvious, is it not, that when both M and T are large, convection will occur only when R exceeds *both* $O(T^{2/3})$ *and* $O(M^2)$, and that the resulting motions will have horizontal dimensions small compared with *both* $O(T^{-1/6}d)$ *and* $O(M^{-1/3}d)$? It may seem obvious, but it is quite untrue! The motions tend to occur on scales larger than *either* $O(T^{-1/6}d)$ *or* $O(M^{-1/3}d)$, and (since the ohmic and viscous dissipations are correspondingly less) the critical Rayleigh number, R_c, for convection is less than *either* $O(T^{2/3})$ *or* $O(M^2)$. (See Eltayeb and Roberts, 1970.)

There are four questions that deserve answers here. First, is the particular choice of vertical $\underline{B}_o$ and $\underline{\Omega}$ representative of more complex models that mimic the astrophysical applications better? Eltayeb (1972) considered the Bénard layer when $\underline{\Omega}$ and/or $\underline{B}_o$ are horizontal, though with $\underline{B}_o$ still uniform. The case of vertical $\underline{\Omega}$ and horizontal uniform $\underline{B}_o$ was also examined in considerable detail by Roberts and Stewartson (1974, 1975). The overall behaviour of these models was shown to differ in detail but not in kind from the case of vertical $\underline{\Omega}$ and $\underline{B}_o$: for large T, the critical R is smaller when $B_o \neq 0$ than when $B_o = 0$. Second, would this conclusion still be valid in circumstances where oscillatory convection is preferred? Eltayeb (1975) answered in the affirmative. Third, would the results be affected significantly if the boundaries were not stress-free, as was implicit in the results reported above? Painstaking analysis for a range of different surface conditions led Eltayeb (1972, 1975) to conclude that they would not. Fourth, would a system in which $\underline{B}_o$ is non-uniform and the geometry is non-planar behave very differently from the Bénard layers with uniform $\underline{B}_o$? This is an extremely complicated question that still has not been fully explored. It appears that it *will* behave differently in some respects but not *very* differently for most. (See Eltayeb and Kumar, 1977.)

To examine the fourth question, most workers have so far been content to contend with the Malkus model (Malkus, 1967). This is a spherical body of fluid through which a uniform current parallel to $\underline{\Omega}$ is driven by potential differences maintained on its boundary. The corresponding magnetic field has a strength proportional to distance, s, from the symmetry axis, and is directed zonally. Added to the model is a top-heavy density gradient and an inwardly directed gravity, both proportional to distance, r, from the centre of the sphere. Now g, β, and B_o in definition (3) will refer to values on the equator of the surface r = d of the sphere. A linear perturbation analysis reveals similarities with, and differences from, the plane Bénard layers. For instance, Fearn has shown in unpublished work that (for certain ranges of p) R_c at first *increases* as B_o is raised from zero (T being large and fixed). Nevertheless, a further increase in B_o soon causes R_c to decrease and, as for the layer models, the overall minimum of R_c for given T is characterized by

$$M = O(T^{1/4}) , \qquad R_c = O(T^{1/2}) . \tag{5}$$

The convective motions then have the same spatial scale as the container, i.e., d. In contrast, when M = 0 it is known that $R_c = O(T^{2/3})$ and the motions are small-scale (see the studies of spherical convection by Roberts, 1968, Busse, 1970, Soward, 1977). It is the relatively greater viscous dissipation associated with these tight motions, compared with the dissipation of the slowly varying flows and currents of the $M = O(T^{1/4})$ solution, that is the ultimate reason why R_c is reduced by the presence of the field. It should be noted that (5) may also be written as

$$\lambda = O(1) , \qquad R'_c = O(1) , \tag{6}$$

where

$$\lambda \equiv A^2/\Omega\eta , \qquad R' = g\alpha\beta d^2/\Omega\kappa. \tag{7}$$

Evidently ν is absent: viscous effects are negligible in the study of this highly significant range $M = O(T^{1/4})$. The energy supplied by buoyancy is expended ohmically but not viscously.

When we increase B_o still further, we leave the range (5) and R_c begins to increase once more. The solution becomes increasingly two-dimensional with respect to the direction of $\underline{B}_o$, i.e. the flow and field perturbations become increasingly axisymmetric (with respect to the direction of $\underline{\Omega}$). Indeed, supposing that these are proportional to $\exp(im\phi - i\omega t)$ where ϕ is longitude, the value of m for the preferred mode of convection monotonically decreases as B_o increases from 0 to ∞. When M = 0, $m_c = O(T^{1/6})$; when $M = O(T^{1/4})$, $m_c = O(1)$; and, for all sufficiently large M, $m_c = 0$.

The spherical and layer models also show differences in their time-dependences. Layer convection at criticality is always steady for sufficiently small q. Spherical convection is never steady (unless it is axisymmetric and of small q). The pattern of motion drifts round the rotation axis in an eastward or westward direction. Which sense is preferred is of intense interest to geomagnetists seeking an explanation for the westward drift of the Earth's main magnetic field.

Roberts and Loper have recently exhibited a completely new mode of diffusive instability completely distinct from the Eltayeb-Kumar branch described above. It has no counterpart in the layer models, and apparently arises in the spherical model only when λ is 'sufficiently large' [$\lambda > O(1)$?]. This new secular instability is strongly subcritical compared with even the Eltayeb-Kumar branch. Indeed, the Malkus model (with infinitely conducting boundaries) is diffusively unstable even for zero R! Moreover, buoyancy forces *oppose* this instability. If R is *decreased* from zero, the growth rate $\mathrm{Im}(\omega)$ of the perturbations at first *increases*. One's feelings of outraged sensibilities are probably at least partially allayed by indications that a further decrease in R eventually causes $\mathrm{Im}(\omega)$ to pass through zero to $-\infty$. Nevertheless, the situation is very strange and deserves further study. Possibly weak negative buoyancy allows the frequency, $\mathrm{R}\ell(\omega)$, to move to ranges where the wave need expend less magnetic energy on ohmic resistance, the penalty of working harder against buoyancy forces being comparatively unimportant. The Roberts-Loper branch is primarily a magnetic instability associated with the hoop-stresses exerted on the fluid by the curved magnetic field lines. It is basically a secular overstability, being an MC-wave slightly modified by buoyancy and ohmic diffusion.

We shall return to these matters briefly in §3. We conclude this section by taking note of another type of magnetic convection in which secular instabilities may be significant. A horizontal magnetic field, if increasing in strength downwards, can cause a horizontal layer of electrically conducting fluid to become unstable, a phenomenon known as 'magnetic buoyancy' and sometimes thought to have relevance to magnetic A stars and to sunspot creation. Analyses that assume infinite thermal and electrical conductivities (and zero viscosity) predict that modes of zero horizontal wave-length, in the direction perpendicular to the field, are maximally unstable but are stabilized by even small Coriolis forces. It has recently been shown however that, when proper allowance is made for the finite (though large) conductivities of the fluid, the layer may experience a 'conductive instability' that grows on the ohmic time-scale and is maximally unstable to convection of non-zero horizontal extent (Roberts and Stewartson, 1977).

3. Implications in Dynamo Theory

The dynamo problem concerns the self-regeneration of magnetic field by the motion of a fluid conductor. The e.m.f., $\underline{v} \times \underline{B}$, created by the motion $\underline{v}$ of the fluid across the field $\underline{B}$ drives currents, $\underline{j}$, which by Ampère's law re-create $\underline{B}$ itself. The Joule dissipation, j^2/σ, of magnetic energy by resistance is made good by the working $\underline{v}\cdot\underline{j} \times \underline{B}$ of the fluid against the Lorentz forces $\underline{j} \times \underline{B}$. Many astrophysical bodies (the Earth, the Sun) are thought to owe their magnetism to dynamo processes, the fluid motions being driven by thermal or non-thermal convection. Theoretical questions raised in §2 remain relevant with the main difference that $\underline{B}$ is no longer uniform or zonal and must fall to zero at great distances from the body.

For a given thermal forcing (say, for given adverse temperature contrast across the fluid), the equations of magnetohydrodynamics clearly admit two types of solutions, one the purely hydrodynamic with $\underline{B} \equiv 0$ and the other a hydromagnetic one with $\underline{B} \neq 0$. A very deep question is why the hydromagnetic solution is preferred, at least for sufficiently vigorous convection. The results reported in §2 hold promise of an answer, as we shall now see.

The angular momentum of a fluid conductor will be the same no matter whether the $\underline{B} = 0$ or the $\underline{B} \neq 0$ solution is adopted. It is therefore sensible to compare models for fixed T and different M. Consider the Bénard layers or the Malkus sphere described in §2: for the latter, fix attention first on the Eltayeb-Kumar branch. We have seen that R_c is smallest when $M = O(T^{1/4})$. It is reasonable to suppose that, if we increase R beyond this minimum, the heat carried across the fluid will also be greatest somewhere within that range of M. Were it permissible to apply the Prigogine principle (Prigogine, 1955) to a moving fluid, we would conclude that the magnetic field is created from the purely *thermodynamic* necessity of maximizing the heat flux for given temperature contrast. Perhaps this notion could also be expressed in the language of the local potential (Glansdorff and Prigogine, 1971), but this apparently has not yet been attempted.

Of course, there is an enormous theoretical gulf between the studies of §2 and convection in the complicated $\underline{B}$ generated by dynamo action. Nevertheless, lessons learned from the simple models appear to be useful. There are clear indications that the self-created dynamo field of a rotating Bénard layer can 'run away' if its magnitude is sufficiently large (Soward, 1974). Whether it will then equilibrate in the range $M = O(T^{1/4})$ is currently a matter of uncertainty and, indeed, of dispute. It is also not known whether the Roberts-Loper branch has any relevance, but one may conjecture that, if the flow can make that transition from the Eltayeb-Kumar branch, considerable potential energy will be released and the magnetic field will change catastrophically (a geomagnetic field reversal?). Clearly much work remains to be done in this exciting and rapidly developing field.

References

Baldwin, P.; Roberts, P.H. Phil. Trans. Roy. Soc. Lond. 1972 **A272**, 303.

Braginsky, S.I. Geomag. and Aeron. 1964 **4**, 572.

Busse, F.H. J. Fluid Mech. 1970 **44**, 441.

Chandrasekhar, S. Hydrodynamic and Hydromagnetic Stability (University Press: Oxford) 1961.

Eltayeb, I.A. Proc. Roy. Soc. Lond. 1972 **A326**, 229.

Eltayeb, I.A. J. Fluid Mech. 1975 **71**, 161.

Eltayeb, I.A.; Kumar, S. Proc. Roy. Soc. Lond. 1977 **A353**, 145.

Eltayeb, I.A.; Roberts, P.H. Astrophys. J. 1970 **162**, 699.

Furth, H.P.; Killeen, J.; Rosenbluth, M.N. Phys. Fluids 1963 **6**, 459.

Gibson, R.D.; Kent, A. Quart. J. Mech. and Appl. Math. 1971 **24**, 63.

Glansdorff, P.; Prigogine, I. Thermodynamic Theory of Structure, Stability and Fluctuation (Interscience: Wiley) 1971.

Goldreich, P.; Schubert, G. Astrophys. J. 1967 **150**, 571.

Goldreich, P.; Schubert, G. Astrophys. J. 1968 **154**, 1005.
Hunter, C. Astrophys. J. 1977 **213**, 497.
Lehnert, B. Astrophys. J. 1954 **119**, 647.
Lehnert, B. Astrophys. J. 1955 **121**, 481.
Lin, C.C. The Theory of Hydrodynamic Stability (University Press: Cambridge) 1967.
Malkus, W.V.R. J. Fluid Mech. 1967 **28**, 793.
Prigogine, I. Introduction to Thermodynamics of Irreversible Processes (Thomas: Springfield, Illinois) 1955.
Reid, W.H. Studies in Appl. Math. 1974a **53**, 91.
Reid, W.H. Studies in Appl. Math. 1974b **53**, 217.
Roberts, P.H. Phil. Trans. Roy. Soc. Lond. 1968 **A263**, 93.
Roberts, P.H.; Loper, D.E. 1978, submitted.
Roberts, P.H.; Stewartson, K. Astrophys. J. 1963 **137**, 1129.
Roberts, P.H.; Stewartson, K. Phil. Trans. Roy. Soc. Lond. 1974 **A277**, 287.
Roberts, P.H.; Stewartson, K. J. Fluid Mech. 1975 **68**, 447.
Roberts, P.H.; Stewartson, K. Astron. Nach. 1977, to appear.
Rosenkilde, C.E. Astrophys. J. 1967 **148**, 825.
Soward, A.M. Phil. Trans. Roy. Soc. Lond. 1974 **A271**, 611.
Soward, A.M. Geophys. and Astrophys. Fl. Dynam. 1977 **9**, 19.
Thomson, W.; Tait, P.G. Treatise on Natural Philosphy, Vol. 2 (Constable: London) 1912.
Turner, J.S.; Buoyancy Effects in Fluids (University Press: Cambridge) 1973.
Yih, C.-S. Phys. Fluids 1961 **4**, 806.

INTERFACIAL INSTABILITY INDUCED BY THE COMBINED EFFECT OF DIFFUSE ELECTRICAL DOUBLE LAYER AND GRAVITATIONAL FORCES

P.M. Bisch* and A. Sanfeld
Chimie Physique II, C.P. 231, Université Libre de Bruxelles
B - 1050 Brussels, Belgium

Abstract

The configurational stability of a flat charged interface between two immiscible liquid phases is investigated by means of a linear perturbation analysis. The adsorption of surface active ions and the presence of diffuse electrical double layers are taken into account. Gravitational forces are related to the bulk tractions and to the surface weight. We discuss examples related to the nitrobenzene-water system. It is shown that the system becomes unstable for a critical electrical profile, even in the presence of viscous effects. The coupling between normal and longitudinal displacement modes due to the combined effect of electrical and gravitational forces is relevant for this instability.

*supported by a grant from CNPq (Brazil)

Introduction

The study of the mechanical stability of interfaces in immiscible liquid-liquid systems in the presence of surface active substances is a very complex problem. The imposed constraints , characterizing the non-equilibrium state which can destabilize the system, may be related to a large class of phenomena. This kind of systems can be understood in the scope of the far from equilibrium thermodynamics[1],where deformational instabilities appear as a new state of the system[2,3]. Besides the classical gravitational effects, it was shown that a cooperative chemical reaction between adsorbed layers and bulk solution[4,5] or an imposed diffusion flux[6,7], can destabilize the interface. Also the presence of interfacial charges may be important in the analysis of the mechanical stability. In systems at low electrolyte concentrations, Miller and Scriven[8,9] have shown the important role played by diffuse layers. Their main result is that the negative contribution of the diffuse layers to the interfacial tension can destabilize the interface[9]. However they did not consider in this analysis the surface gradient of interfacial tension (Marangoni effect) which is expected to have an important role when surface active substances are adsorbed at the interface. Recently we have extended such analysis by taking into account diffuse layers contribution both to the interfacial tension and to the gradient of surface pressure[10]. We have show by few simplified examples that electrical contributions can modify the stability analysis, and that other unstable regions are expected. The purpose of the present paper is to make a more detailed study and to give numerical results for the particular case when only convective motion of adsorbed species are taken into account. We also introduce gravitational forces, which have been neglected in the previous paper[10]. In order to give numerical values for the parameters we used particular values measured for the nitrobenzene - water system. In such systems, instabilities have been reported by Dupeyrat and Nakache[11] for non equilibrium values of the ionic concentrations in the bulks. Joos and Verburgh[12] have also reported an overdamping behaviour in an excited longitudinal waves experiments when ion fluxes crosses the nitrobenzene-water interfaces.

Steady State

Let us consider an immiscible two phase-system submitted to electrical and gravitational forces. The unperturbed steady state (superscrit zero) is assumed to be in a mechanical equilibrium. The two liquids

(1 and 2) are separated by a flat and infinite interface. The charge distribution is given by a charged surface surrounded by diffuse layers in both liquids. The profiles of the diffuse layers are approximately described by the Boltzman-Poisson equations for small values of the electrical potential (small compared to RT/F). In this situation the electrical potential is given by

$$\Phi_1^0(z) = \Phi_1^0(0)\exp(-\kappa_1 z) \text{ for } z>0 \text{ and } \Phi_2^0(z) = \Phi_2^0(0)\exp(+\kappa_2 z) \text{ for } z<0, \tag{1}$$

where z is the normal coordinate (at the surface z=0), $\Phi_\gamma^0(z) = \psi_\gamma^0(z) - \psi_\gamma^0(\infty)$ and $\kappa_\gamma^2 = 4\pi\sum_i n_i F^2 c_{i\gamma}^0/\varepsilon_\gamma RT$ (γ=1,2), n_i is the valence of the ion i, $c_{i\gamma}^0$ is the concentration in the bulk phase γ, and ε_γ is the dielectric constant. At the surface (z=0) we assume the continuity of the electrical potential, and the discontinuity of the electrical displacement is related to the surface charge by the classical Gauss relation. For given bulk concentrations two parameters, the total potential difference between the two bulk phases $\Delta\psi^0 = \psi_2^0(\infty) - \psi_1^0(\infty)$, and the surface charge density Q_s^0, may be considered as the imposed constraints[10]. Nevertheless, for this non-equilibrium steady states, since we assume a Boltzman distribution in the difuse layers, the mass transfer across the interface is determined by the surface adsorption-desorption step.

Secular Equation

We adopt the classical normal mode method to describe the spatio-temporal evolution of the first order perturbations. Even in the perturbed state, we assume that the potential distribution is given by the Boltzman-Poisson equations. It means that bulk diffusion coefficients have a very large values. In this case and from the assumption $\psi_\gamma^0 \ll RT/F$, we have

$$\delta\psi_1(z) = C_1\exp(-g_1 z) \quad \text{and} \quad \delta\psi_2(z) = C_2\exp(+g_2 z), \tag{2}$$

where $g_\gamma^2 = k^2 + \kappa_\gamma^2$ and $k^2 = k_x^2 + k_y^2$. The velocities are given by the linearized Navier-Stokes equations, and the solutions in both bulk phases are,

$$v_1^z(z) = A_1\exp(-kz) + B_1\exp(-qz) \quad \text{and} \quad v_2^z(z) = A_2\exp(+kz) + B_2\exp(+q_2 z), \tag{3}$$

where $q^2 = k^2 + \rho_\gamma\omega/\mu_\gamma$, ρ_γ is the bulk density and μ_γ is the bulk viscosity. We use the following boundary conditions at the surface; continuity of the velocities, continuity of the electrical potential, and discontinuity of the electrical displacement. The balance equations for the normal and tangencial stresses include electrical forces[10]. The effects of gravitational forces are related to the bulk tractions and to the surface weight[7]. The variations of the surface tension $\delta\sigma$ are related to the surface composition through the following state equation,

$$\delta\sigma = -\sum_i \alpha_i \cdot \delta\Gamma_i \ , \tag{4}$$

where Γ_i is the surface density. For small surface diffusion and adsorption -desorption coefficients, we assume that variations of the density of adsorbed species are given only by the convective term,

$$\omega\delta\Gamma_i = \Gamma_i^0 D v_s^z \ , \tag{5}$$

where D is the normal derivative, and v_s^z is the surface velocity in the z direction. From these boundary conditions we obtain a secular equation , i.e. a dispersion relation between ω and k. For a thickness of the diffuse layers much smaller than the wave lenght ($k/\kappa<<1$), we obtain

$$\left[\omega^2(\Gamma^0+\Sigma_\gamma\rho_\gamma^0/k)+\omega\Sigma_\gamma\mu_\gamma(q_\gamma+k)+k^2\sigma_T-g\Delta_s\{\rho^0\}\right]\times\left[\omega^2\Gamma^0+\omega(\kappa_s+\varepsilon_s)+\omega\Sigma_\gamma\mu_\gamma(q_\gamma+k)+k^2\Pi_T\right]$$
$$-\left[\omega\Delta_s\{\mu(q-k)\}+k\Delta_s\{\Pi_E^0\}\right]\times\left[\omega\Delta_s\{\mu(q-k)\}+kg\Gamma^0-k^3\Theta_E\right] = 0 \ , \tag{6}$$

where $\Delta_s\{f\}= f_1(0)-f_2(0)$ is the discontinuity of a quantity f at z=0, κ_s and ε_s are respectively the dilatational and the shear surface viscosities, $\Gamma^0= \Sigma_i\Gamma_i^0$ is the total adsorption. The total interfacial tension σ_T is given by a pure chemico-mechanical term σ^0 and an additional contribution due to the diffuse layers[13],

$$\sigma_T= \sigma^0-\sum_\gamma(\varepsilon_\gamma/8\pi)\kappa_\gamma(\Phi_\gamma^0)^2 \ . \tag{7}$$

The total surface pressure is related to the density of adsorbed species and to the surface charges,

$$\Pi_T= \sum_i\alpha_i\Gamma_i^0 + 4\pi(Q_s^0)^2/\Sigma_\gamma\varepsilon_\gamma\kappa_\gamma \ . \tag{8}$$

The electrical disjoining pressure $\Pi_{E\gamma}^0$ and the electrical term Θ_E are given by

$$\Pi_{E\gamma}= \varepsilon_\gamma(\kappa_\gamma)^2(\Phi_\gamma^0)^2/4\pi \ , \tag{9}$$

and

$$\Theta_E = Q_s^0\Delta_s\{\varepsilon\Phi^0\}/\Sigma_\gamma\varepsilon_\gamma\kappa_\gamma \ . \tag{10}$$

Stability Analysis

Neglecting bulk viscosities Eq.(6) reduces to,

$$\left[\omega^2(\Gamma^0+\Sigma_\gamma\rho_\gamma^0/k)+k^2\sigma_T-g\Delta_s\{\rho^0\}\right]\times\left[\omega\ \Gamma^0+\omega(\kappa_s+\varepsilon_s)k^2+k^2\Pi_T\right]-k^2\Delta_s\{\Pi_E^0\}\left[g\Gamma^0-k^2\Theta_E\right]=0 \tag{11}$$

Let us first assume that $\Delta_s\{\Pi_E^0\}=0$, then Eq.(11) becomes a product of two terms. The term involving σ_T is related to the transversal displacements , and gives essentially the result discussed by Miller and Scriven[9], i.e.

the negative contribution of diffuse layers to the total interfacial tension has always a destabilizing effect. The other term is related to the longitudinal displacements, and since Π_T is always positive it gives only stable solutions. However, when $\Delta_s\{\Pi_E^0\}\neq 0$ even for $(k^2\sigma_T-g\Delta_s\{\rho^0\})>0$, unstable solutions may be obtained. This is due to the coupling between longitudinal and tranversal displacement modes. Indeed, the Hurwitz criterion can be applied to Eq.(11). The stable solutions must satisfy to the inequalities,

$$k^2\Delta_s\{\Pi_E^0\}(g\Gamma^0-k^2\Theta_E) > 0 \qquad (12)$$

and

$$k^2\Pi_T(k^2\sigma_T-g\Delta_s\{\rho^0\})-k^2\Delta_s\{\Pi_E^0\}(g\Gamma^0-k^2\Theta_E) > 0 \quad , \qquad (13)$$

the other conditions are always satisfied. The electrical quantities involved in Eqs. (12) and (13) are determined by the ionic concentration in the bulks, by the surface charge density, and by the difference of the electrical potential between the two bulk phases. Let us consider, for instance the nitrobenzene (N) - water (W) system (N=2(down) and W=1(upper)). The dielectric constants are about $\varepsilon_W=80$ and $\varepsilon_N=35$. For bulk concentrations of $0.5\cdot 10^{-6}$ mole/cm^3 we have $\kappa_W\simeq 7\cdot 10^5$ cm^{-1}and $\kappa_N\simeq 10^6$ cm^{-1} (at T 300°K). We assume $\Delta\psi^0=$ 18mV, and a positive charge density equal to $3\cdot 10^2$ statcoulomb/cm^2. This corresponds to a surface concentration of about 10^{-12} mole/cm^2. For a molecular weight of 300, the total mass density is about $3\cdot 10^{-10}$ gr/cm^2. For these values, $\Delta_s\{\Pi_E^0\}\simeq -980$ dyne/cm^2 (Π_E^0 is larger in nitrobenzene than in water), and $g\Gamma^0/\Theta_E\simeq 60$ cm^{-2}. If $k^2 < 60$ cm^{-2} then $g\Gamma^0 > k^2\Theta_E$ and the stability conditon (12) is not satisfied. On the other hand for smaller values of the ionic concentrations in water, for instance $\kappa_W= 2\cdot 10^5$ cm^{-1},$\Delta_s\{\Pi_E^0\}$ becomes positive, and instability is expected for large values of k. In the water-nitrobenzene systems in the presence of adsorbed surface-active ions, experimental results[11] give approximately $\sigma_T=$ 20 dyne/cm and $\Pi_T=$ 5 dyne/cm. It is easy then to show that $\Delta_s\{\Pi_E^0\}\Theta_E \ll \sigma_T\Pi_T$ and $\Delta_s\{\Pi_E^0\}g\Gamma^0 \ll \Pi_T g\Delta_s\{\rho^0\}$.Thus the inequality (13) reduces to the Rayleigh-Taylor condition, modified by the electrical term in σ_T. We consider here that the down liquid is the heavier ones ($\Delta_s\{\rho^0\}\simeq -0.02$), and Eq.(13) is always satisfied. This simple analysis show that the coupling between normal and longitudinal displacement modes due to the electrical and gravitational forces, may be responsible for the onset of interfacial motion. However, in Eq.(11) we have neglected the bulk viscosities which are expected to have a damping effect. In order to take into account this effect we assume that the kinematic viscosities are the same in both liquids, $\mu_1/\rho_1 = \mu_2/\rho_2 = \upsilon$, so we have $q_1 = q_2 = q$, and Eq.(6) becomes,

$$\left[(q^2-k^2)^2(\Gamma^0+2\rho^0/k)+(q^2-k^2)2\mu(q+k)+k^2\sigma_T-g\Delta_s\{\rho^0\}\right]\times\left[(q^2-k^2)^2\Gamma^0 +\right.$$

$$(q^2-k^2)\,2\mu(q+k)+k^2\Pi_T\Big] - \Big[\upsilon\Delta_s\{\rho^0\}(q^2-k^2)(q-k)+k\Delta_s\{\Pi_E^0\}\Big]\times$$

$$\Big[\upsilon\Delta_s\{\rho^0\}(q^2-k^2)(q-k)+kg\Gamma^0-k^2\Theta_E\Big] = 0 \quad , \qquad (14)$$

where $\mu= (\mu_1+\mu_2)/2$ and $\rho^0= (\rho_1+\rho_2)/2$. Eq.(14) can be solved by numerical calculations. The physical solutions correspond to the real part of q positive, and ω is given by the expression,

$$\omega= \upsilon(q^2-k^2) \ . \qquad (15)$$

For the nitrobenzene - water systems we choose, $\varepsilon_W= 80$, $\varepsilon_N= 35$, $\Gamma^0= 3\cdot 10^{-10}$ gr/cm^2, $\sigma_T= 20$ dyne/cm, $\Pi_T= 5$ dyne/cm, $\rho^0= 1$ gr/cm, $\mu= 0.01$ Poise, $\Delta_s\{\rho^0\}=-0.02$ gr/cm^3 and $\kappa_s+\varepsilon_s= 0.001$ s.Poise. For electrical profiles corresponding to the values reported in fig.1, and in the range $0.1 \leq$

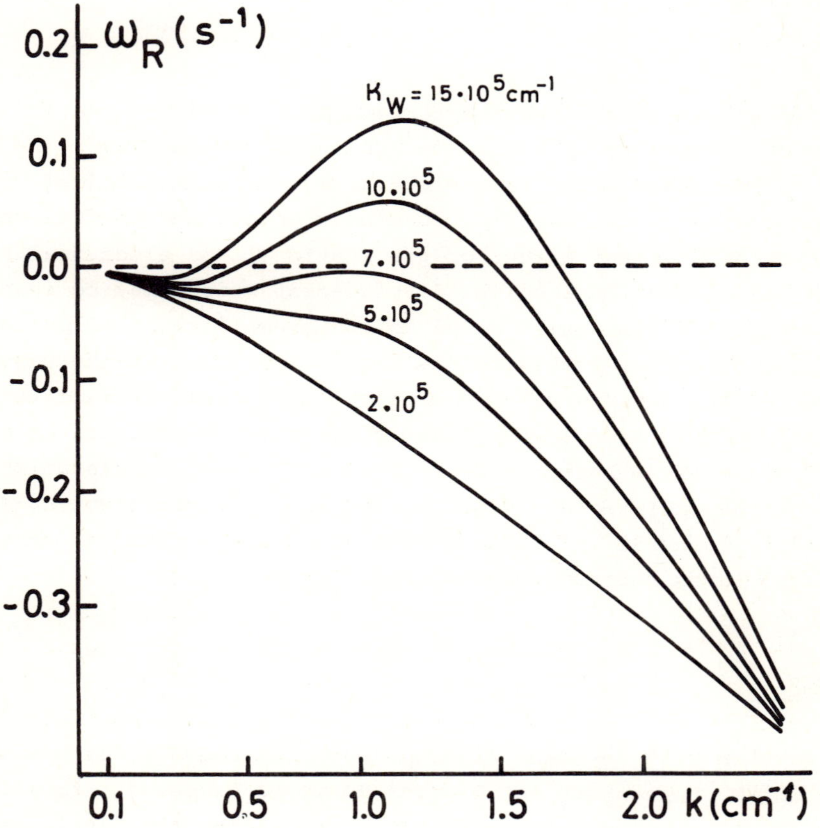

Fig.1- Real part of one pair of conjugate complex roots ω_R vs. the wave number k (from Eqs.(14) and (15)) for different electrical profiles (κ_W) in nitrobenzene - water systems ($\Delta\psi^0= 18$mV, $Q_S^0= 3\cdot10^2$ statcoulomb and $\kappa_N= 10^6$ cm^{-1}).

$k \leq 3\ cm^{-1}$ we found four roots for ω. They are two by two conjugate complex numbers. In fig.1 we show the results for the real part of one pair of such conjugate complex roots. For κ_W larger than about $7 \cdot 10^5\ cm^{-1}$ we see that ω_R becomes positive, the other two roots have always negative values for ω_R. It is interesting to compare this result with those obtained from the condition (12). Without viscous effects and for $\kappa_N = 10^6 cm^{-1}$ and $\kappa_W = 7 \cdot 10^5\ cm^{-1}$, from Eq.(12) the system is predicted to be unstable in the range $0.1 \leq k \leq 3\ cm^{-1}$. On the other hand, it is clearly shown from Fig.1 that for the same conditions the system becomes stable. This is due to the damping effects of the viscosity. However, when the ionic concentrations in water are increased the viscous effects are nomore able to stabilize the system. Indeed the real part of ω becomes positive, and the system becomes unstable.

Conclusions

We have developed a linear perturbation analysis in order to study the mechanical stability of a liquid-liquid charged interface. We have take into account adsorption of surface active ions, electrical diffuse layers and gravitational forces on both bulk phases and on the surface. We show that the combined effect of gravitational and electrical forces , coupling normal and longitudinal displacement modes, may be responsible for the onset of the interfacial motion. Numerical calculations show that the viscous effect stabilize the system. However, in the case of nitrobenzene-water interface for a critical electrical profile the system becomes unstable even in the presence of viscous effects. We conclude that this treatment seems to be relevant for the interpretation of the onset of the interfacial motion in systems like nitrobenzene-water, as reported by Dupeyrat and Nakache[11], or to explain the overdamping of the exited waves reported by Joos and Verburgh[12].

Aknowledgments

The authors wish to thank Prof. M. Dupeyrat and Drs. E. Nakache, A. Steinchen, M. Hennenberg and D. van Lamsweerd-Gallez for fruitful discussions.This work has been partially supported by the "Instituts Internationaux de Physique et de Chimie, fondés par E. Solvay" and by the D. G. R. S. T. (France).

References

1. P. Glansdorff and I. Prigogine, "Thermodynamics of Structure, Stability and Fluctuations", Wiley, New York (1971).
2. A. Steinchen and A. Sanfeld, Colloid and Interface Science, V. III, 498 (1977).
3. R. Defay, I. Prigogine and A. Sanfeld, J. Colloid Interf. Sci. 58, 498 (1977).
4. A. Sanfeld and A. Steinchen, Biophys. Chem. 3, 99 (1975).
5. M. Hennenberg, T.S. Sørensen, A. Steinchen and A. Sanfeld, J. Chem. Physique 72, 1202 (1975).
6. C. V. Sterling and L. E. Scriven, A.I.Ch.J. 5, 514 (1964).
7. T.S. Sørensen, M. Hennenberg and A. Sanfeld, J. Colloid Interf. Sci. 61, 62 (1977).
8. C.A. Miller and L.E. Scriven, J. Colloid Interf. Sci. 33, 360 (1970).
9. C.A. Miller and L.E. Scriven, J. Colloid Interf. Sci. 33, 371 (1970).
10. P.M. Bisch, Proceedings of the International Conference on Physical Chemistry and Hydrodynamics (Levich Conference, Oxford, July 1977), Hemisphere Publishing, in press.
11. M. Dupeyrat and E. Nakache, Electrical Phenomena at the Biological Membrane Level, Ed. E. Roux, Elsevier Publishing, Amsterdam (1977
12. P. Joos and Y. Verburgh, "Séminaire sur les Instabilités en Hydrodynamique - Convection Libre, Forcée et Mixte", Brussels, April 1977.
13. A. Sanfeld, "Introduction to the Thermodynamics of Charged and Polarized Layers", Chap. XVII, Wiley, London (1968).

ELECTRICAL EXCITATION OF LONGITUDINAL WAVES AT THE NITROBENZENE - WATER INTERFACE DURING NON EQUILIBRIUM CONDITIONS

P. JOOS and Y. VERBURGH
Department Cell Biology
Universitaire Instelling Antwerpen
B - 2610 Wilrijk, Belgium

Introduction

Electroadsorption is a non equilibrium phenomenon[1], discovered by Guastalla[2], and in this respect it has nothing to do with electrocapillarity[3]. Consider a two phase system - water and nitrobenzene - in both phases a surface active electrolyte, e.g. cetyl trimethyl ammonium bromide (CTAB) is dissolved; at the nitrobenzene - water interface some CTAB is adsorbed; and finally we assume the whole system is in thermodynamical equilibrium. An electric current is now forced to flow across this interface and one observes that as a function of time, the interfacial tension decreases or increases according to the direction of the current [2,4]. This means that a change of the interfacial composition is brought by the electric current. This effect was further investigated theoretically as experimentally, for dc. as well as for ac.[5,6]. Attention should be stressed that in this type of experiments the current density is assumed to be uniform over the whole interfacial area. In a second type of experiments this current density was made deliberately non uniform. An ac. is forced to flow through a small part of the interface, by this the interfacial tension changes only locally, and is no longer uniform over the interface. This means that the interface is no longer in mechanical equilibrium. Due to the well know Marangoni effect [7], interfacial elements having a low interfacial tension expand on the detriment of interfacial elements with a higher interfacial tension, which contract. This movement of interfacial elements enhances liquid motion in the layers near to the interface. A gradient of interfacial tension acts as a shearing stress on the adjoining liquid layers. In this way longitudinal waves are electrically generated at the nitrobenzene - water interface [8]. Longitudinal interfacial waves were discovered by Lucassen and van den Tempel [9,10], these authors generated the waves mechanically however. Previously we investigated longitudinal waves at the nitrobenzene-water interface[8], these waves were generated electrically. However it is of the upmost importance to note that here initially both bulk phases and the interface were in thermodynamical equilibrium. In fact what was really done is to investigate small perturbations, around an equilibrium state. Obviously such perturbations are damped. On the other hand, we know [11,12] that the characteristics of the longitudinal waves (wavelength and damping at a given frequency) do not only depend on the interfacial composition and related parameters, but also on irreversible processes occuring at the interface. An example of such an irreversible process is the diffusion of a surface active agent from one phase to the other. Here we are no longer dealing with small fluctuations around an equilibrium state, but with fluctuations around a non equilibrium state. A theoretical analysis [11] shows that depending on the direction of the diffusion process e.g. diffusion from the water phase to the oil phase or vice versa, the waves are more damped or less damped as compared wich those waves generated around an equilibrium state, the interfacial composition and the frequency being the same in all this three cases. In the former situation we are dealing wich an overstable state, in the latter with a less stable state even with an instability. Indeed, under suitable experimental conditions, this irreversible diffusion process may enhance spontaneous movement at the interface, this is the phenomenon of interfacial turbulence [13]. Interfacial turbulence can be understood as the onset of an undamped longitudinal wave. Physically part of the free energy, gained during the equilibration process, is dissipated via the longitudinal wave. Keeping this in mind, we generated longitudinal waves at the nitrobenzene - water interface, the surface active electrolyte, CTAB, was not distributed over both phases, but was confined to one phase only, either to the water phase, or to the nitrobenzene phase. The wave characteristics (wavelength, damping at an imposed frequency) measured under non equilibrium conditions have to be compared with those under equilibrium conditions, this means when the initial concentrations of CTAB in water and nitrobenzene are in thermodynamical equilibrium. Obviously when comparing wave characteristics under equilibrium and non equilibrium situations, the interfacial composition must be nearly the same. First we measured the wave characteristics under equilibrium conditions over a wide concentration range.

Experimental

The experimental set up and the materials used have been described elsewhere [8]. An all glass tank (length 50 cm, depth 5 cm, width 10 cm) was filled with nitrobenzene (lower phase) and water (upper phase). At one end of this tank two Pt wires were introduced, one in the lower and the other in the upper phase. These Pt wires are parallel to the interface and span over the whole width of the tank. The distance of these wires from the interface was far enough ($\sim$ 0.5 cm) to ensure that electrode processes did not interfere with the situation at the interface. Between these two electrodes an ac. whith low frequency (0.3 - 0.03 Hz) was applied. In this way longitudinal waves are generated along the length (the χ direction) of the tank. The interfacial tension variation, $\Delta\sigma$, was measured as a function of the distance, χ, from the electrodes. According to the longitudinal wave theory [9], the interfacial tension changes periodically and decays exponentially :

$$\Delta\sigma = (\Delta\sigma)_0 \sin(\varphi_0 + \omega t + \kappa x) e^{-\beta x} \qquad (1)$$

where $(\Delta\sigma)_o$ is the variation in interfacial tension at x = o

ω : the angular frequency ($\omega = 2\pi\nu$, ν fre-quency in Hz)

t : time

κ : wavenumber ($\kappa = 2\pi\lambda^{-1}$, λ wavelength)

β : damping coefficient

φ_o : phase angle between the variation of the interfacial tension and the ac. at x = o as discussed previously[8)].

The interfacial tension was measured by means of a siliconized Wilhelmy plate connected to an electrobalance. The output of this electrobalance was connected with a terminal of a two pens recorder, the other terminal was connected to the output of the ac. In this way, the phase difference between the ac. signal and the interfacial tension response, could be measured as a function of distance yielding the wave length. Also the decrease of the amplitude of the interfacial tension variation can be measured as a function of distance and there from the damping coefficient as outlined previously[8)].

For measurements under equilibrium conditions, the concentration of CTAB in the nitrobenzene was 1.6 higher than in the aqueous phase since the distribution coefficient of CTAB over water and nitrobenzene is 1.6 as measured by Blank[4)].

For measurements under non equilibrium conditions, the CTAB was dissolved either in the water or the nitrobenzene phase, hence during an experiment diffusion from one phase to the other occurs, also the interfacial tension decreased slowly. Measurements were started 10 minutes after the phases where brought together.

Results and Discussion.

The wavelength, λ, and the damping coefficient, β, were measured at equilibrium as a function of the concentration for three frequenties (0.3, 0.1 and 0.03 Hz), results are given in figs. 1 and 2.

In the present situation, the longitudinal wave theory of Lucassen and van den Tempel[10)], giving the wave length and damping coefficient at a given frequency ω as a function of parameters proper to the system, is not strictly applicable. Indeed in the present situation the boundary condition for the conservation of mass at the interface due to the contribution of the electric current.

$$\frac{I\,\Delta n}{F} = \frac{\partial \Gamma}{\partial t} + D_1 \frac{\partial c_1}{\partial z} - D_2 \frac{\partial c_2}{\partial z} + \Gamma_0 \frac{\partial V_x}{\partial x} \qquad (2)$$

whereas in the theory of Lucassen and van den Tempel the l.h.s. of eq (2) is zero. It is assumed in eq 2. that the x-coordinate lies in the interface, the z-coordinate stands perpendicular to that interface, positive in the nitrobenzene phase (phase 2). subscripts 1 and 2 refer to the water and nitrobenzene phase respectively. Further

I : current density

Δn : interfacial transportnumber of the cation[14)]

F : Faraday's constant

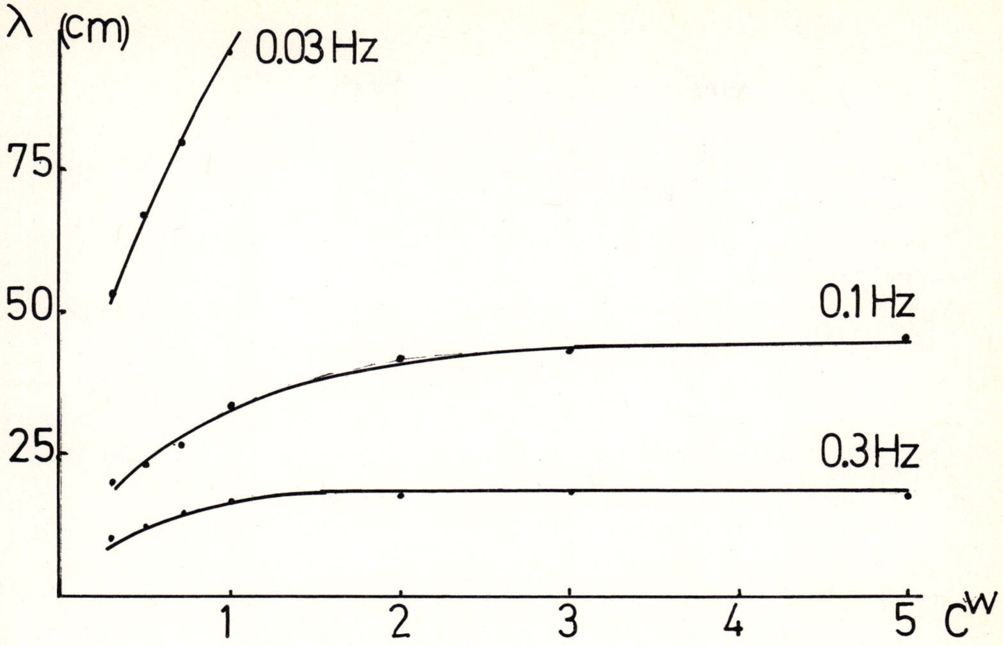

Fig. 1 Wavelength (λ) for longitudinal waves excited around equilibrium. As a function of concentration in the aqueous phase (in 10^{-7} mol/cm^3) for different frequencies.

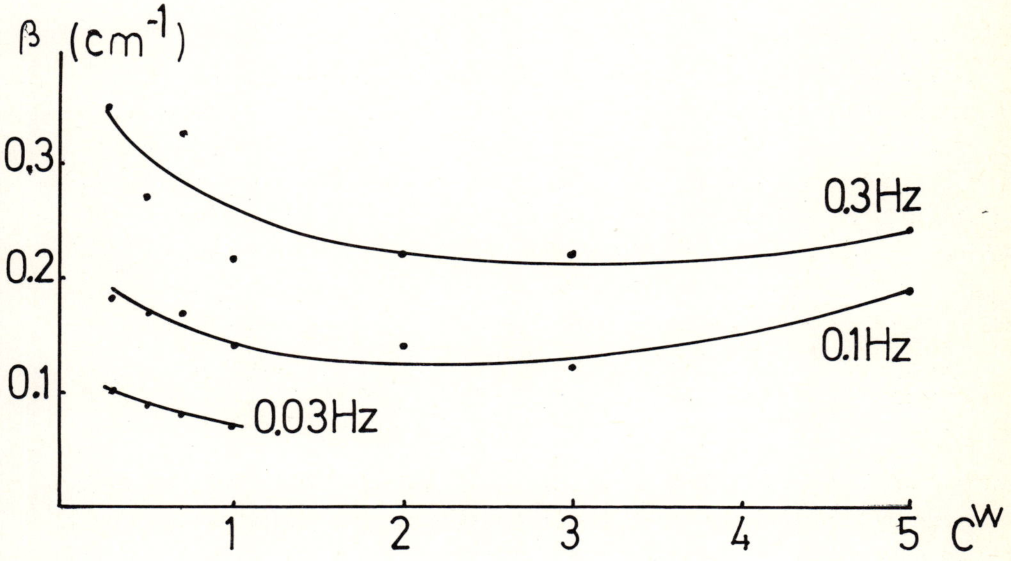

Fig. 2 Same experimental conditions as for fig. 1, the damping coefficient β, is plotted.

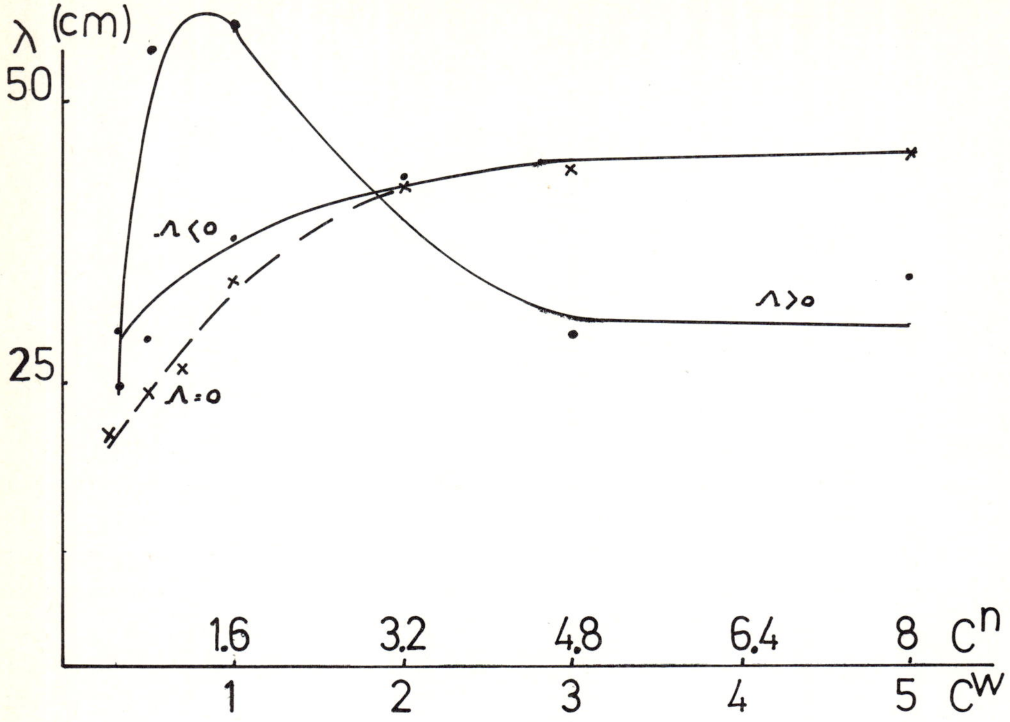

Fig. 3 Experiments under non equilibrium conditions. Wavelength as a function of the the concentration (in 10^{-7} mol cm^{-3}) in water (C^W) or nitrobenzene (C^n). Λ = o: × equilibrium; Λ>o: • CTAB diffuses from water to nitrobenzene; Λ<o: • CTAB from nitrobenzene to water. Frequency 0.1 Hz.

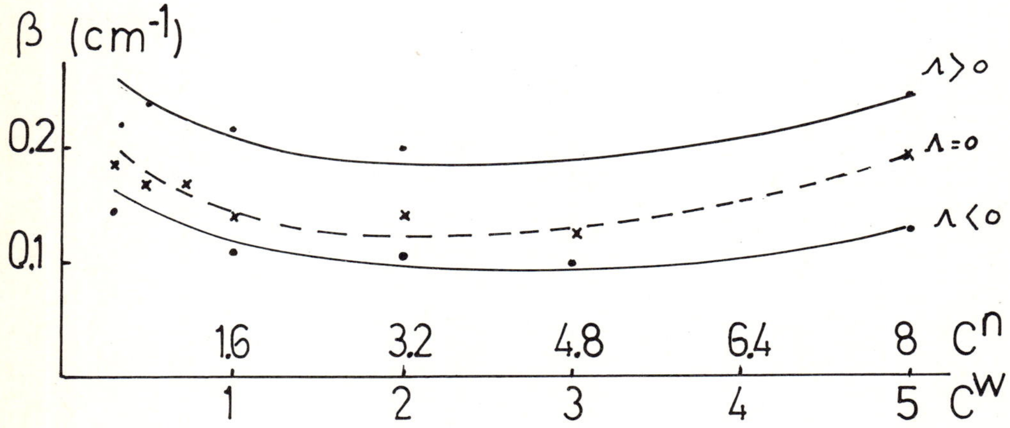

Fig. 4 Same experiments as for fig. 3. The damping coefficient is plotted.

D : diffusion constant

C : concentration

Γ : adsorption

t : time

V_x : velocity component along the interface

Γ_0 : non perturbed adsorption

As was argued before [11] the wavelength and the damping coefficient at a given frequency did not only depend on the interfacial composition, but also on equilibration processes, e.g. steady diffusion, occurring at the interface. Therefore we measured these wavecharacteristics at a frequency of 0.1 Hz while CTAB was diffusing from nitrobenzene to water or vice versa.

Results of these experiments, given in Figs. 3 and 4, support this. More over the direction of the diffusion process, e.g. diffusion from the more viscous phase (nitrobenzene with viscosity η = 0.02 poise and density ρ = 1.2 towards the loss viscous phase (water), is of great importance. When diffusion occurs from water to nitrobenzene (from the less viscous phase to the more viscous phase) the waves are stronger damped as compared with the equilibrium situation. In the reverse situation, the waves are less damped, but at the frequency studied, the damping coefficient does not become negative, hence the interface is still stable. However it is likely to accept the system is on the way to instability. Nakache and Dupeyrat[15] studying a more complicated system, observed interfacial instability at the nitrobenzene water interface. Attention was stressed that this type of instability is an example of a dissipative structure [16]. It may be concluded that the experiments concerning the damping coefficient are qualitatively in agreement with our previous theory. It should be recalled again in this theory no account was made about the contribution of the current density to the mass balance at the interface expressed by eq 2. This theory also suggest that the wave length under non equilibrium conditions should always be larger than this at equilibrium as seen from fig. 3, our experiments are in disagreement with this still incomplete theory.

References

1. M.J. Sparnaay : The Electrochemical Double Layer, Pergamon Press, 1972, p. 215.
2. J. Guastalla : Proc. IInd Internat. Congress Surface Activity 3, 112 (1957).
3. M. Blank and S. Teigh : Science 141, 1173 (1963).
4. M. Blank : J. Colloid Interface Sci. 22, 51 (1966).
   M. Blank : Proc. IVth Internat. Congress Surface Activity 2, 233 (1964).
5. P. Joos and M. Van Bockstaele : J. Phys. Chem. 80, 1573 (1976).
6. P. Joos and R. Van den Bogaert : J. Colloid Interface Sci. 56, 206 (1976).
7. B. Levich : Physicochemical Hydrodynamic. Prentice Hall.
8. P. Joos and R. Van den Bogaert : J. Colloid. Interface Sci. 56, 213 (1976).
9. J. Lucassen : Trans. Farad. Soc.
10. J. Lucassen and M. van den Tempel : Chem. Eng. Sci. 27, 1283 (1972).
11. J. Gouda and P. Joos : Chem. Eng. Sci. 30, 521 (1975).
12. P. Joos and M. Van Bockstaele : Annales de Quimica 71, 889 (1975).
13. L.E. Scriven and C.V. Sternling : A.T. Ch. E. Journal 5, 514 (1959).
14. Cl. Gavach and B. d' Epenoux : C.R. Acad. J.C. Paris 272, 872 (1971).
15. E. Nakache and M. Dupeyrat : Proc. VII Internat. Congress Surface Activity (to be

published).
M. Dupeyrat and J. Michel : J. Colloid. Interface Sci. 29, 605 (1969).
16. R. Defay, I. Prigogine and A. Sanfeld. J. Colloid. Interface Sci. 58, 498 (1977).

STABILITE HYDRODYNAMIQUE NON-LINEAIRE EN INJECTION UNIPOLAIRE FORTE : PHENOMENE D'HYSTERESIS ET CELLULES HEXAGONALES

P. ATTEN et J.C. LACROIX
Centre National de la Recherche Scientifique
Laboratoire d'Electrostatique
166 X 38042 GRENOBLE-Cedex France

1) Introduction

Dans les liquides diélectriques que l'on sait maintenant porter à un haut degré de pureté ionique, la loi d'Ohm et l'électroneutralité ne sont plus vérifiées et les phénomènes d'injection de nouveaux ions aux électrodes jouent souvent un rôle prépondérant (on désigne par injection le processus de création de porteurs de charge de même signe que l'électrode). Sous l'action du champ électrique E, les charges d'espace qui apparaissent donnent lieu à la force volumique QE (force de Coulomb) généralement responsable d'une mise en mouvement du liquide. Dans ce domaine de l'Electrohydrodynamique où la force de Coulomb volumique est la seule force électrique en jeu, le problème de l'injection unipolaire pure joue un rôle fondamental.

On considère donc une injection homogène d'ions identiques de densité Q_o sur l'injecteur dans un liquide supposé parfaitement isolant. Dans le cas de deux électrodes planes et parallèles la densité de force QE est proportionnelle à la densité de courant $j = KQE$ (diffusion négligée) K étant la mobilité des ions, et est uniforme à l'état stationnaire sans mouvement. Cette situation présente une analogie avec le problème de Rayleigh-Bénard (fluide chauffé par dessous). Dans les deux cas, la couche fluide est potentiellement instable, les distributions de température et de charge spatiale tendant à induire un mouvement dont l'apparition est retardée par la viscosité. Cette analogie est soulignée par l'analyse de stabilité (linéaire) [1] qui montre que l'état marginal est un mouvement convectif caractérisé par une valeur critique T_c du nombre $T = \varepsilon U/K\eta$ (ε : permittivité ; U : tension appliquée ; η : viscosité dynamique) qui, comme le nombre de Rayleigh, mesure le rapport de la force motrice et des forces visqueuses.

Diverses expériences [2,3] ainsi que leur discussion critique [4] ont montré que les critères expérimentaux sont inférieurs aux valeurs prédites. Parallèlement à l'examen de ce désaccord, l'étude des solutions d'amplitude finie permit de mettre en évidence l'existence de mouvements convectifs dans des conditions sous-critiques. Ce phénomène d'instabilité non-linéaire montre la portée limitée de l'analogie faite avec le problème thermique, la différence entre les deux problèmes portant sur la nature du mécanisme de transport, diffusion pour la chaleur et migration à la vitesse KE pour les porteurs de charge.

2. Stabilité non-linéaire (rouleaux bidimensionnels)

Les caractéristiques principales de la stabilité non-linéaire peuvent être dégagées en utilisant un modèle hydraulique simplifié proposé par Félici dans le cas de l'injection unipolaire très faible. Dans ce modèle une cellule convective (en fait un rouleau bidimensionnel) est schématisée par deux colonnes de rayon R dans lesquelles la vitesse V du liquide est supposée constante. Félici a montré alors que la pression motrice croît plus vite que linéairement avec la vitesse du liquide tant que $V<KE$ [5]; par contre dès que V dépasse la vitesse propre des ions KE, une colonne vide de charge apparaît et la pression motrice devient indépendante de la vitesse. Comme la pression résistante varie linéairement avec V il en résulte que les mouvements stationnaires stables du liquide sont caractérisés par une vitesse supérieure à KE et qu'il existe une valeur critique T_f (pour $V = KE$) inférieure à T_c. Dans l'intervalle $[T_f, T_c]$ deux états stables sont possibles, le repos ($V = 0$) et un mouvement convectif ($V > KE$) et une hystérésis peut être observée.

Ces résultats subsistent lorsqu'on fait une analyse non linéaire (approximation de champ moyen), ceci quelle que soit l'intensité de l'injection mesurée par le paramètre C [6] ($C = Q_o d^2/\varepsilon U$, d: écartement des électrodes). Une hystérésis fut effectivement observée sur les courbes courant-tension [6] et la visualisation du mouvement mit en évidence des cellules convectives hexagonales [7,8].

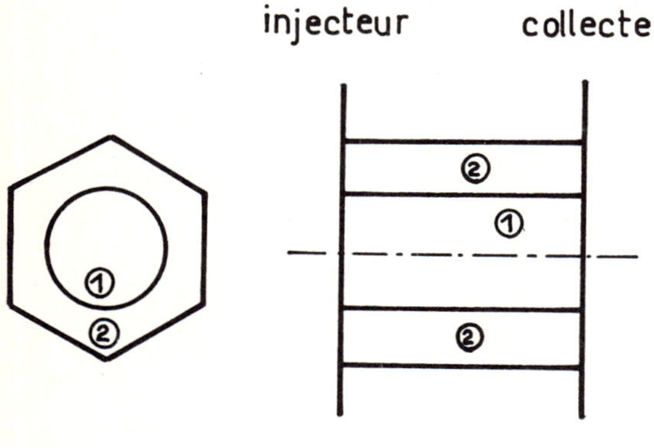

Fig. 1 - Modèle hydraulique d'une cellule convective hexagonale.

3. Analyse pour des cellules hexagonales

L'observation d'une texture hexagonale amène à se poser deux questions: 1) Peut-on prévoir une organisation du mouvement sous la forme de cellules convectives hexagonales de préférence à des rouleaux ? 2) Quel est le sens de circulation à l'intérieur de chaque cellule ?

La prise en compte de cellules hexagonales est possible dans le cadre du modèle hydraulique : il suffit d'adapter le schéma de Félici en considérant deux canaux dont les sections droites sont d'aires différentes S_1 et S_2 (fig. 1) et où les vitesses constantes V_1 et V_2 sont telles que :

$$V_2/V_1 = S_1/S_2 = \beta$$

($\beta = 1$ pour les rouleaux, $\beta \simeq 2/3$ pour les hexagones. Cf [9]). En injection faible ($C \ll 1$) on obtient pour les variations du paramètre de vitesse $A = V_1/KE$ ($A \ll 1$):

$$A(1 - \beta - \beta A) = (T - T_c)/T_c$$

la bifurcation est inverse pour les rouleaux ($\beta = 1$) et transcritique pour les hexagones ($\beta \simeq 2/3$). Dans ce dernier cas, deux critères pour les perturbations d'amplitude finie sont obtenus lorsque $V_1 = -KE$ et $V_2 = KE$ et que le liquide empêche les ions d'envahir respectivement le canal central et la zone annulaire. En appelant T_{fr} le critère non linéaire relatif aux rouleaux ($\beta = 1$) on obtient [9] :

$$T_{f1} = T_{fr}\,(1 + \beta)/2 \quad , \quad T_{f2} = T_{fr}\,(1 + \beta)/2\beta$$

Puisque $\beta < 1$, on voit qu'un mouvement convectif hexagonal peut être entretenu alors que les mouvements s'organisant sous forme de rouleaux sont amortis ; alors l'écoulement est tel que le liquide se dirige vers l'injecteur dans la zone centrale qui se trouve vide d'ions. De plus l'étude des taux de croissance des perturbations montre que ce sont ces cellules convectives qui sont les plus instables juste au-dessus de T_c et qui ont donc les plus grandes chances d'être réalisées [9].

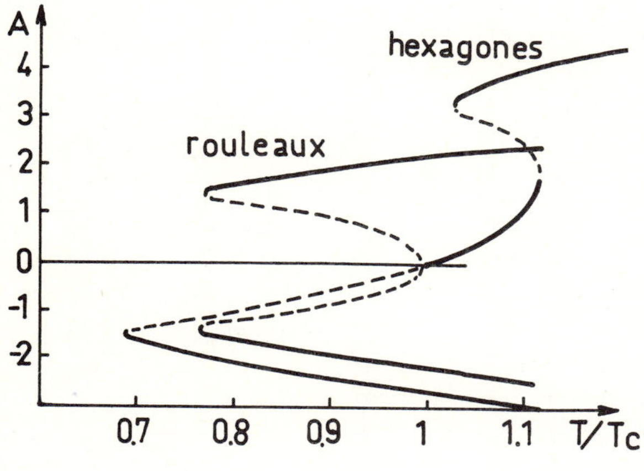

Fig. 2 - A en fonction de T/T_c pour $C = 10$.

Une étude théorique basée sur l'approximation des équations modales confirme pleinement ces conclusions. La fig. 2 montre les variations du paramètre de vitesse (solutions stationnaires) en fonction de T/T_c obtenus dans le cas d'une injection forte $C = 10$. On voit clairement qu'un mouvement convectif hexagonal avec le liquide s'écoulant vers le récepteur dans la zone centrale ($A > 0$) ne peut pas exister dans les conditions sous-critiques. Les cellules hexagonales avec la zone centrale vide de charge sont les plus instables (fig. 2) et le critère non-linéaire correspondant est d'environ 110 pour une injection limitée par charge d'espace [9].

4. Expériences dans le Pyralène 1460

Les techniques expérimentales et les dispositifs sont décrits dans plusieurs publications [7,8]. Le liquide circule dans un circuit composé d'une pompe, d'une cellule de purification ionique, d'un échangeur de température et de la cellule d'étude. L'utilisation de membranes échangeuses d'ions (AMF A 60) permet de réaliser des injections unipolaires limitées par charge d'espace, la distance d étant de l'ordre de 0,5 mm pour rendre négligeable l'effet de la conduction résiduelle.

La fig. 3 représente les courbes I (U^2) obtenues en modifiant la tension appliquée par sauts de faible amplitude. La branche comprise entre 0 et 56 V correspond au liquide au repos : aucun mouvement n'est détecté par strioscopie et on retrouve la mobilité vraie des ions. La seconde branche $U > 51$ V est atteinte lorsque la tension a dépassé 56 V et correspond à un écoulement organisé en cellules convectives hexagonales stables. Ces résultats mettent en évidence deux critères d'instabilité, l'un linéaire ($U_1 = 56$ V) et l'autre correspondant aux perturbations d'amplitude finie ($U_2 = 51$ V). Ces deux critères sont retrouvés lorsqu'on étudie la cinétique de variation du courant au voisinage de la boucle d'hystérésis [7,9]. L'accord satisfaisant avec la théorie est confirmé par la valeur du nombre de Nusselt électrique Ne (rapport du courant effectif au courant qui existerait en l'absence de mouvement) qui vaut 1,06 pour U_2 alors que la théorie prévoit 1,07

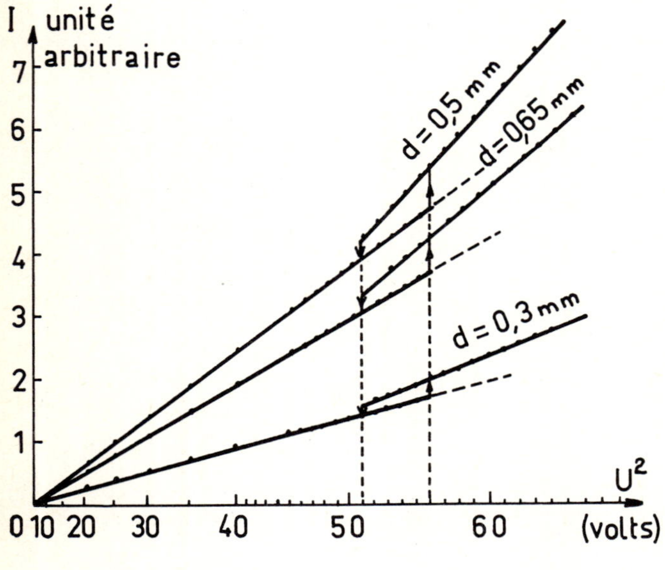

Fig. 3 - Courant stationnaire en fonction du carré de la tension appliquée.

dans le cas des hexagones et par l'estimation de la vitesse maximum [9]:

$$A \simeq (1,5 \pm 0,2)T/T_f$$

qui suit une loi proche de celle calculée (cf fig. 2).

5. Expériences avec d'autres liquides

Les expériences faites dans le pyralène 1500 plus visqueux et dans un mélange à proportions variables de pyralène 1460 et de nitrobenzène confirment pleinement les diverses caractéristiques précédentes : les phénomènes liés à l'apparition et à la disparition du mouvement sont caractérisés par deux tensions critiques U_1 et U_2 auxquelles est associé une hystérésis ; le mouvement s'organise sous forme d'un réseau très régulier de cellules convectives hexagonales.

Pour $\varepsilon_r < 25$ les résultats sont essentiellement indépendants de ε_r. Ainsi la courbe du nombre de Nusselt électrique en fonction de T est universelle (au moins tant que le liquide est suffisamment visqueux) [7,9]. Les critères U_1 et U_2 varient de façon parallèle (fig. 4) et l'on a :

$$U_1/U_2 = T_f/T_c = 1,10 \pm 0,01$$

La figure 5 montre que les critères T_f et T_c sont pratiquement indépendants de ε_r :

$$T_c = 100 \pm 10 \qquad T_f = 90 \pm 10$$

6. Discussion et conclusion

L'essentiel des phénomènes se produisant au voisinage des conditions critiques est bien décrit par la théorie qui prédit l'existence de deux critères (l'un linéaire, l'autre non-linéaire) auxquels

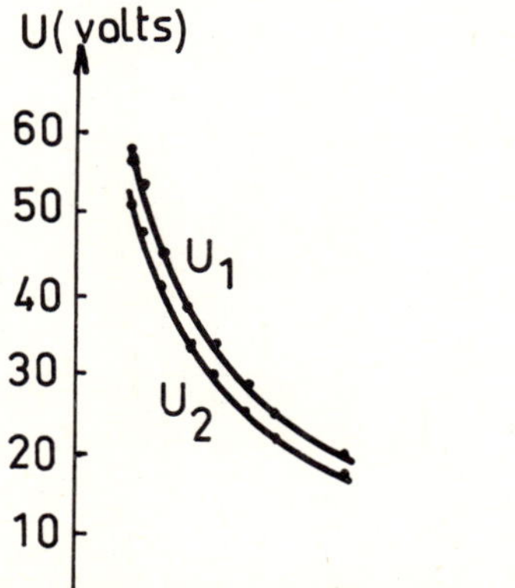

Fig. 4 - Variations des tensions critiques U_1 et U_2 avec ε_r

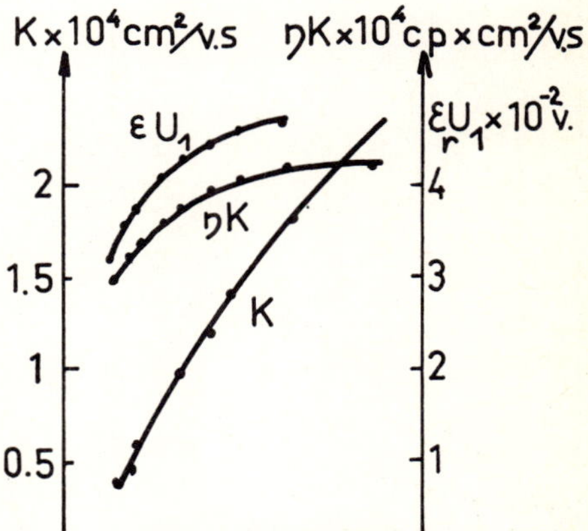

Fig. 5 - Variations de K et des produits Kη et $\varepsilon_r U_1$ avec ε_r.

est associé une boucle d'hystérésis, l'organisation de l'écoulement en cellules convectives hexagonales où la circulation se fait au centre en direction de l'injecteur avec une vitesse maximale supérieure à la vitesse propre des ions.

Les différences les plus marquées entre théorie et expérience concernent les valeurs des critères dont le calcul donne ($C >> 1$)

$$(T_c)_{th} \simeq 161, \qquad (T_f)_{th} \simeq 110$$

Ce désaccord provient des approximations faites dans le modèle retenu pour l'injection unipolaire : 1) le liquide est parfaitement isolant 2) la diffusion est négligeable 3) l'injecteur est autonome (cf [1]). La première approximation est valable tant que l'on ne considère que l'effet volumique de la conductivité résiduelle [10]. Par contre, le fait de négliger la diffusion est plus critiquable. La diffusion joue un rôle notable car elle modifie les distributions de charge et de champ au voisinage des membranes (couches de diffusion) ce qui a un effet particulièrement marqué au voisinage de l'injecteur où le champ électrique change de sens. Une analyse de la stabilité hydrodynamique prenant en compte la diffusion conduit à des valeurs du critère nettement inférieures à $T_c = 161$ mais dépendant de la constante diélectrique [11].

En conclusion, le fait de ne prendre en compte que la mobilité des ions permet de donner une bonne description des phénomènes non-linéaires en injection unipolaire. Un accord quantitatif complet ne pourrait être obtenu qu'en tenant compte de la diffusion et de la conductivité résiduelle au prix cependant d'une grande complexité mathématique.

Références

1 Atten P. et Moreau R., J. Mécan., 11 (1972) p. 471
2 Watson P.K., Schneider J.M. et Till H.R., Phys. Fluids, 19 (1970) p. 1955
3 Filippini J.C., Lacroix J.C. et Tobazéon R., C.R. Acad. Sci., 271 B (1970) p. 73 et p. 936
4 Atten P., Phys. FLuids, 17 (1974) p. 1822
5 Félici N., Rev. Gén. Electr., 78 (1969) p. 717
6 Atten P. et Lacroix J.C., C.R. Acad. Sci., 278 B (1974) p. 385
7 Lacroix J.C., Thèse d'Etat, Université de Grenoble (1976)
8 Lacroix J.C., Atten P. et Hopfinger E.J., J. Fluid Mech., 69 (1975) p. 539
9 Atten P. et Lacroix J.C., J. Mécan. (à paraître)
10 Atten P., J. Mécan., 14 (1975) p. 461
11 Atten P., C.R. Acad. Sci., 283 B (1976) 29.

ETUDE DE LA VITESSE LOCALE DANS L'INSTABILITE CONVECTIVE DE RAYLEIGH-BENARD : LES DIFFERENTES TRANSITIONS VERS LA TURBULENCE

P. Bergé, M. Dubois

Service de Physique du Solide et de Résonance Magnétique
CEN Saclay - Boite Postale N°2 - 91190 Gif-sur/Yvette
France

INTRODUCTION

Le phénomène de Rayleigh Benard correspond à l'état instable dans lequel se trouve une couche horizontale d'un fluide dilatable, soumise à une différence de température ΔT, telle que sa partie inférieure soit la plus chaude. Si ΔT dépasse une certaine valeur critique ΔT_c, des mouvements naissent à l'intérieur du fluide, s'organisent avec une remarquable périodicité et apportent leur contribution au flux de chaleur qui traverse la couche. Les constantes physiques, forces de pesanteur, viscosité cinématique ν, diffusivité thermique D_T, se retrouvent dans le nombre de Rayleigh,

$$R = \frac{\alpha\ g\ \Delta T\ d^3}{\nu\ D_T}$$

nombre sans dimension exprimant la difference de temperature ΔT, qui est le paramètre de base permettant de décrire l'état convectif (α est le coefficient de dilatation volumique, g l'accélération de la pesanteur et d la hauteur de la couche). La couche sera instable si $R > R_c$ avec $R_c = 1707$. Pour mener à bien l'étude d'une telle instabilité il est nécessaire de mesurer un paramètre local, intimement lié aux propriétés locales du fluide en mouvement. Nous présentons ici les résultats obtenus par des mesures de vitesse.

CONDITIONS EXPERIMENTALES

Nous ne donnerons pas ici une description détaillée du montage expérimental que l'on peut trouver en [1][2], mais seulement quelques caractéristiques générales. Le fluide en convection est enfermé dans une "boite" parallélépipèdique; il est limité latéralement par un cadre rectangulaire en plexiglass, et les plaques isothermes limitant le liquide dans le sens vertical sont en cuivre, d'épaisseur 1cm; elles sont régulées à 2.10^{-2}° près; le rapport d'aspect* de la cellule est généralement de 1/10 suivant l'axe X'X et de 1/3 à 1/5 suivant Y'Y (voir fig. 1 la définition des axes).

La mesure des vitesses se fait à l'aide d'un anémomètre à laser. L'étude entreprise se rapportant aux grands nombres de Prandtl nous avons choisi l'huile aux silicones à cause de ses bonnes qualités optiques et de sa neutralité chimique; par ailleurs on peut l'obtenir avec un grand choix de viscosités. Dans la partie de

---

*Le rapport d'aspect exprime le quotient entre la hauteur d de la couche et son extension horizontale. Si L et ℓ sont les dimensions intérieures du cadre de plexiglass le rapport d'aspect selon X'X est d/L, et selon Y'Y, d/ℓ.

l'étude concernant les phénomènes stationnaires, nous avons utilisé de l'huile de viscosité 1 stokes (nombre de Prandtl P=900) et l'étude des phénomènes dépendants du temps se rapporte à de l'huile de viscosité 0,1 stokes (nombre de Prandtl P ~ 130).

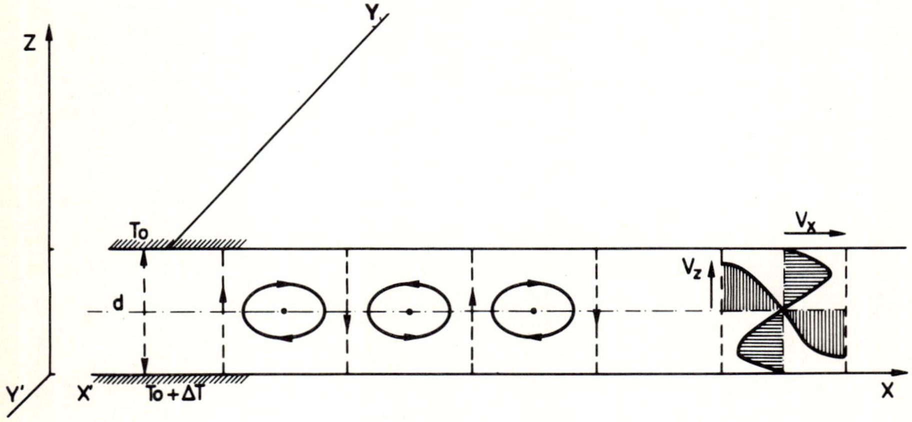

Fig. 1 : Représentation schématique de rouleaux bidimensionnels avec définition des axes.

Les propriétés physiques de l'huile de 1 stokes sont résumées dans le tableau I

	ρ gr cm^{-3}	ν $cm^2 s^{-1}$	α deg^{-1}	Λ cal $cm^{-1} deg^{-1} s^{-1}$	C_p cal gr^{-1}	n
25°	0,960	1,056	$0{,}96 10^{-3}$	$(3{,}7\pm 0{,}1) 10^{-4}$	$0{,}337\pm 0.002$	1,402
35°	0,952	0,875	"	"	"	1,398

Un contrôle rapide et précis de la structure convective peut être obtenu par la méthode de focalisation [1]. On peut ainsi obtenir une image fidèle de la périodicité de la structure, permettant d'en contrôler la régularité et la longueur d'onde.

Les résultats expérimentaux qui suivent peuvent se diviser en deux grandes parties : I. étude du champ de vitesse dans le régime stationnaire.

II. étude des phénomènes dépendants du temps

I. ETUDE DU CHAMP DE VITESSE STATIONNAIRE.

L'ensemble des résultats présentés dans ce chapitre a été obtenu sur de l'huile de viscosité 1 stokes à 25°C et (à l'exception des résultats présentés en I.4°) dans une cellule d'épaisseur d=1cm et de dimensions horizontales $L \times \ell = 10 \times 3$cm. La structure convective observée dans ces conditions est parfaitement stable et régulière, de longueur d'onde $\Lambda \equiv \Lambda_c \simeq 2d$, donc correspondant à l'existence de 10 rouleaux parallèles à la direction Y'Y. Le seuil convectif determiné expérimentalement est $R_c = 1600 \pm 100$ compatible avec le seuil théorique $R_c = 1707$, une grande partie de l'erreur provenant de l'incertitude sur la connaissance des propriétés physiques de l'huile étudiée.

1° Apparition de la vitesse convective et périodicité du champ de vitesse

Les mesures de vitesse du fluide (composantes $\vec{V}_X$, $\vec{V}_Y$, $\vec{V}_Z$) nous fournissent une méthode très sensible de détermination du seuil convectif : on peut voir par exemple (fig. 2) la variation de la composante V_X de la vitesse en fonction de la différence de température appliquée au fluide. Cette courbe illustre parfaitement le caractère critique du seuil, ainsi que la sensibilité de la détection de ce dernier, ici $\pm$ $2 10^{-2}$°C. De la valeur ΔT_c ainsi déterminée on peut déduire R_c mentionné ci-dessus; définissons par $\varepsilon = (R-R_c)/R_c$ l'écart réduit au seuil convectif.

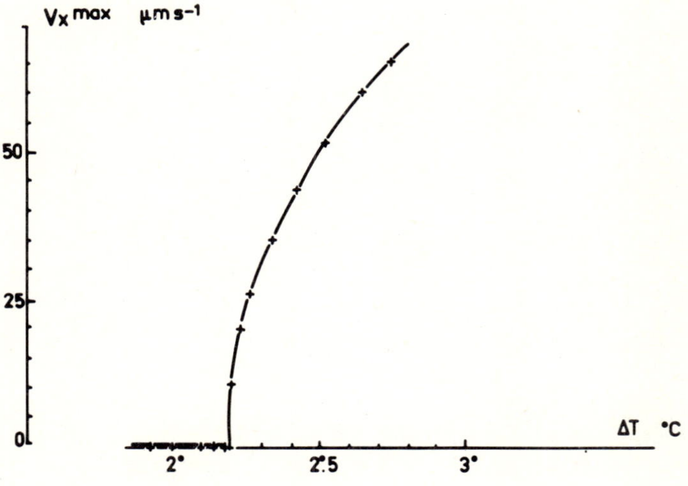

Fig. 2 : Variation de la vitesse convective avec l'écart de température ΔT.

Les mesures de vitesse permettent en second lieu de déterminer la structure périodique du mouvement de convection dans toute la cellule.

La variation de V_X avec Y confirme quantitativement la nature des rouleaux de convection parallèles au petit côté de la cellule. En effet les caractéristiques de

$V_{X\ MAX}$ (maximisée par rapport à X et Z) en fonction de Y montrent l'indépendance de la vitesse avec Y à l'exclusion des effets de bord.

La variation de V_X avec X dans toute la cellule montre bien, d'une part la périodicité remarquable des rouleaux, et, d'autre part, la constance de la grandeur de la vitesse maximum, positive ou négative, d'un rouleau à l'autre.

Sur la figure 3, V_X est mesuré à Z = 0,22 d (V_X est maximisé par rapport à Z).

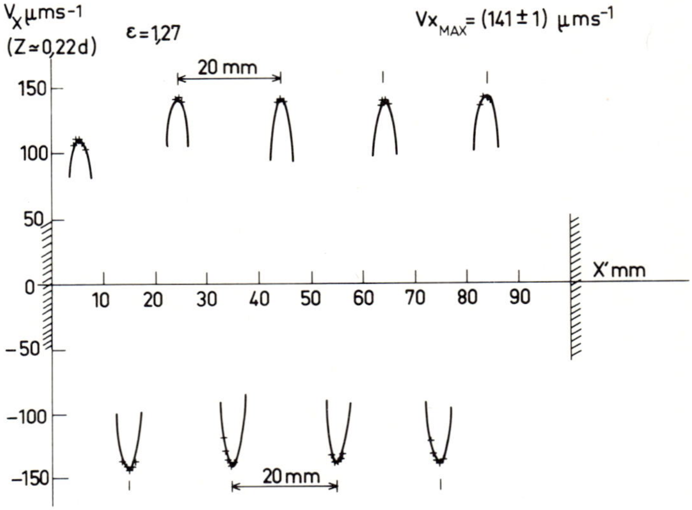

Fig. 3 : Variation de V_X par déplacement du point de mesure parallèlement au grand côté de la cellule X'X. Les hachures indiquent la position des parois latérales.

La variation de V_X avec Z (fig. 4) donne une vitesse nulle aux parois horizontales et à mi-hauteur de la cellule. Par ailleurs il y a changement du sens de la vitesse entre la moitié supérieure et inférieure de la couche fluide.

Enfin, tant que ε < 9 on trouve $V_Y^* = 0$. Ces comportements de la vitesse permettent de conclure sans aucune ambiguité que le système de structure convective est bien conforme à l'existence de rouleaux essentiellement bidimensionnels et parallèles au petit côté Y'Y de la cellule. (voir une représentation schématique fig.1).

2° Etude des modes spatiaux de la vitesse

La périodicité du mouvement convectif en rouleaux de propriétés invariantes

---

*plus précisément V_Y, s'il n'est pas rigoureusement nul, reste inférieur à quelques centièmes des vitesses V_X et V_Z.

par translation selon X nous autorise à définir le comportement spatial de V_X et de V_Z par étude d'une seule paire de rouleaux (une longueur d'onde Λ de la structure).

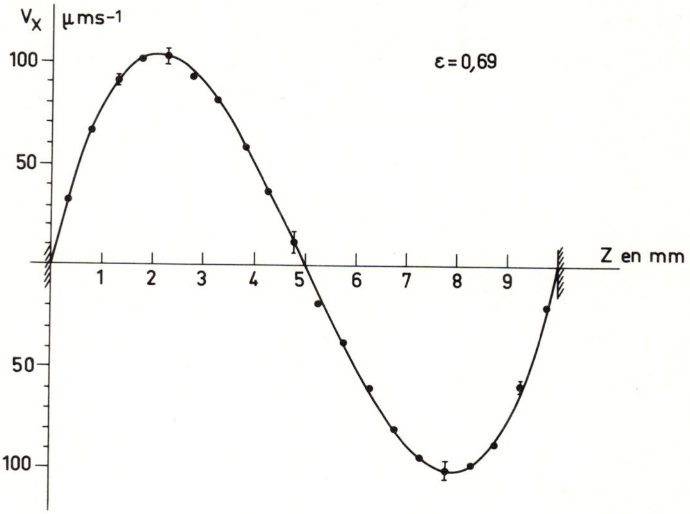

Fig. 4 :Variation de V_X par déplacement du point de mesure parallèlement à l'axe vertical Z'Z.

Pour définir les comportements périodiques de $V_X = f(X)$ et $V_Z = f(X)$ pour toutes les valeurs de ε, l'analyse de Fourier montre que 3 modes spatiaux sont nécessaires, de longueur d'onde Λ_c, $\Lambda_c/2$ et $\Lambda_c/3$ et d'amplitudes respectives V^1, V^2, V^3. Voir fig. 5 et 6 des exemples de caractéristiques expérimentales dont on trouvera en légende des figures les décompositions en harmoniques de Fourier.

Des mesures, effectuées à différentes cotes Z, ont permis de plus de connaître les comportements $V_X^1 = f(Z)$fig.4 et $V_X^2 = f(Z)$ fig. 7. Le comportement $V_X^3 = f(Z)$, non représenté, est qualitativement semblable à celui de V_X^1 .

De tels comportements spatiaux des harmoniques V^2 et V^3 peuvent être représentés schématiquement fig. 8 et fig. 9 = par rapport à la période fondamentale, le mode V^2 peut être représenté par 4 rouleaux inscrits dans le rouleau fondamental (période spatiale moitié aussi bien selon X que selon Z) alors que le mode V^3 peut être représenté par 3 rouleaux inscrits dans le rouleau fondamental (période spatiale 1/3 selon X seulement).

3° Evolution des amplitudes des différents modes avec ε

Pour une valeur fixée de ε, les études du comportement spatial nous permettent de connaître l'amplitude maximum de chaque mode α (α=1, 2, 3.) maximisée à la fois en

X et en Z (appelons V^{α}_{max} ces amplitudes.

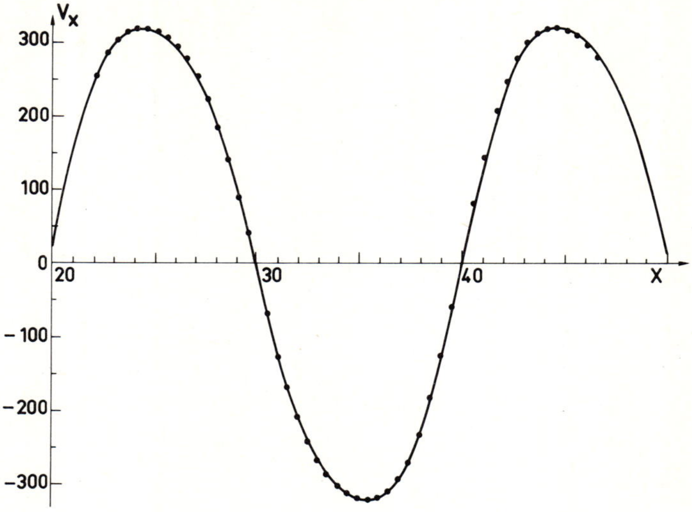

Fig. 5 : Dependance spatiale $V_X=f(X)$ mesurée à Z=0,2d et $\varepsilon=5,76$. La décomposition de Fourier donne $V_X^1= 337\pm10$ μms^{-1}- $V_X^2= 13,7\pm1$ μms^{-1} et $V_X^3= 19\pm1$ μms^{-1}

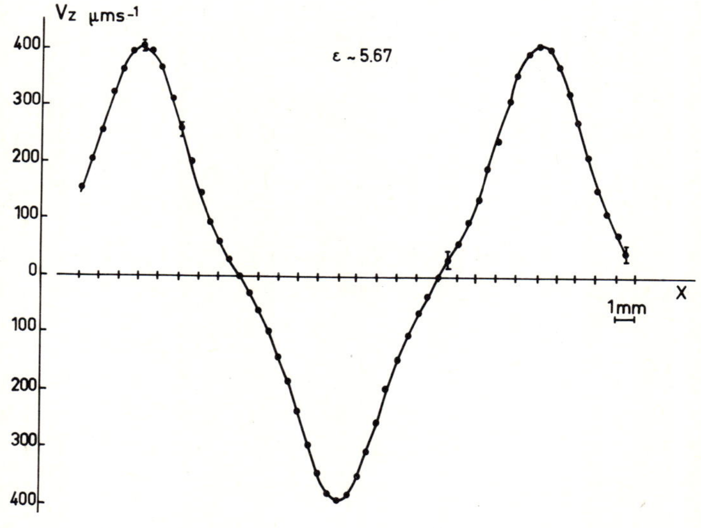

Fig. 6 : Dépendance spatiale $V_Z=f(X)$ mesurée à Z=d/2 et $\varepsilon=5,67$. La décomposition de Fourier donne $V_Z^1=340\pm10$ μms^{-1} $V_Z^2=1,7\pm2$ μms^{-1} et $V_Z^3=58\pm5$ μms^{-1}

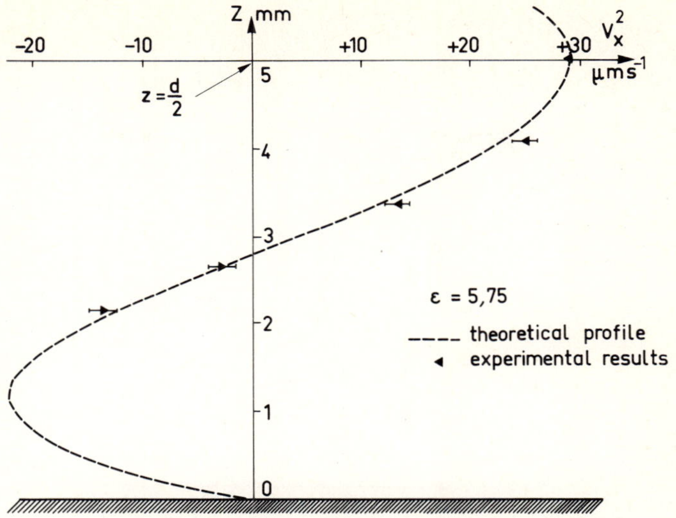

Fig. 7 : Variation de V_X^2 en fonction de Z

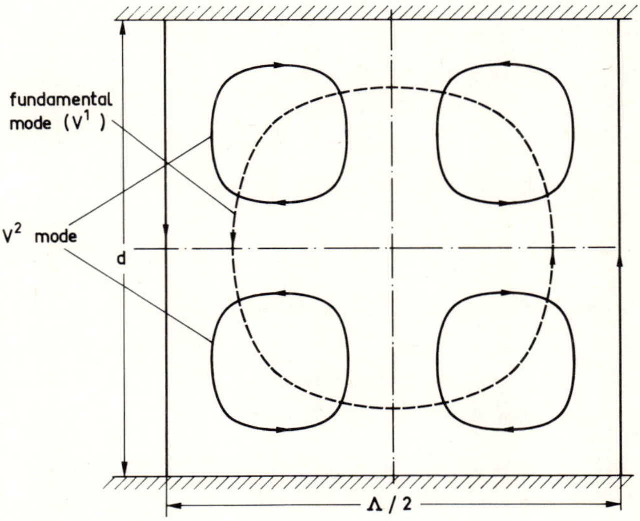

Fig. 8 : Représentation schématique du mode V^2 par rapport au mode V^1

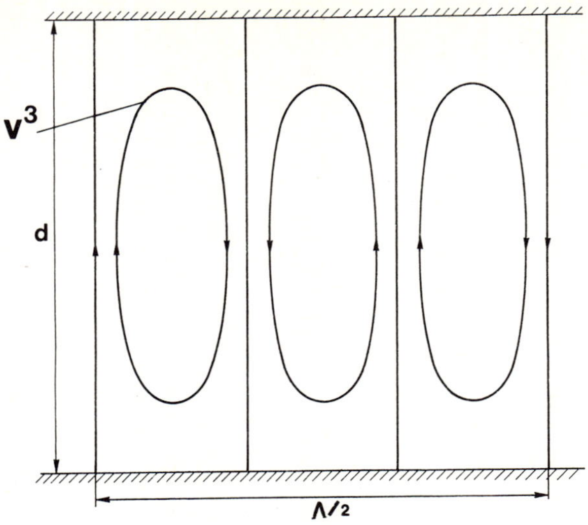

Fig. 9 : Représentation schématique du mode V^3 par rapport au mode V^1

Nous trouvons pour la variation des V^{α}_{max} avec ε :

$$\left[\begin{array}{l} V^1_Z max = (145\pm5)\ \varepsilon^{0,50\pm0,02}\ \mu ms^{-1} \\ V^1_X max = (132\pm4)\ \varepsilon^{0,50\pm0,02}\ \mu ms^{-1} \\ V^2_X max = (5,3\pm0,5)\ \varepsilon^{0,98\pm0,04}\ \mu ms^{-1} \end{array}\right. \qquad (\varepsilon < 5)$$

$$\left[\begin{array}{l} V^3_Z max = (4\pm0,4)\ \varepsilon^{1,50\pm0,05}\ \mu ms^{-1} \\ V^3_X max\ \ (1,5\pm0,3)\ \varepsilon^{1,50\pm0,06}\ \mu ms^{-1} \end{array}\right.$$

Voir fig. 10.

Ces comportements, bien que déduits de mesures effectuées à des valeurs relativement élevées de ε, sont tout à fait compatibles avec une théorie de champ moyen de type Landau qui prévoit que V^1 doit varier comme $\varepsilon^{0.5}$, par suite de l'invariance des propriétés par changement de V en -V.

Cette hypothèse implique qu'en un point donné de la structure convective on ait une équiprobabilité d'avoir la vitesse dans une direction ou dans la direction opposée ce qui revient à dire que les caractéristiques V=f(X) peuvent avoir indifféremment la phase 0 ou la phase π. Ce point est parfaitement vérifié par l'expérience, le choix entre les deux sens de la vitesse étant fait selon les conditions de déclanchement de la convection. Si on dépasse le seuil critique à la suite d'un chauffage de la paroi

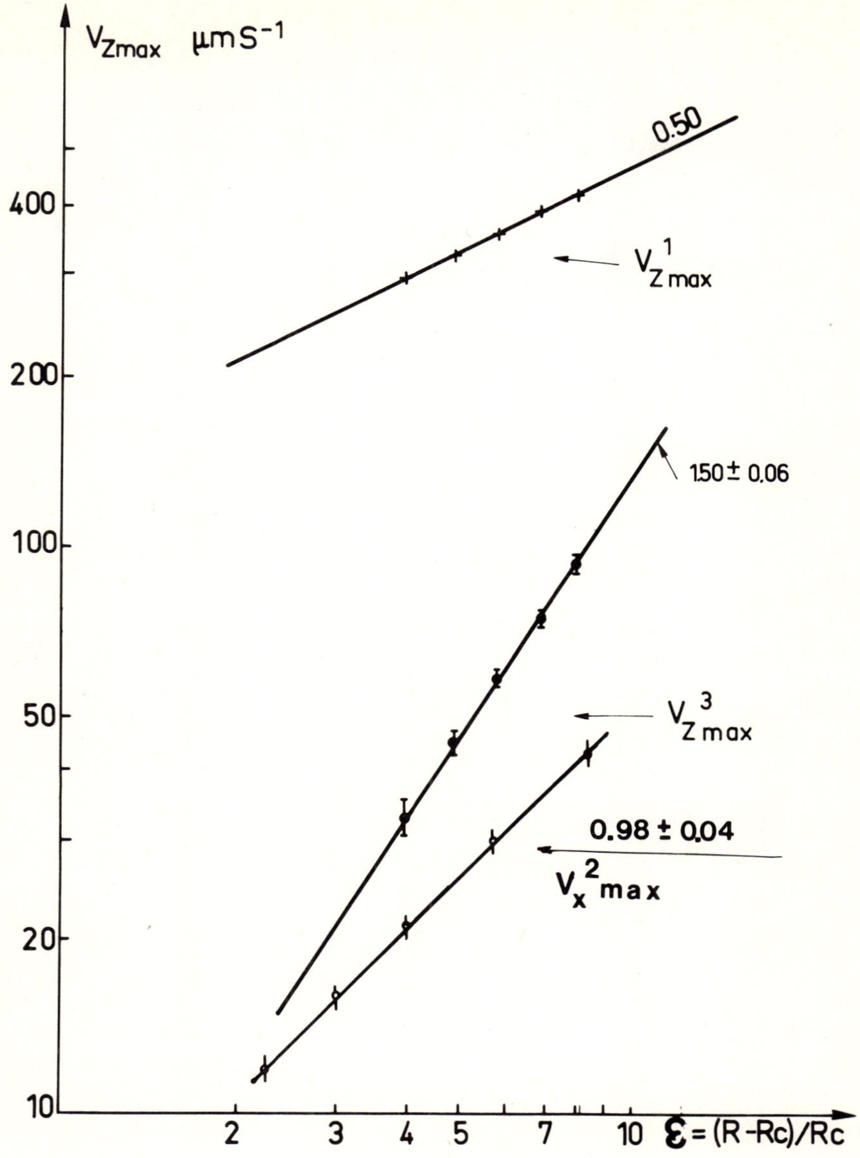

Fig. 10 : Variation avec ε de l'amplitude des 1èr , 2ème et 3ème harmoniques de la vitesse. ($Z = \frac{d}{2}$).

inférieure de la cellule, on a une structure avec vitesse ascendante aux parois latérales alors que si on dépasse le seuil critique par un refroidissement de la paroi supérieure, on a une structure avec vitesse descendante aux parois latérales.

Cette possibilité pour le système de passer de façon équiprobable de la vitesse V=0 à V= $\pm V(\varepsilon)$ illustre bien le fait qu'on est en présence d'une bifurcation normale au seuil R_c.

A partir du comportent $V^1 \div \varepsilon^{0.5}$ on peut comprendre que V^2, donné par les termes de second ordre, varie comme ε^1 et que V^3 donné par des termes du 3ème ordre varie comme $\varepsilon^{1.5}$.

Il est par ailleurs instructif de considérer les amplitudes des vitesses mesurées pour chaque mode V avec celles calculées [4][5][6] à partir de développements d'amplitude finie. Nous voyons que l'accord est excellent* pour l'amplitude du mode fondamental rapporté à $\varepsilon = 1$

V_X^1max théorique = 133 μms^{-1} V_X^1max mesuré = 132±4 μms^{-1}

V_Z^1max théorique = 135 ms^{-1} V_Z^1max mesuré = 145±5 μms^{-1}

Par contre les amplitudes mesurées pour les modes V^2 et V^3, bien que du bon ordre de grandeur, sont deux fois plus élevées que celles attendues théoriquement. (V_X^2 max théorique = 2,6 μms^{-1}).

Notons que dans un domaine proche du seuil ($\varepsilon < 2$) les amplitudes des termes harmoniques V^2 et V^3 sont si faibles devant celles du mode fondamental V^1 que l'on peut considérer que le champ des vitesses est bien décrit par un seul mode de Fourier de longueur d'onde Λ_c et dont l'amplitude varie comme $\varepsilon^{0.5}$ ("domaine linéaire") Voir fig. 11 le comportement de V_X max.

4° Transition de la structure bidimensionnelle en structure tridimensionnelle

Comme nous l'avons déjà indiqué, de nombreux calculs et expériences [4][8][9] ont montré que dans une cellule rectangulaire, la structure convective au voisinage du seuil était formée de rouleaux d'axe parallèle au petit côté Y'Y de la cellule. Nos propres expériences semblent montrer que ceci reste vrai tant que le rapport d'aspect suivant Y, d/ℓ n'est pas trop petit ($\frac{1}{5}$) et par ailleurs nettement supérieur au rapport d'aspect selon X, $\frac{d}{L}$; dans le cas contraire, deux systèmes de rouleaux

---

*l'expression théorique de V_Z est

$$V_Z^1 max = 0,87\sqrt{2}\ a^2\ \frac{D_T}{d}\ \varepsilon^{1/2}$$

où $a = \frac{2\pi}{\Lambda_c}.d = 3,117$

On peut remarquer que pour une valeur fixée de ε, V_Z ne dépend que de D_T diffusivité thermique du fluide et de d, épaisseur de la couche perpendiculaires peuvent se développer même au voisinage du seuil R_c.

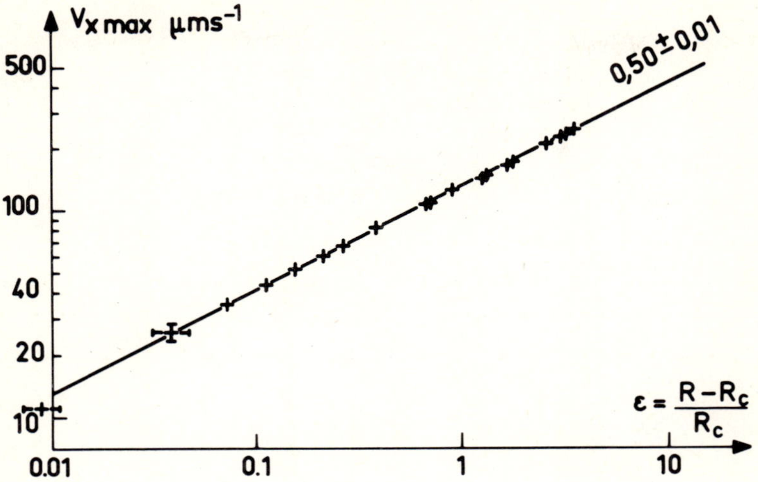

Fig. 11 : Variation avec ε de l'amplitude totale V_{Xmax} pour des valeurs de $\varepsilon < 4$

Si nous considérons le cas des cellules où $\ell \ll L$, l'apparition de la tridimensionnalité se manifeste essentiellement par l'apparition, au dessus d'une certaine valeur de ε, d'une nouvelle composante de la vitesse V_Y

Nous avons étudié en détail l'apparition de V_Y dans une cellule de hauteur d=1,38 cm et de rapport d'aspect $\frac{d}{L} = 0{,}077$ et $\frac{d}{\ell} = 0{,}184$

Dans cette cellule, et sous réserve de précautions pour le démarrage de la convection, la structure est bidimensionnelle (V_y =0) jusqu'à $\Delta T \sim 7°{,}6$ soit $\varepsilon=9\pm0{,}3$. Au delà, la fig. 12 montre une croissance régulière de la composante V_Y à partir de ce nouveau seuil $\varepsilon_T \sim 9$.

Notons toutefois que ce seuil n'a pas une valeur universelle et dépend fortement de Λx (longueur d'onde du système de rouleaux principaux et naturellement du rapport d'aspect selon Y si ce dernier est important); le seuil $\varepsilon_T \sim 9$ correspondant à la fig. 12 est relatif à $\Lambda x > \Lambda c$

Si l'on rapporte la variation de l'amplitude $V_Y max$ au seuil R_T de son apparition par le paramètre

$$\varepsilon' = \frac{R - R_T}{R_T}$$

on obtient une loi approchée

$$V_Y\,max \sim (230\pm20)\ \varepsilon'^{\,0,6\pm0,1}\ \mu ms^{-1}$$

Dans un but de comparaison on peut noter que pour $\varepsilon \sim 15$ V_X max ~ 390 μms^{-1} et V_Y max ~ 170 μms^{-1}

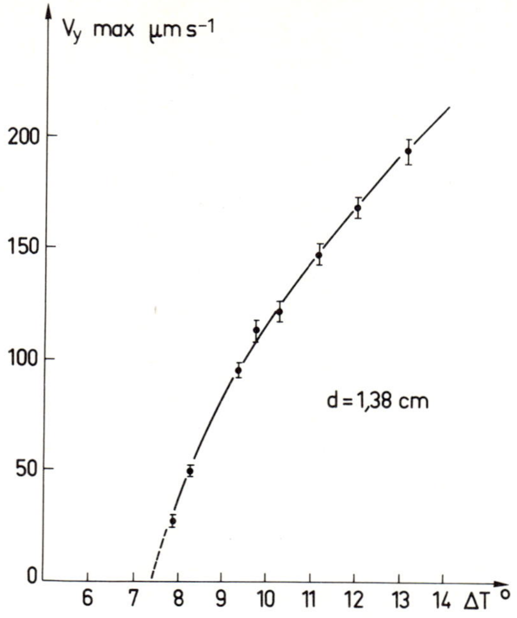

Fig. 12 : Variation de la composante V_Y de la vitesse en fonction de la difference de temperature appliquée (pour cette cellule le ΔT_c correspondant à l'apparition de V_X et V_Z est inférieur au degré).

II. ETUDE DES VITESSES INSTATIONNAIRES

L'ensemble des résultats reportés précédemment se rapporte à un état convectif stationnaire : en tous points du fluide et à une valeur fixe de ε, la vitesse reste absolument indépendante du temps.

Dans le but d'explorer maintenant les domaines de nombres de Rayleigh R élevés sans être obligés d'atteindre des différences de température trop importantes, des mesures ont été conduites avec de l'huile de viscosité 0,1 stokes à 25° (Prandtl ~ 130). Les épaisseurs des cellules utilisées sont d=1,5 et d=2,25cm. Nous avons toujours mesuré la composante horizontale V_X des vitesses à la cote Z=0,2d (ou Z=0,8d) pour laquelle elle est maximale selon Z.

Dans les conditions expérimentales ci-dessus, dès $\varepsilon \sim 20$ de lents changements de structures se produisent à valeurs fixés de ε. Cette évolution incessante de la structure provoque évidemment un effet parasite sous forme d'une variation elle-même très lente de la vitesse mesurée, perturbant la régularité des phénomènes que nous allons décrire maintenant.

1° Oscillations temporelles de la vitesse

Pour ε fixé à une valeur supérieure à 30, il apparaît dans le temps, des oscillations intermittentes de la vitesse (voir fig. 13).

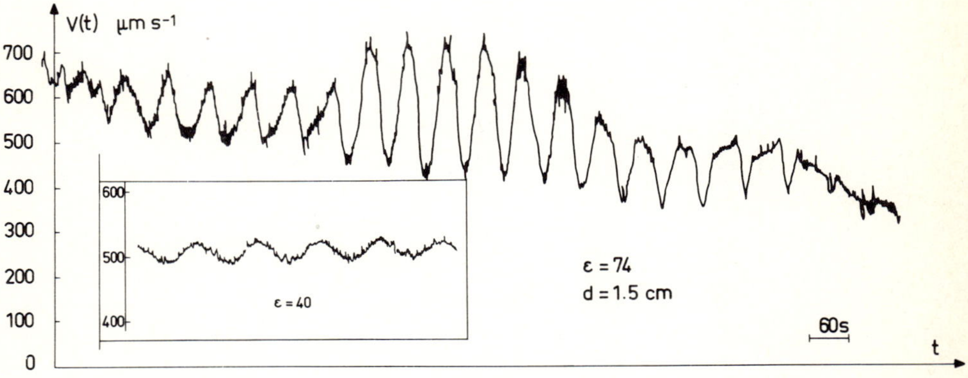

Fig. 13 : Exemples d'oscillations temporelles de la composante V_X

En un point donné de mesure, la vitesse varie sinusoidalement dans le temps à certains moments, puis cesse d'osciller, tout en évoluant très lentement à cause de l'évolution de la structure. Les laps de temps durant lesquels la vitesse ne présente pas d'oscillations sont supérieurs à l'heure au voisinage du seuil ε_{osc}=30 rendant très problématique la détermination précise de ce dernier. Le phénomène d'intermittence est à la fois temporel et spatial = si la vitesse oscille en un point donné A elle peut très bien ne pas osciller en un point B situé à une distance voisine d'une longueur d'onde de A. Les périodes d'intermittence diminuent quant ε augmente et pour ε ≃ 220 on note des oscillations de la vitesse d'amplitude variable mais permanentes. Notons enfin que l'on obtient des oscillations en phase quand, X et Y restant inchangés, on déplace rapidement le point de mesure de Z=0,2d (voisinage de la paroi inférieure) à Z=0,8d (voisinage de la paroi supérieure). Nous avons caractérisé les oscillations de l'amplitude de la vitesse soit à partir de leur fonction d'autocorrélation temporelle soit à partir de leur spectre de puissance. La fig. 14 montre un exemple de spectre de puissance des oscillations de V : on voit clairement la présence de la fréquence fondamentale des oscillations et de son second harmonique. Notons que la présence et l'amplitude des deuxième et troisième harmoniques de la fréquence d'oscillation de la vitesse, pour une valeur donnée de ε, varie dans le temps.

Par contre, la période d'oscillation elle même est relativement bien définie pour chaque valeur de ε

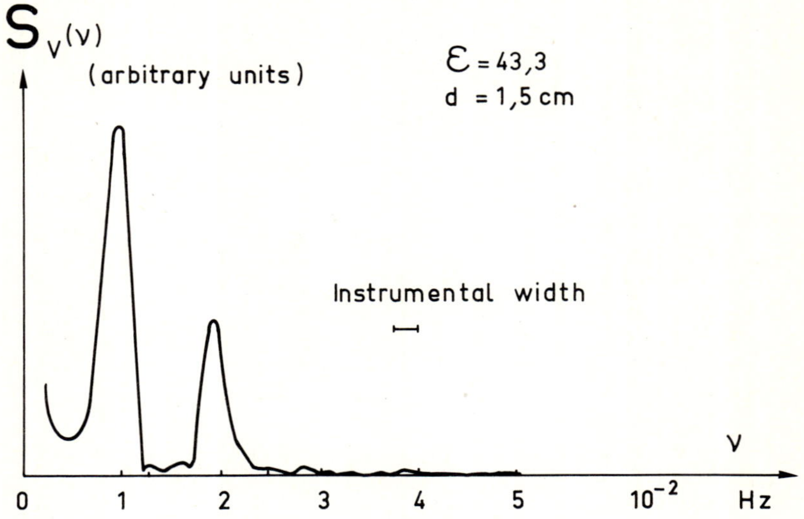

Fig. 14 : Exemple de spectre de puissance des oscillations de la vitesse

De très nombreuses mesures nous ont permis de déduire les conclusions suivantes

- il existe un seuil pour l'apparition des oscillations à $\varepsilon_{osc} \simeq 30 \pm 2$
- le temps caractéristique des oscillations varie avec ε selon la relation

$$\tau_{osc} = (560 \pm 60)\ \varepsilon^{-0,66 \pm 0,04} \quad s$$

pour $30 < \varepsilon < 1200$ (voir figure 15)

- le temps d'oscillation varie comme d^2 où d est l'épaisseur de la cellule. Les mesures de τ_{osc} rapportées sont normalisées à d=1cm quelle que soit l'épaisseur de la cellule

2° Apparition de la turbulence

Pour des valeurs de $\varepsilon > 2000$ il n'existe plus, dans le spectre de Fourier des variations de la vitesse, des fréquences discrètes et bien définies : on observe alors des spectres complexes. Nous ne savons pas actuellement si ce type de spectre quasi turbulent apparaît à partir des spectres discrets avec un seuil bien défini ou si au contraire il provient d'une complication ou d'un élargissement progressif des spectres à fréquences discrètes. Il semble que le même type d'incertitude règne dans le cas des fluides à faible nombre de Prandtl, [16].

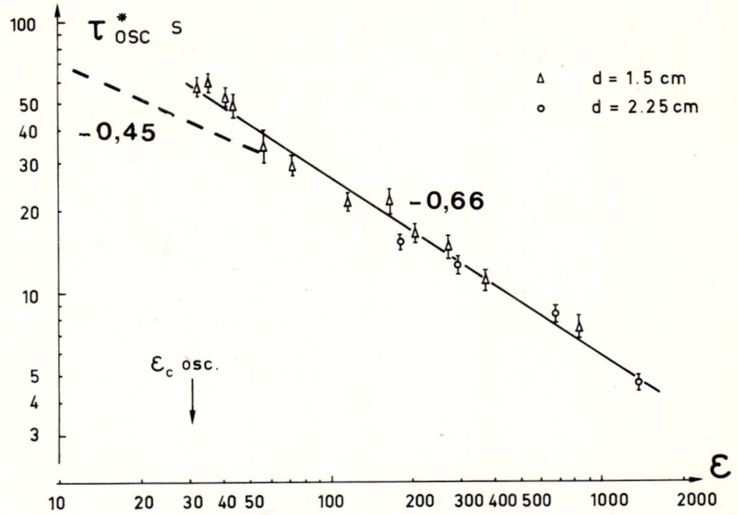

Fig. 15 : Variation avec ε de la période fondamentale des oscillations de la vitesse ramenée à d=1cm, la courbe pointillée indique, pour comparaison, le comportement moyen des oscillations induites.

3° Discussions

Des phénomènes dépendants du temps ont déjà été observés dans des fluides en convection [13][11] par observation directe de la structure : les mesures de la vitesse locale reportées ici apportent des informations quantitatives supplémentaires En ce qui est du seuil des oscillations à $\varepsilon_{osc} \simeq 30$, nos mesures permettent de les identifier avec l'apparition des oscillations macroscopiques de la structure observées en [13] et [11]. Par ailleurs on peut baser l'interprétation physique du mécanisme responsable de telles oscillations sur deux modèles

a) Modèle dit du "hot spot" [14]

Selon ce modèle une perturbation thermique locale est entrainée, "advectée" par le rouleau convectif : on peut alors s'attendre à ce que la période fondamentale de telles oscillations varie avec ε comme le temps moyen de rotation du rouleau c'est à dire approximativement comme l'inverse de V_{max}. Or nos mesures montrent que V_{Xmax} moyen varie comme

$$V_{Xmax} \simeq (85\pm5)\ \varepsilon^{0,49\pm0,04}\ \mu ms^{-1} \quad 0 < \varepsilon < 300$$

avec un exposant nettement différent* de celui déterminé pour τ_{osc}

Par ailleurs, nous avons pu déclancher des oscillations amorties qui, elles, doivent logiquement être provoquées par un mécanisme du type "hot spot". Si l'on soumet la couche en convection à une augmentation brusque de la différence de température par chauffage de la paroi inférieure, la vitesse en un point du fluide atteint sa nouvelle valeur d'équilibre après une oscillation amortie (voir fig. 16) de temps caractéristique

$$\tau_{stimulé} \simeq 200\ \varepsilon^{-0,45\pm0,05}\ s$$

(ramené à une épaisseur de 1cm)

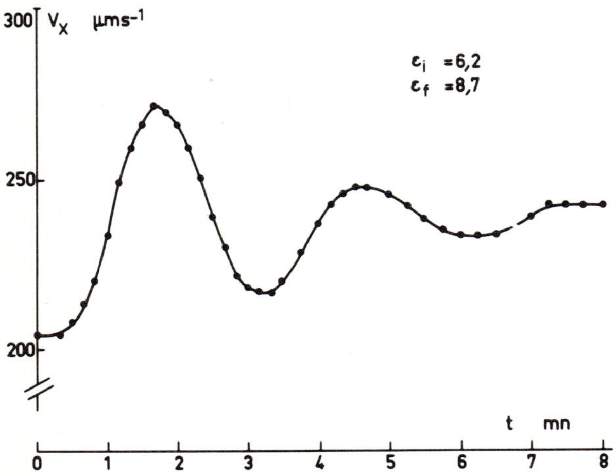

Fig. 16 : Exemple d'oscillations de vitesse induites par augmentation rapide de ε(de ε_i à ε_f).

Dans une telle expérience, on peut logiquement penser que la mince sous-couche de fluide plus chaude qui apparait au voisinage de la paroi inférieure lors de l'application rapide du nouveau gradient, est entraînée par le mouvement des rouleaux : sa densité moindre provoque une augmentation de la vitesse convective tant

---

*On ne peut toutefois pas tirer de conclusions rejetant définitivement le modèle du "hot spot" en se basant uniquement sur cette différence d'exposant entre $\frac{1}{V_X}$ et τ_{osc}.

En effet, dans ce domaine, la structure est fortement tridimensionnelle et le temps de rotation du rouleau peut aussi dépendre de V_Y.

que cette zone surchauffée est convectée dans la partie ascendante des rouleaux, diminuant au contraire cette vitesse quand la zone surchauffée est convectée dans la partie descendante des rouleaux.

De telles oscillations provoquées sont rapidement amorties par échange thermique Ces oscillations provoquées nous donnent probablement le comportement des temps d'oscillations du mécanisme de "hot spot" (en bon accord avec celui attendu d'après V_X) sensiblement différent du comportement observé pour les oscillations spontanées (voir fig. 15) C'est pourquoi il nous paraît logique d'interpréter ces dernières selon un autre modèle.

b) modèle dit de Howard [15].

On sait que les couches de fluides situées au voisinage immédiat des parois horizontales supportent la totalité du gradient thermique : elles peuvent à leur tour devenir instables.

Si d_1 est leur épaisseur le critère de leur stabilité sera

$$\frac{\alpha\, g\, \Delta T/2\; d_1^3}{\nu\, D_T} = R'_c$$

où en première approximation on peut admettre que R'_c est proportionnel à R_c.

Lorsque les sous-couches instables se détruisent, la vitesse des rouleaux principaux est perturbée et les sous-couches se reforment avec un temps caractéristique.

$$\tau = \frac{d_1^2}{D_T}$$

il s'ensuite que

$$\tau \div \frac{d^2}{D_T}\left(\frac{R}{R_c}\right)^{-2/3}$$

le mécanisme provoque donc une perturbation de vitesse avec une période τ variant avec un exposant -0,66 en bon accord avec l'exposant observé expérimentalement.

Il est par ailleurs à noter que, dans ce modèle, τ ne dépend ni de la vitesse ni de la structure. Cette indépendance de τ_{osc} vis à vis de la structure convective peut expliquer un fait expérimental surprenant : la valeur de τ_{osc} reste relativement bien définie même pour des valeurs de ε de l'ordre de 500 ou plus, valeurs pour lesquelles une observation de la structure montre qu'elle est complètement chaotique. On aurait par contre du mal à comprendre comment, dans une telle structure totalement désordonnée un phénomène oscillant lié à un temps de circulation ("hot spot") pourrait garder une période tant soit peu définie.

CONCLUSION

La mesure de la vitesse locale dans l'instabilité de Rayleigh-Benard a permis une compréhension fine et très quantitative de ce phénomène. Mais il faut bien reconnaître que les résultats déduits de la connaissance d'un tel paramètre local sont d'autant plus complexes que l'on s'éloigne du seuil convectif R_c à cause de l'augmentation des degrés de liberté du système. C'est précisément la connaissance de ces étapes successives de la complication du phénomène convectif qui est d'un intérêt majeur pour la compréhension de l'apparition de la turbulence hydrodynamique.

En résumé disons que quatre étapes successives ont été clairement mises à jour tout au moins dans le cas des liquides à nombre de Prandtl élevé.

1°) à $R=R_c$ apparition de la vitesse convective correspondant à une bifurcation normale : des rouleaux bidimensionnels apparaissent correspondant essentiellement près du seuil à un mode de Fourier unique pour la variation spatiale de la vitesse, l'amplitude de ce mode fondamental variant comme $\sqrt{\varepsilon}$. L'écart au seuil augmentant, des modes harmoniques de plus petite échelle spatiale deviennent appréciables et leur amplitude croît avec un exposant de ε, multiple entier de celui correspondant au mode fondamental.

2°) à $R \sim 10R_c$ une troisième composante de la vitesse apparaît, les rouleaux devenant ainsi tridimensionnels; les étapes 1°) et 2°) correspondent à des états stationnaires de la vitesse.

3°) vers $R \sim 31R_c$ la vitesse convective devient dépendante du temps, présentant des oscillations périodiques, de fréquence relativement bien définie et dépendant de R. Ces oscillations, complexes car intermittentes et d'amplitudes et de taux d'harmonique variables, sont probablement liées à un mécanisme d'instabilité des sous couches voisines des parois horizontales.

4°) pour des valeurs très élevées du nombre de Rayleigh ($R \simeq 2000$) le spectre des variations de la vitesse ne présente plus de fréquences discrètes et tend vers un spectre continu, caractéristique de l'état turbulent.

REFERENCES BIBLIOGRAPHIQUES

[1] P. Bergé - Fluctuations, Instabilities and Phase Transitions - Nato advanced study Institutes (Plenum Press) B11, P323 (1975).

[2] M. Dubois, thèse Paris VI (1976).

[3] C. P. Wang Journal of Sc. Instr. Phys. E 5 763 (1972).

[4] A. Schlüter, D. Lortz, F. H. Busse, J. Fluid Mech. 23 129 (1965).

[5] F. H. Busse, J. Math Phys. 46 140 (1967).

[6] C. Normand, Y. Pomeau, M. G. Velarde, Rev. Mod. Phys. (1976).

[7] R. Farhadieh, R.S. Tankin, J. Fluid Mech. 66 739 (1974).

[8] S. H. Davis, J. Fluid Mech. 32 619 (1968).

[9] H. Stork, O. Muller, J. Fluid Mech. 54 599 (1972).

10 E. L. Koschmieder, S. G. Pallas, Int. J. Heat Mass Transf. 17 991 (1974).

[11] F. H. Busse, J. A. Whitehead, J. Fluid Mech 66 67 (1974).

[12] R. Krishnamurti, J. Fluid Mech. 42 295 (1970).

[13] R. Krishnamurti, J. Fluid Mech. 42 309 (1970).

[14] P. Welander, J. Fluid Mech. 29, 17 (1967).

[15] L. N. Howard, (1966) Proc. 11th Int. Cong. Appl. Mech - p 1109-1115 (Springer).

[16] J. P. Gollub, S. L. Hulbert, G. M. Dolny, H. L. Swinney "Photon correlation spectroscopy and velocimetry" edited by E. R. Pike and H. Z. Cummins, Plenum press (1976).

ETUDE NUMERIQUE NON LINEAIRE DE LA CONVECTION

LIBRE A DEUX DIMENSIONS

J.C. LEGROS

Faculté des Sciences Appliquées
Université Libre de Bruxelles

B-1050 Bruxelles

J.K. PLATTEN

Faculté des Sciences
Université de l'Etat à Mons

B-7000 Mons

INTRODUCTION

Depuis quelques années, nous nous sommes intéressés au problème de Bénard dans les mélanges binaires, en tenant compte de l'effet Soret. L'analyse linéaire de la stabilité de ce système a été étudiée [1,2,3,4] et le cas beaucoup plus compliqué de l'analyse non linéaire a également été abordé dans le cas de surfaces horizontales libres; pour ces dernières conditions aux bords, un développement en double série de Fourier est possible [11]. Par contre, le cas des surfaces rigides et imperméables, correspondant à l'annulation du flux de thermodiffusion aux bords, requiert une autre technique. Une méthode numérique a été mise au point par G. Chavepeyer [5] qui utilise un schéma de différences finies afin de calculer les champs de température, de vitesse et de concentration, à partir de conditions initiales données.

La plupart des études précédentes de ce problème ont été effectuées soit pour un seul rouleau convectif de taille donnée [6,7,8,9,10,12] et égale à celle calculée à l'aide de la théorie linéaire (ou déterminée par un quelconque principe de transfert maximum de chaleur), soit avec des conditions périodiques aux bords latéraux de façon à simuler une extension latérale infinie.

Par contre, dans le travail que nous présentons, nous avons simulé un appareil de Bénard de longueur donnée, L, dans lequel des cellules vont pouvoir se développer; ce nombre de rouleaux que nous ne contrôlons pas dépendra du rapport longueur sur épaisseur, L/d, et du nombre de Rayleigh, Ra. Au voisinage de la valeur critique de ce dernier paramètre, Ra^{cr}, le nombre de cellules convectives sera l'entier le plus proche du rapport L/Λ^{cr} où Λ^{cr} est la longueur d'onde critique, telle que l'on peut la calculer à l'aide de la théorie linéaire. La raison primordiale qui nous a poussés à choisir un modèle qui permette au système de choisir lui-même son mode convectif préférentiel, est que nous ne possédons actuellement aucune information sur la façon dont la longueur d'onde de la structure convective varie avec le coefficient Soret lorsque le système n'est pas près du point critique. Dans le but de tester la précision de notre méthode numérique, nous avons d'abord annulé tous les paramètres se rapportant à la thermodiffusion, et nous avons donc d'abord étudié le problème de Bénard dans un fluide pur.

Notre modèle qui n'impose ni la taille des cellules qui vont pouvoir se développer librement, ni des conditions périodiques aux bords latéraux, va permettre de comparer nos valeurs calculées du flux chaleur aux valeurs mesurées par exemple par Koschmieder et Pallas [13]; ceux-ci ont observé que toutes leurs cellules convectives n'étaient pas de taille identique dans un appareil circulaire.

Pour différentes conditions initiales et pour des valeurs du nombre de Rayleigh jusqu'à quatorze fois sa valeur critique, nous avons calculé les champs de température et de vitesse, et le flux de chaleur sans dimension, qui est le nombre de Nusselt, Nu.

Dans la première partie de cette communication, nous présentons l'évolution vers la structure à l'état stationnaire à partir d'une condition initiale qui correspond à une perturbation qui n'a pas la longueur d'onde critique, Λ^{cr}.
Dans le troisième paragraphe, nous passons en revue les différents résultats que nous avons trouvés dans la littérature et nous les comparons avec les résultats que nous avons obtenus.

Il est généralement admis que la pente de la droite $\log(Nu-1)Ra$ en fonction du $\log\mathcal{E}$ (où $\mathcal{E}=(Ra-Ra^{cr})/Ra^{cr}$) est égale à 1 pour les petites valeurs de $\mathcal{E}$, en accord avec les arguments qualitatifs de Landau. Cette hypothèse est valable dans la limite $Ra \rightarrow Ra^{cr}+0$ [14]. Si les résultats que nous avons calculés sont bien en ligne droite, la pente elle, est de 1,24. Nous avons alors comparé nos résultats aux valeurs mesurées par Rossby [16 et valeurs citées dans réf.8] et par Koschmieder et Pallas [13] et cette comparaison nous a permis de vérifier un excellent accord avec ces valeurs, ainsi qu'avec celles calculées par Plows [7], Chorin [9], Lipps - Somerville [12] et Deardorff [6].

Finalement, lorsque nous augmentons la valeur du nombre de Rayleigh dans l'appareil de Bénard simulé, de longueur L donnée, nous observons que le nombre de rouleaux convectifs augmente en contradiction avec les expériences. Ce même comportement, qui a déjà été souligné par Lipps et Somerville [12] dans leur calcul à deux dimensions, ne semble pas se reproduire dans leur modèle tridimensionnel. Ces auteurs affirment alors que "these results strongly suggest that the mechanism of wavelength selection is an intrinsically three dimensional transient non linear process, even if the flow is tending to a two-dimensional steady state".

Dans le dernier paragraphe de cet article, nous décrivons une boucle d'hysteresis dans le nombre de cellules convectives en fonction du nombre de Rayleigh. Nous voudrions mentionner ici que si le nombre de Prandtl (Pr) a une influence sur l'état stationnaire qu' atteint le système, nous n'avons pas étudié systématiquement l'influence de ce paramètre, principalement parce que cette étude aurait demandé un temps prohibitif d'utilisation de l'ordinateur.

1. Les équations de départ et la méthode numérique .

Nous serons très brefs car la méthode numérique que nous avons utilisée est décrite en détails ailleurs [5] pour le problème de Bénard dans les mélanges en tenant compte de la thermodiffusion. L'étude du cas particulier des corps purs est immédiatement faisable en annulant un certain nombre de paramètres tels que le nombre de Schmidt (Sc), le nombre de Soret (S) et le nombre de Rayleigh de thermodiffusion (Rth).

Les équations de bilan non-dimensionnelles de la quantité de mouvement et de l' énergie pour un fluide de Boussinesq dans un espace à deux dimensions s'écrivent :

$$Pr \frac{\partial}{\partial t} \nabla^2 \psi = Pr \frac{\partial(\psi, \nabla^2 \psi)}{\partial(x,z)} - Ra \frac{\partial T}{\partial x} + Pr \nabla^2 (\nabla^2 \psi) \qquad (1)$$

$$Pr \frac{\partial T}{\partial t} = Pr \frac{\partial(\psi, T)}{\partial(x,z)} + \nabla^2 T \qquad (2)$$

dans lesquels les paramètres caractéristiques sont : d , l'épaisseur de la couche, d^2/ν l'unité de temps, Pr = nombre de Prandlt = ν/K , Ra = nombre de Rayleigh = $\frac{g\alpha \Delta T}{K\nu} d^3$, α = coefficient de dilatation thermique, ν = coefficient de viscosité cinématique, k = coefficient de diffusivité thermique.

La fonction courant ψ est définie de façon à satisfaire identiquement l'équation de continuité. Les deux composantes du vecteur vitesse sont alors données par :

$$\begin{aligned} \frac{\partial \psi}{\partial z} &= V_x \\ \frac{\partial \psi}{\partial x} &= -V_z \end{aligned} \qquad (3)$$

Généralement, on sépare les contributions conductives et convectives des champs de température et de vitesse en écrivant que :

$$T(x,z,t) = \overline{T}(z) + \theta(x,z,t)$$
$$\Psi(x,z,t) = 0 \quad + \Psi(x,z,t) \tag{4}$$

où $\overline{T}(z)$ est le profil linéaire de température purement conductif à l'état de repos. Ce gradient de température est égal à -1 dans sa forme sans dimension, le signe - indiquant que le liquide est chauffé par le bas. En combinant les équations ci-dessus on obtient :

$$Pr \frac{\partial \phi}{\partial t} = Pr \frac{\partial(\Psi,\phi)}{\partial(x,z)} - Ra \frac{\partial \theta}{\partial x} + Pr \nabla^2 \phi \tag{5}$$

$$Pr \frac{\partial \theta}{\partial t} = Pr \left[\frac{\partial(\Psi,\theta)}{\partial(x,z)} - \frac{\partial \Psi}{\partial x} \right] + \nabla^2 \theta \tag{6}$$

où ϕ est la vorticité définie par l'équation de Poisson :

$$\phi = \nabla^2 \Psi \tag{7}$$

A ces dernières équations, il convient d'adjoindre des conditions aux bords et le choix suivant a été fait :

a) pour la fonction courant

$\Psi = \frac{\partial \Psi}{\partial x} = \frac{\partial \Psi}{\partial z} = 0$ pour les quatre limites rigides
en $z = 0$ et 1 et en $x=0$ et L/d.

b) pour la perturbation de température

$\theta = 0$ en $z=0$ et 1 (la température est constante aux limites horizontales)

$\frac{\partial \theta}{\partial x} = 0$ en $x=0$ et L/d (il n'y a pas de flux de chaleur à travers les parois latérales)

A l'aide d'un schéma classique de différences centrales, les équations différentielles (5-6) sont rendues discrètes et, par exemple, au point du réseau i,j , l'équation d'énergie peut s'écrire :

$$\frac{d\theta_{i,j}}{dt} = \frac{(\Psi_{i+1,j} - \Psi_{i-1,j})}{2Dx} \cdot \frac{(\theta_{i,j+1} - \theta_{i,j-1})}{2Dz}$$

$$- \frac{(\Psi_{i,j+1} - \Psi_{i,j-1})}{2Dz} \cdot \frac{(\theta_{i+1,j} - \theta_{i-1,j})}{2Dx}$$

$$- \frac{(\Psi_{i+1,j} - \Psi_{i-1,j})}{2Dx}$$

$$+ \frac{1}{Pr}\left[\frac{(\theta_{i+1,j} - 2\theta_{i,j} + \theta_{i-1,j})}{Dx^2} + \frac{(\theta_{i,j+1} - 2\theta_{i,j} + \theta_{i,j-1})}{Dz^2}\right] \quad (8)$$

Dx et Dz sont les tailles des mailles du réseau définies par $Dz = 1/(N_z - 1)$ et $Dx = L/(N_x - 1)$

où N_x et N_z sont respectivement le nombre de points discrets sur les axes x et z. Le problème majeur a été ramené à intégrer numériquement $2N_x . N_z$ équations différentielles ordinaires couplées et non linéaires, et à chaque pas sur le temps, de résoudre l'équation de Poisson (7). Dans la plupart des expériences numériques que nous allons rapporter ici, la valeur de N_z est égale à 14 ou à 16. La valeur de N_x a été choisie en fonction du nombre de cellules convectives, i.e. en fonction de L/Λ^{cr}. Mais la limitation la plus importante est imposée par le nombre d'équations différentielles ordinaires que l'on doit intégrer. La plupart de nos résultats ont été obtenus avec seulement N_x =100.

Il est donc très important d'utiliser une routine d'intégration efficace pour de grands systèmes, de façon à obtenir des résultats précis dans un temps raisonnablement court. Les méthodes classiques prédictor-corrector du type Runge-Kutta-Hammings sont beaucoup trop lentes. On peut utiliser une méthode très simple, par exemple la méthode d'Euler qui est une technique de différences finies explicites, mais elle conduit à des instabilités numériques si on n'utilise pas un très petit pas d'intégration sur le temps, et de ce fait, cette façon de calculer n'est pas assez rapide. On est donc tenu d'utiliser un schéma discret qui soit très stable et qui permette d'utiliser des pas d'intégration temporelle suffisamment grands. Chavepeyer [5] a modifié une méthode numérique développée par Peaceman et Rachford [15] de façon à pouvoir l'utiliser dans le cas de calculs d'hydrodynamique. Cette méthode est complètement décrite en (5) et nous ne la rappellerons pas ici. Nous aimerions toutefois souligner que cette méthode est très efficace et qu'à précision égale, la réduction du temps du calcul par rapport aux méthodes classiques est de l'ordre d'un facteur 20.

2. Le développement des cellules de convection.

De façon à réduire l'importance de la perturbation liée aux parois latérales, il est nécessaire de faire cette étude sur le plus grand nombre possible de cellules convectives. D'un autre côté, à cause des limitations liées à la vitesse et à la taille de l'ordinateur, nous avons dû nous limiter à N_z = 100. Ceci implique que nous ne pouvons pas observer plus de sept cellules convectives (ce qui correspond à quatorze rouleaux et seulement à sept points par rouleau). Au point critique (Ra^{cr} =1708), le mode instable est caractérisé par k^{cr}= 3,117 et par une longueur d'onde Λ^{cr}=2,016. La longueur de l'appareil de Bénard que nous simulons étant L = 10 d, au point critique, nous aurons donc cinq cellules convectives correspondant à dix rouleaux.

Afin d'étudier l'évolution, vers l'état stationnaire, de la structure convective, dans ce paragraphe, nous posons Pr = 10 et Ra= 3500, ce qui est certainement une situation instable pour l'état de repos.

Au temps t = 0, nous imposons une perturbation initiale correspondant à une seule cellule convective occupant l'entièreté de l'appareil et qui a donc une longueur d'onde très différente de Λ^{cr}. L'amplitude de la perturbation de vitesse imposée est très petite (10^{-5}).
L'intégration numérique nous permet de suivre au cours du temps l'évolution de cette perturbation initiale. A chaque pas sur le temps, l'ordinateur peut nous tracer les lignes d'isothermes et d'isocourant à l'intérieur de l'appareil de Bénard simulé. Au temps t= 0, les lignes d'isocourant sont représentées à la Fig.1.a. Il s'agit donc de la représentation de la perturbation initiale. Les symboles + et - indiquent respectivement les valeurs maximum et minimum de la fonction courant Ψ . L'intervalle $\Psi_{MAX} - \Psi_{MIN}$ est divisé en neuf parties égales, définissant ainsi neuf canaux, un symbole (1, 2, 3, ...9) est attaché à chacun de ces canaux et est imprimé par l'ordinateur en chaque point i,j du réseau. Le symbole "5" correspond à Ψ = 0 et les valeurs positives de Ψ correspondent à un sens de rotation contraire à celui des aiguilles d'une montre. De façon à alléger la représentation et à améliorer sa clarté, seuls les symboles impairs sont imprimés et il est évident que le "blanc" qui est compris entre les symboles "1" et "3" correspond à "2". Ce mode de visualisation très grossier que nous avons utilisé pour Ψ dans ce travail nous a paru convenir pour décrire la cinématique du développement de la convection.

a

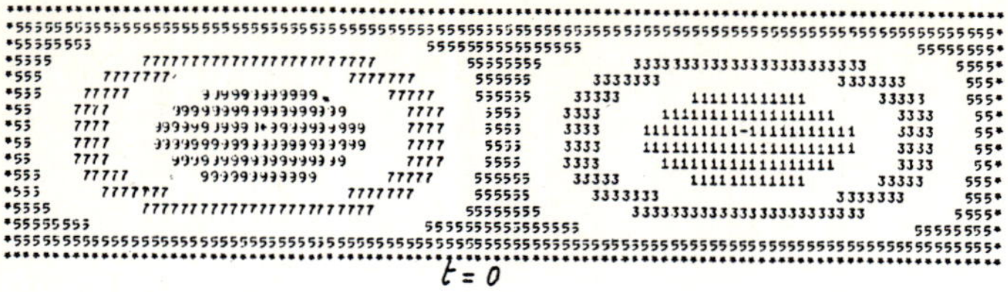

t = 0

-	=	-.992193836E-05
1	=	-.881954521E-05
	=	-.661465891E-05
3	=	-.440977261E-05
	=	-.220488630E-05
5	=	-.542181088E-19
	=	.220488630E-05
7	=	.440977261E-05
	=	.661465891E-05
9	=	.881954521E-05
+	=	.992198836E-05

Nu = 1,0000

b

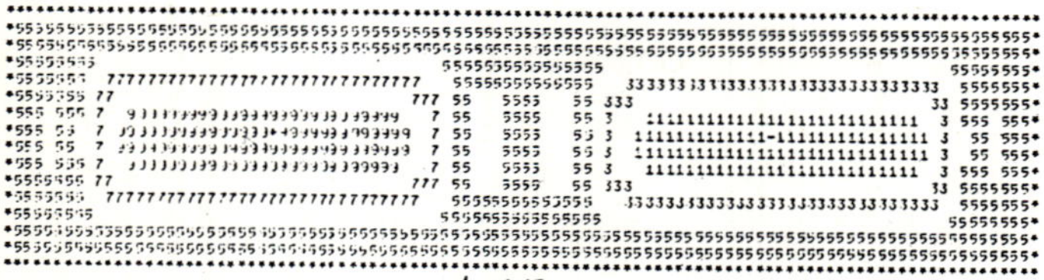

t = 1,15

-	=	-.161180166E-05
1	=	-.143271259E-05
	=	-.107453444E-05
3	=	-.716356295E-06
	=	-.358178147E-06
5	=	-.677626358E-20
	=	.358178147E-06
7	=	.716356295E-06
	=	.107453444E-05
9	=	.143271259E-05
+	=	.161180166E-05

Nu = 1,0000

c

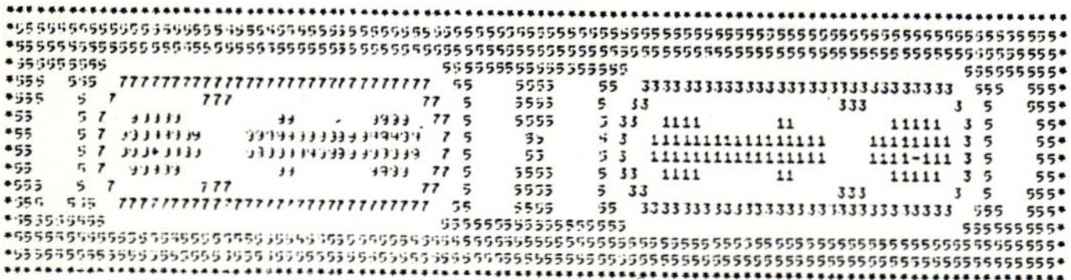

t = 1,33

-	=	-.169727242E-05
1	=	-.142868660E-05
	=	-.107151495E-05
3	=	-.714343300E-06
	=	-.357171658E-06
5	=	-.677626358E-20
	=	.357171650E-06
7	=	.714343300E-06
	=	.107151495E-05
9	=	.142868660E-05
+	=	.169727242E-05

Nu = 1,0000

d

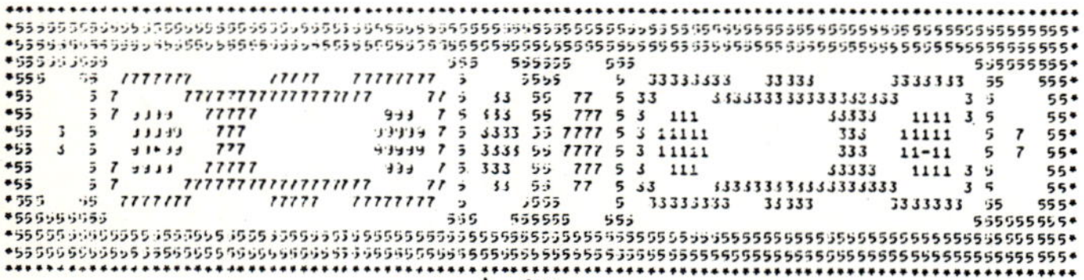

t = 1,52

-	=	-.169674867E-05
1	=	-.150288770E-05
	=	-.112716578E-05
3	=	-.751443651E-06
	=	-.375721826E-06
5	=	-.677626358E-20
	=	.375721826E-06
7	=	.751443851E-06
	=	.112716578E-05
9	=	.150288770E-05
+	=	.169674867E-05

Nu = 1,0000

e

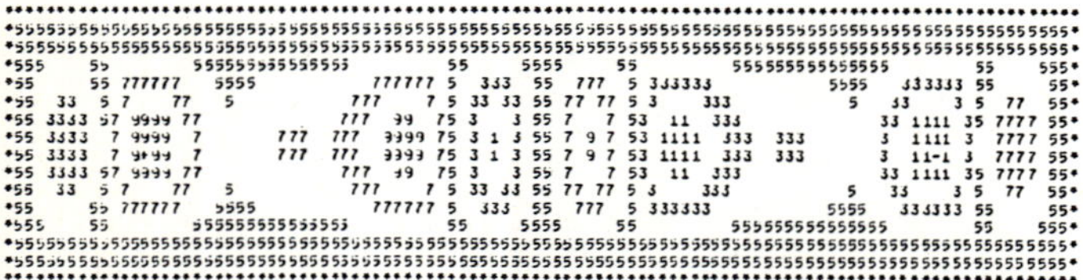

t = 1,86

-	=	-.211035334E-05
1	=	-.187586964E-05
	=	-.140690223E-05
3	=	-.937934819E-06
	=	-.468967410E-06
5	=	-.135525272E-19
	=	.468967410E-06
7	=	.937934819E-06
	=	.140690223E-05
9	=	.187586964E-05
+	=	.211035334E-05

Nu = 1,0000

f

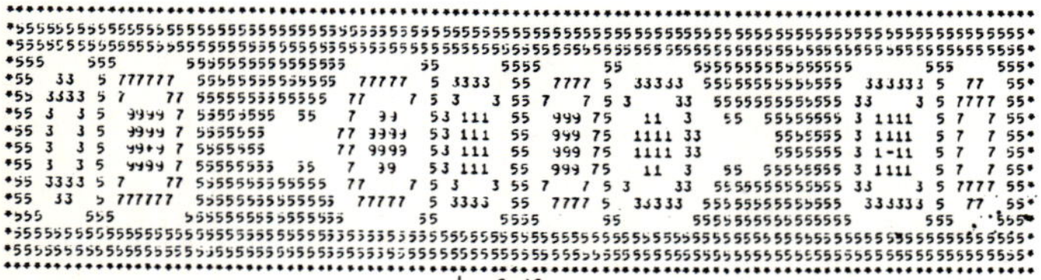

t = 2,12

-	=	-.274902573E-05
1	=	-.244357843E-05
	=	-.183268382E-05
3	=	-.122178921E-05
	=	-.610894607E-06
5	=	-.135525272E-19
	=	.610894667E-06
7	=	.122178921E-05
	=	.183268382E-05
9	=	.244357843E-05
+	=	.274902573E-05

Nu = 1,0000

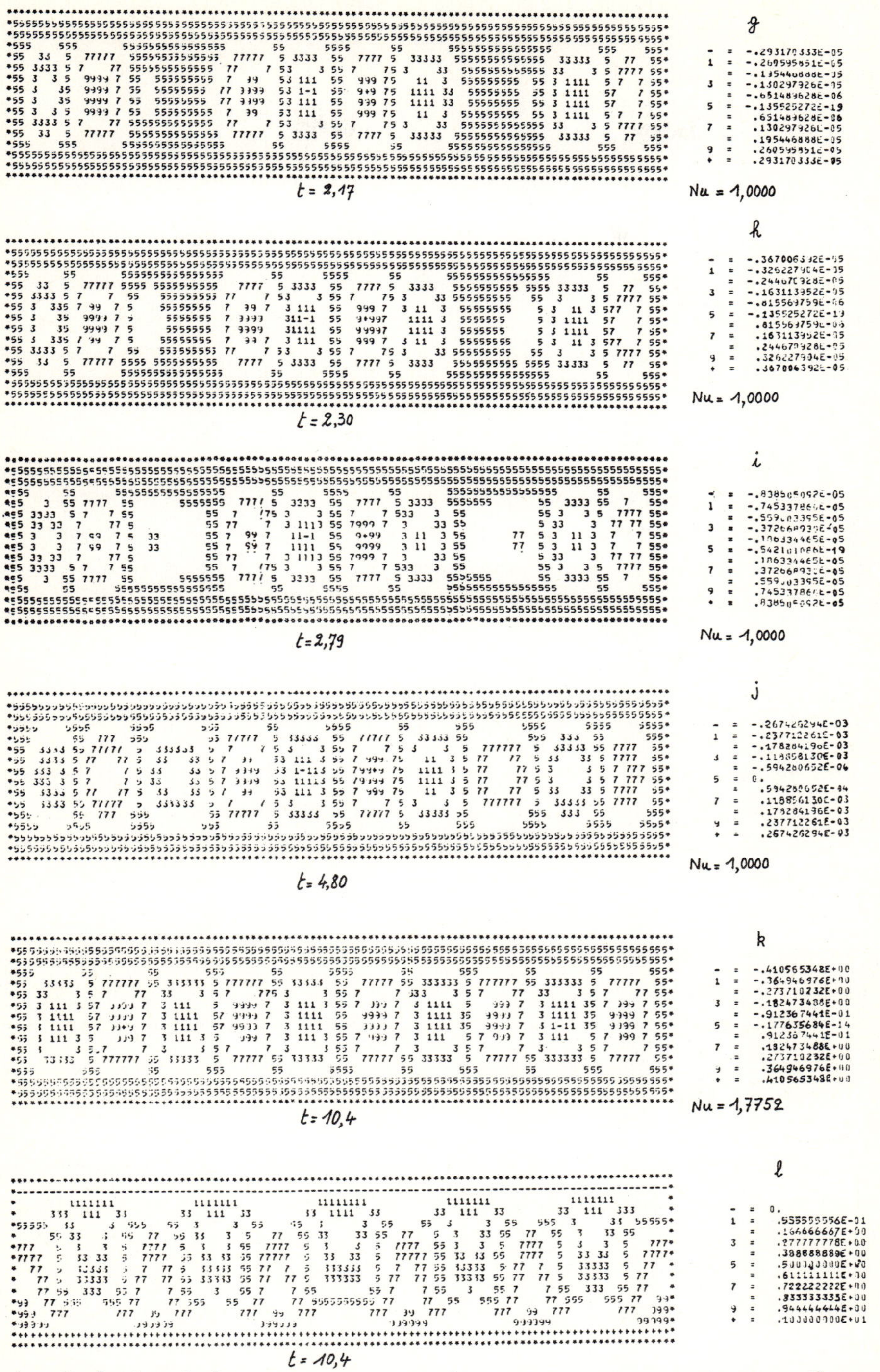

Fig.1 - Evolution de la structure convective vers sa forme stationnaire; Ra =3500, Pr =10, L/d =10, réseau 100x14; la valeur de Ψ associée aux symboles est à droite de la fig. La figure 1ℓ représente les isothermes à l'état stationnaire; dans tous les autres cas, ces isothermes sont horizontales.

En ce même temps initial, les isothermes sont parfaitement horizontales, ce qui n'est pas surprenant, compte tenu du fait que la perturbation de l'état de repos est très petite.

La Fig.1 montre l'évolution temporelle du système vers son état stationnaire caractérisé par cinq cellules convectives complètement développées et qui remplissent complètement l'appareil, en accord avec ce que prévoit la théorie linéaire, même pour Ra = 3500.

Finalement, nous voudrions attirer l'attention sur le fait que l'organisation du système en le nombre final de cellules se fait avec des vitesses qui restent très petites par rapport à celles de l'état stationnaire et que, pendant toute cette première phase, la valeur du nombre de Nusselt reste très proche de 1. On peut donc en conclure que les termes non linéaires ne contribuent que très peu à l'évolution initiale du système. A partir du moment où le nombre de cellules a atteint sa valeur finale, le nombre de Nusselt croît beaucoup plus rapidement vers 1.77 qui est sa valeur à l'état stationnaire. D'autre part, si la forme de la perturbation initiale correspond à cinq cellules convectives (similaire à la forme présentée à la figure 1.j) avec de petites amplitudes de vitesse, cette perturbation va croître immédiatement sans changer de structure vers

3. Nombre de Nusselt en fonction de ε .

Comme dans le paragraphe précédent, nous utiliserons dans toutes les expériences numériques discutées ci-après, une condition initiale correspondant à l'état de repos perturbé par une seule cellule de petite amplitude (cf.fig.1a). Cette évolution temporelle étant très lente pour de grandes valeurs du nombre de Prandtl, nous avons choisi d'imposer $Pr = 0.1$. Nous avons effectué cette étude du flux de chaleur pour des valeurs croissantes du gradient de température jusqu'à $Ra=24500$.

Les valeurs stationnaires atteintes par le nombre de Nusselt sont rapportées à la table 1, qui indique également le nombre de cellules correspondant à un rapport d'aspect $L/d = 10$.

Ces valeurs sont reportées à la fig.2 et nous amènent à faire les commentaires suivants :

a) le nombre de Nusselt ne paraît pas dépendre de façon importante du nombre de Prandtl comme on peut le constater en comparant les résultats pour $Ra = 3500$ à $Pr = 0,1$ et 10 (cf. également réf.24).

b) pour $Ra < 8\,Ra^{cr}$, cinq cellules convectives se développent en accord avec les prédictions de la théorie linéaire. Pour les valeurs plus supercritiques du nombre de Rayleigh, $Ra > 8\,Ra^{cr}$, il y aura maintenant sept cellules convectives à l'état stationnaire, ce qui se traduira par un changement de pente dans la représentation du

log Nu en fonction du log ε à la fig.2 Donc, la longueur d'onde de la structure décroît quand le nombre de Rayleigh est croissant, ce qui est en contradiction avec les observations de Koschmieder et Pallas [13] et de Bergé [18].
Ce comportement de Λ dans notre modèle numérique bidimensionnel a déjà été observé par Lipps et Somerville [12].

TABLE 1

Pr = 0,1   Nx = 100   Nz = 16   L/d = 10.0

Ra	Nu	Nombre de cellules	
3500	1,63	5	Nu = 1,77 pour R=10,0
5250	1,96	5	
7000	2,18	5	
8750	2,36	5	
10500	2,50	5	
12250	2,63	5	
14000	2,89	7	
15750	3,03	7	
17500	3,17	7	
19250	3,30	7	
21000	3,43	7	
22750	3,55	7	
24500	3,66	7	

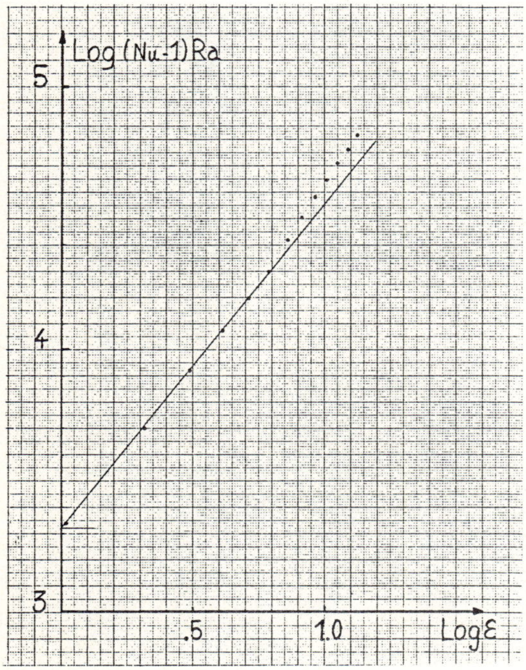

Légende de la fig.2

log (Nu-1) Ra en fonction de log ε. La droite correspondant à cinq cellules convectives a une pente de 1,23.

c) Pour les plus grandes valeurs de Ra, au départ d'une condition initiale correspondant à une seule cellule de faible amplitude, le système évolue vers un état stationnaire "présumé" caractérisé par quatorze rouleaux ("présumé" signifie que $\Delta Nu/Nu < 10^{-5}$ en 0.1 unité de temps réduit). Si l'intégration numérique est poursuivie pendant un temps très long, on observe une légère décroissance de Nu de 1,5% correspondant à une réduction de la taille de deux rouleaux centraux (fig.3)

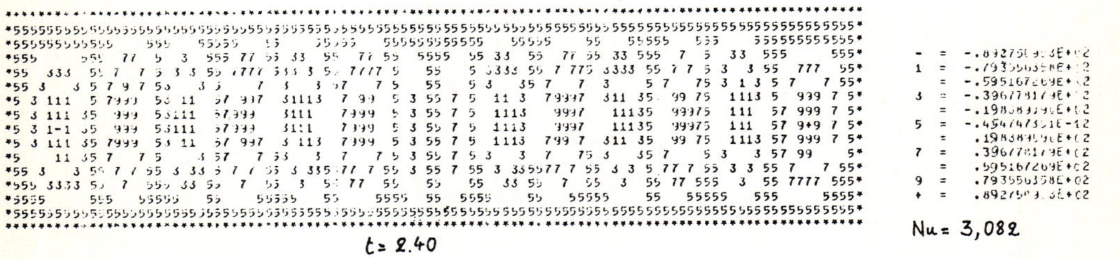

Fig.3

Structure stationnaire stable pour Ra = 14000 et montrant les cellules centrales plus étroites que les autres.

Ceci nous paraît devoir être mis en rapport avec les observations de Koschmieder et Pallas [13] qui ont observé que les rouleaux centraux sont plus petits que les autres, correspondant chez eux à variation continue de la longueur d'onde en fonction de Ra.

d) De la fig.2, pour les points correspondants à cinq cellules à l'état stationnaire, on peut calculer une pente de 1,23, ce qui ne correspond pas à la loi généralement admise:

$$(Nu - 1)\, Ra = k\,\varepsilon^{+1} \tag{9}$$

qui provient d'arguments qualitatifs développés par Landau [17], mais aussi à partir des considérations théoriques de Chandrasekhar [19, appendix I], de Schluter, Lortz et Busse [20]. Elle est seulement valable pour de petites valeurs de ε (c'est le domaine linéaire). Logiquement, nous concluons que pour $\varepsilon > 1$, nous ne sommes déjà plus dans le domaine linéaire alors que pour Bergé [18], c'est $\varepsilon = 2$ qui fixe la limite avec la non linéarité. Remarquons que dans ses expériences, le fluide silicone qu'il utilise est caractérisé par un nombre de Prandtl très grand ($Pr \approx 1000$);

Table 2.

Valeurs du nombre de Nusselt en fonction de log ε selon les références bibliographiques indiquées au bas de la page.

log ε	1	2	3	4	5	6	7	8	9	10	11	12	13	14	15
- .767														2.505	
- .533											2.58				
- .283											2.84				
- .121														3.241	
- .083												3.03	3.07		
0	3.388					3.16		3.321	3.312		3.12				
-0.21															3.343
.176											3.29				
.240												3.36	3.45		
.285										3.495				3.716	
.301	3.689	3.763	3.751			3.51		3.647	3.664						
.317															3.702
.352											3.47				
.400				3.865 (λ=2.2)						3.670				4.024	
.477	3.865				3.74	3.72		3.827	3.876		3.60				
.491										3.784					3.917
.566															
.602	3.990	4.116	4.101			3.92			4.028						
.615															4.076
.630										3.984					
.686														4.146	
.699	4.087				4.011				4.141						
.712															4.197
.778	4.166	4.330	4.317												
.780				4.278 (λ=2.8)						4.189					
.790															4.300
.845	4.233								4.320						
.857															4.423
.903	4.291	4.488	4.474						4.388						
.915															4.505
.954	4.342								4.463						
.966															4.580
1.000		4.610	4.596												
1.012															4.646
1.030														4.537	
1.053															4.708
1.079		4.712	4.697		4.45										
1.091															4.764
1.125															4.814
1.176					4.62										
pente	1	1.22	1.22	1	1.26	1.26	1.15 1.26	1.08	1.21	1.36	1	1	1.18	1.13	1.23

1. Busse, F.H. (10)
   $Pr = \infty$, calcul de perturbations, surfaces libres,
2. Plows, W.H. (7)
   $Pr = 1$, differences finies, $\lambda = c^{te}$ = 2,026; surfaces rigides
3. Chorin, A.J. (9, à partir de Plows 7)
   $\Lambda = c^{te}$ = 2,016 Pr = 1
4. Lipps, F.B. et Somerville, C.J. (à partir du 13) Pr = 6,8; Λ variable
5. Foster (21) - développement de Fourrier, surfaces libres
6. Moore-Weiss (26) différences finies, surfaces libres
7. Veronis (24)
8. Ahlers (22)
9. Koschmieder-Pallas (13) à partir fig.7) ν = 50 cs
10. Koschmieder-Pallas (13) à partir Table 2)
11. Tellier (25) 5 coef.Fourrier
12. Chavepeyer 5 coef . (23)
13. Chavepeyer 56 coef . (23)
14. Rossby (16) (d'après Schneck et Veronis (8)) Pr= 6.8
15. ce travail, réseau de 100 x 16 points

il est possible que la limite entre le domaine linéaire et le domaine non linéaire soit une fonction de Pr.

A la table 2, nous avons reporté les valeurs que nous avons trouvées dans la littérature; nous les avons également reprises sur la fig.4.

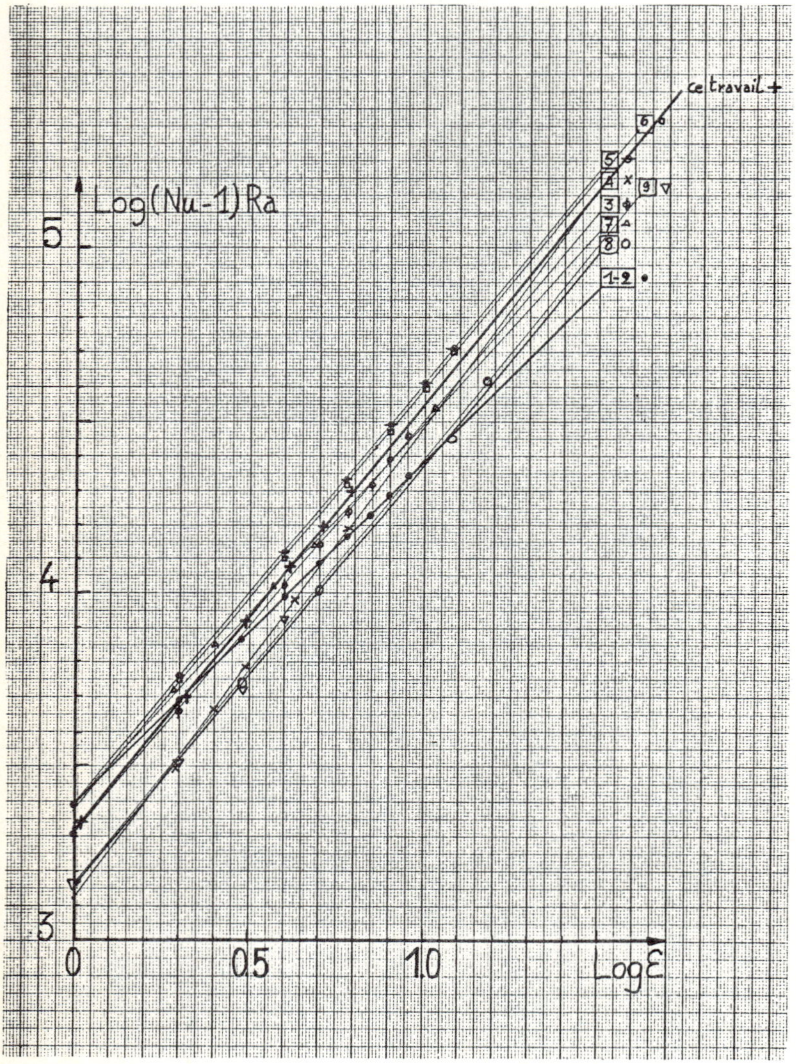

Fig.4

• 1 Schluter, Lortz, Busse (20) $Ra\,(Nu-1)/Ra - Ra^{cr}$ = 1.43

• 2 Koschmieder - Pallas (13) $Ra\,(Nu-1)/Ra - Ra^{cr}$ = 1.48

Φ 3 id. (13) fig.7, ν = 50 Cs.

✕ 4 id. (13) d'après la table 2

-θ- 5 Plows (7)

□ 6 Chorin, d'après Plows [9]

△ 7 Rossby, d'après Schneck, Veronis [8]

○ 8 Foster [21]

▽ 9 Moore - Weiss [26]

A l'exclusion des valeurs des colonnes 1, 4, 11, 12 pour lesquelles une pente égale à 1 est trouvée (car elle est postulée ab initio), tous les autres travaux conduisent à une valeur de la pente de l'ordre de 1,2. Nous concluons donc que nos résultats sont dignes de considération.

A la suite de ce qui précède, nous avons essayé d'investiguer le domaine très proche du point critique ($\varepsilon \ll 1$, $1750 < Ra < 1950$) mais nous nous sommes heurtés à deux autres difficultés :

a) l'évolution vers l'état stationnaire est très lente, même avec $Pr = 0.1$

b) et surtout, les vitesses convectives sont à ce point petites que l'influence des bords latéraux rigides devient très importante sur les cellules des bords (et même sur leurs voisines) qui ont tendance à ralentir exagérément par rapport aux cellules centrales. Dès lors, notre programme de calcul donne des valeurs du nombre de Nusselt trop petites, et ne permet pas de vérifier avec exactitude la loi $(Nu-1)\,Ra = K\,(Ra - Ra^{cr})^{1}$. Nos points sont portés à la fig.5 ainsi que la loi linéaire avec une valeur de K proposée par Schluter, Lortz et Busse [20], à savoir

$$K = \frac{1}{0{,}69942 - 0{,}00472\,Pr^{-1} + 0{,}00832\,Pr^{-2}} = 0.676 \text{ si } Pr = 0.1$$

4. Hystérèse dans le nombre de cellules de convection

Au paragraphe 2, nous avons déjà signalé que pour des nombres de Rayleigh plus grands que huit fois la valeur critique, il y a sept cellules convectives qui se développent alors qu'il n'y en a que cinq plus près de Ra^{cr}. Ces sept cellules ont été observées jusqu'à quatorze fois Ra^{cr}. Rappelons que toutes ces simulations sont effectuées à partir d'un état initial identique correspondant à une cellule convective de faible amplitude. Dans ce paragraphe, nous nous intéressons aux états stationnaires obtenus successivement pour $Ra = n\,Ra^{cr}$ (n = 13, 12, ...1) mais en prenant comme état initial la solution stationnaire obtenue à $Ra = (n+1)\,Ra^{cr}$. Nous avons constaté que pour $Ra = 7\,Ra^{cr}$, la structure à sept cellules obtenue à $Ra = 8\,Ra^{cr}$ et prise comme condition initiale se maintient indéfiniment alors que si l'on part de l'état de repos perturbé, il se développe cinq cellules. On a ainsi pu décrire une boucle d'hystérèse aussi bien pour le nombre de cellules (fig.6) que pour le nombre de Nusselt (fig.7). Ceci semble au moins montrer que des états stationnaires multiples stables sont possibles et que les conditions initiales jouent un rôle important. Notons que nous avons pu obtenir des états stationnaires même à des nombres de Ra aussi petits que $2Ra^{cr}$!

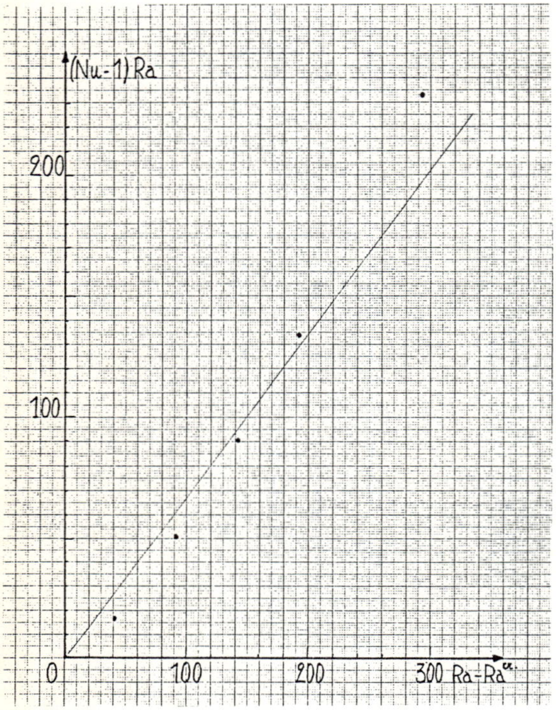

Fig.5

- $(Nu-1)\,Ra$ en fonction de $Ra - Ra^{cr}$ pour des valeurs du nombre de Rayleigh proche de sa valeur critique;
- droite de pente $K = 0{,}676$ (20) correspondant à $Pr = 0.1$

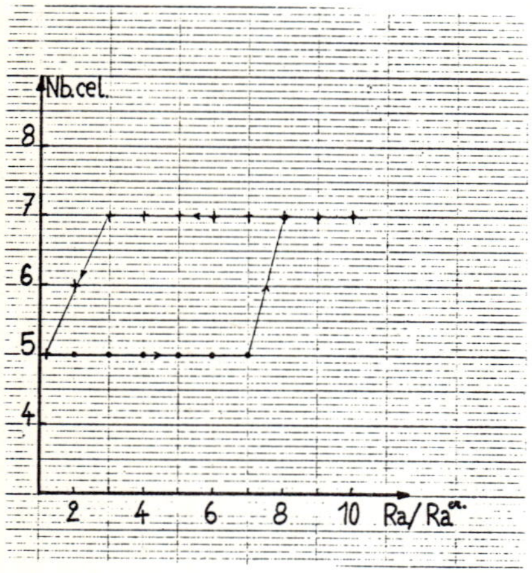

Fig.6

Hystérèse dans le nombre de cellules convectives en fonction de Ra/Ra^{cr}

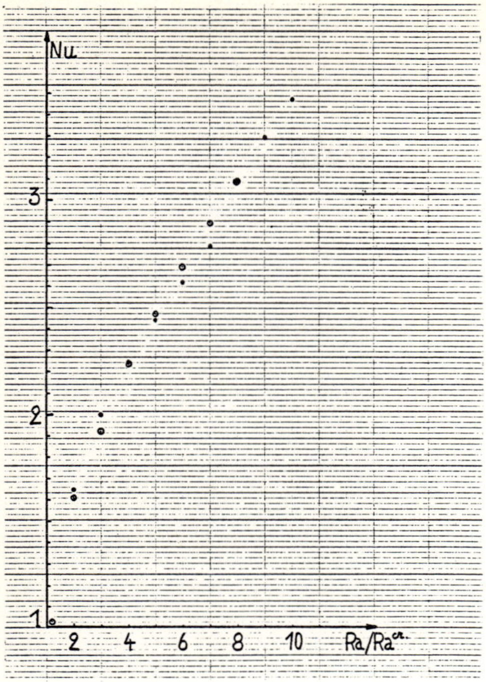

Fig.7
Hystérèse dans le nombre de Nusselt en fonction de Ra/Ra^{cr}

Bibliographie

1) LEGROS, J.C., PLATTEN, J.K., POTY, P.G.
Phys. Fluids, 15, 1383, (1972);

2) LEGROS, J.C., POTY, P.G., THOMAES, G.,
Physica, 64, 481, (1973);

3) PLATTEN, J.K.,
Bull. Classe Sci., Acad. Roy. Belg., 57, 669, (1971);

4) LEGROS, J.C.,
Bull. Classe Sci., Acad. Roy. Belg., 59, 382, (1973);

5) CHAVEPEYER, G.,
Bull. Classe Sci., Acad. Roy. Belg., 60, 1433, (1974);

6) DEARDORFF, J.W.,
Phys. Fluids, 11, 1254, (1968);

7) PLOWS, W.H.,
Phys. Fluids, 11, 1593, (1968);

8) SCHNECK, P., VERONIS, G.,
Phys. Fluids, 10, 927, (1967);

9) CHORIN, A.J.,
Ph. D. Thesis, New-York University (1966)
J. Comp. Phys., 2, 1, (1967);

10) BUSSE, F.H.,
J. Math. Phys., 46, 140, (1967)

11) PLATTEN, J.K., CHAVEPEYER, G.,
Int. J. Heat Mass Transfer, 20, 113, (1977);

12) LIPPS, F.B., SOMERVILLE, C.J.,
Phys. Fluids, 14, 759, (1971);

13) KOSCHMIEDER, E.L., PALLAS, S.G.,
Int. J. Heat Mass Transfer, 17, 991, (1974);

14) ROBERTS, P.H., in Non Equilibrium Thermodynamics Variational Techniques and Stability, edited by R.J. Donnelly, R. Herman and I. Prigogine (University of Chicago Press, Chicago, Ill. 1966, p.125.

15) PEACEMAN, D.W., RACHFORD, Jr.H.H.,
J. Soc. Indust. Appl. Math., 3, 28, (1955);

16) ROSSBY, H.T.,
J. Fluid Mech. 36, 309, (1969);

17) LANDAU, L.D., LIFSHITZ, E.M.,
Fluid Mechanics, Pergamon Press, London (1959);

18) BERGÉ, P., in Fluctuation, Instabilities and Phase Transitions,
Ed. by Riste, Plenum Press, N.Y., 1975;

19) CHANDRASKHAR, S.,
Hydrodynamic and Hydromagnetic Stability,
Oxford, Clarendon Press, (1961);

20) SCHLUTER, A., LORTZ, D., BUSSE, F.,
J. Fluid Mech., 23, 129, (1965);

21) FOSTER,
J. Fluid Mech., 37, 81, (1969);

22) AHLERS, G.,
in Fluctuations, Instabilities and Phase Transitions,
Ed. by Riste, Plenum Press, N.Y., (1975);

23) CHAVEPEYER, G., Thèse de Doctorat, Université de Mons (1974)

24) VERONIS, G., J. Fluid Mech., 26, 49, (1966);

25) TELLIER,
Mémoire de Licence, Université de Mons (1973);

26) MOORE, D.R., WEISS, N.O.,
J. Fluid Mech., 58, 289, (1973);

INSTABILITES CONVECTIVES ET TURBULENCE

Y. POMEAU
Centre d'études nucléaires de Saclay

Il existe de nombreux travaux sur la turbulence hydrodynamique (1), en particulier dans les écoulements convectifs (2). Je ne vais pas tenter de donner une idée, même vague, de ce qui a pu être montré par cette voie classique. Je vais essayer seulement de montrer ce qui peut être dit de mathématiquement fondé sur ce problème, même si les théorèmes sont encore loins. Il me semble que, malgré tout, cette approche a son intérêt.

1. Qu'est ce que la turbulence ?

Il existe une, ou plutôt deux définitions possibles (et, en un certain sens complémentaires) de la turbulence : un écoulement turbulent est chaotique dans le temps et l'espace. Cette notion de chaos a été formalisée par Gibbs dès les débuts de la mécanique statistique (3); un système est dit chaotique s'il a la propriété de mélange (mixing en anglais). Un système dynamique qui a cette propriété est essentiellement imprédictible, c'est-à-dire qu'une petite fluctuation des conditions initiales se traduira après un certain temps par une énorme différence dans les points d'arrivée. Ainsi, suivant E.N. Lorenz, la dynamique de la circulation atmosphérique présente "l'effet papillon" : suivant qu'un papillon placé en quelque endroit a agité ou non les ailes à un moment donné, la circulation générale peut changer du tout au tout au bout de, disons quelques années (cet ordre de grandeur n'est pas absolument déraisonnable puisque les trajectoires s'écartent exponentiellement les unes des autres). Cette propriété de mélange n'entraîne pas, au moins sur ce plan conceptuel, que le système ne soit pas déterministe, un système non déterministe est tel que son évolution ne peut être prédite à partir des seules conditions initiales. C'est le cas par exemple d'un système à N corps en contact avec un réservoir. Dans les systèmes macroscopiques tels que les écoulements convectifs, le bruit (et donc l'indéterminisme) introduit par les fluctuations thermiques est complètement négligeable (4).

Soit donc $\phi[u(t)]$ une certaine grandeur, fonction de l'état d'un écoulement turbulent à un instant t, ϕ peut être une composante de la vitesse hydrodynamique mesurée en un point d'une cellule, ou la température (ou la concentration d'un soluté) mesurée en un point d'une cellule où a lieu une instabilité convective. Même si l'écoulement est instationnaire, on peut supposer qu'à conditions extérieures constantes (ou éventuellement périodiques), la moyenne de ϕ existe, qui est donnée par des intégrales glissantes :

$$\bar{\phi} = \lim_{T \to \infty} \frac{1}{T} \int_t^{t+T} dt' \, \phi[u(t')]$$

On suppose aussi que le système est ergodique, c'est-à-dire que cette moyenne donne un résultat indépendant des conditions initiales pour presque toute condition initiale.

Pour définir précisément la propriété de mélange, on considère la fonction d' autocorrélation de ϕ :

$$\phi^A(\tau) = \lim_{T \to \infty} \frac{1}{T} \int_t^{t+T} dt' \left(\phi[u(t')] - \bar{\phi}\right) \times \left(\phi[u(t'+\tau)] - \bar{\phi}\right)$$

Il existe, bien entendu, des fonctions d'autocorrélation à n temps différents, avec $n \geqslant 2$ quelconques, des fonctions triples sont parfois mesurées dans les expériences de turbulence hydrodynamique. La généralisation de la propriété de mélange impose que ces fonctions possèdent la propriété de "clustering".

La fonction ϕ^A exprime la quantité "moyenne" d'information sur ϕ que l'on peut tirer à l'instant ($t'+\tau$) de la connaissance de la valeur de ϕ à l'instant t'. Si le système est chaotique, une petite fluctuation initiale dans les données (disons à l'instant t') se traduit par une énorme fluctuation dans ce que l'on observe au bout d'un temps suffisamment long (disons après un intervalle τ). Donc, après ce grand intervalle on ne peut rien connaître de ϕ , que sa valeur moyenne et éventuellement la distribution de ces fluctuations autour de cette valeur, donc

$$\phi^A(\tau) \xrightarrow[\tau \to \infty]{} 0$$

ce qui permet de caractériser objectivement le chaos temporel.

La définition du chaos spatial s'ensuit aisément. Cette idée de chaos spatial pourrait, me semble-t-il, être bien illustrée par des expériences de convection naturelle entre plaques horizontales. On sait (5) qu'au seuil de Rayleigh apparaissent des rouleaux périodiques dans des containers horizontaux rectangulaires et chauffés par le bas. Il est naturel, pour cette structure convective, de calculer la moyenne horizontale des grandeurs, par exemple si $W(x,z)$ est la vitesse verticale (Ox = axe horizontal perpendiculaire à l'axe des rouleaux, Oz = verticale), on a

$$\langle w \rangle = \frac{1}{L}\int_0^L dx'\, w(x',z) \qquad \text{(= 0 par conservation du flux)}$$

L étant la longueur de la cellule. Calculant maintenant la fonction d'autocorrélation des fluctuations spatiales de W autour de cette valeur moyenne, on définit

$$\psi_z^A(x) = \frac{1}{L-x}\int_0^{L-x} dx'\, w(x',z)\, W(x'+x,z)$$

Si W dépend sinusoïdalement de la variable z, ψ^A oscille indéfiniment dans la variable x, aussi grande soit elle (donc pour les grands écarts spatiaux). Ceci implique que la cellule est assez grande pour que x puisse être à la fois "grand" devant une longueur d'onde et petit devant la longueur de la cellule.

Les oscillations spatiales de ψ^A font évidemment penser aux oscillations de la fonction de corrélation des fluctuations de densité dans un cristal unidimensionnel, comme celui qu'on considère ici (Landau et Peierls [6] ont montré qu'un tel cristal 1-d fondrait dès qu'on dépasserait la température nulle, heureusement, encore une fois, les fluctuations thermiques sont tout à fait négligeables dans les écoulements macroscopiques). Un cristal fond, il est alors naturel de se poser la question : comment une structure périodique comme les rouleaux parallèles d'une expérience de Rayleigh-Bénard en géométrie rectangulaire (ou les hexagones des expériences originales de Bénard [7]) perd elle sa cohérence spatiale? C'est-à-dire la portée spatiale de passe-t-elle brutalement (ou pas) de l'infini (dans le cas de rouleaux ou d'hexagones parfaits) à une valeur finie ? Il existe dans la littérature un grand nombre de reproductions de structures convectives "désordonnées"" ou "turbulentes", mais on ne peut pas dire que la question de la portée spatiale des corrélations ait été l'objet d'une grande attention. Que saurait-on de la différence entre eau et glace en photographiant des essaims de quelques dizaines de molécules dans l'une ou l'autre phase ? Cette question de l'apparition du désordre spatial me paraît d'autant plus intéressante qu'à ma connaissance il n'y a pas de prédiction théorique très claire dans ce domaine.

2. Chaos temporel

La notion de chaos temporel n'est nullement incompatible avec celle de déterminisme. Cette question a été étudiée depuis longtemps par les mathématiciens, aussi il est impossible d'exposer même une partie significative des résultats obtenus. La question simple que l'on peut se poser est : à quelles conditions un système déterministe (= système d'équations différentielles ordinaires ou aux dérivées partielles qui décrivent une évolution sans ambiguïté, une fois les conditions initiales connues) aura ce comportement chaotique ?

Lorenz [8] a étudié le système d'équations différentielles ordinaires suivant :

$$\begin{aligned} \frac{dx}{dt} &= \sigma(y-x) \\ \frac{dy}{dt} &= -xz + rx - y \\ \frac{dz}{dt} &= xy + bz \end{aligned} \qquad (1)$$

où σ , b et r sont les paramètres, x , y , z des fonctions du temps. Ce système de Lorenz a été obtenu en tronquant les équations d'Oberberk Boussinesq pour un fluide chauffé par le bas entre plaques parallèles. Suivant Lorenz, il existe une valeur critique de r (b et σ étant fixés) au delà de laquelle le comportement temporel de "toute" solution de (1) est complètement apériodique. Il est assez facile de vérifier, par exemple sur un calculateur analogique, que dans ce domaine de comportement apériodique les fonctions de corrélation tendent bien vers zéro pour de grands intervalles de temps.

Suivant Malkus [9] ce comportement du système de Lorenz reflète, en fait, celui prédit par Welander [10] pour une instabilité supercritique dans un système de rouleaux parallèles. C'est l'instabilité de "tache chaude" (hot spot) dont l'existence expérimentale est controversée [4],[11].

Il existe d'autres exemples explicites [12] de systèmes différentiels ordinaires qui ont un comportement apériodique. Une question qui a été récemment étudiée par Ruelle et Takens [13] est le mode d'apparition de cette apériodicité (ou du comportement apériodique), lorsque l'on fait varier un paramètre expérimental, comme par exemple le nombre de Rayleigh dans un système thermocorrectif, de la valeur où l'écoulement stationnaire est stable au domaine de la turbulence. Pour reprendre une classification due à Martin Mc Laughlin [14], on peut distinguer trois modes d'apparition de la turbulence.

a. Instabilité du "type Lorenz"

Dans le système de Lorenz, en faisant varier r (à b et σ fixés), on passe de façon discontinue d'une paire de points fixes attractifs (= régime stationnaire convectif linéairement stable) à un comportement complètement chaotique. Il y a une hystérésis, c'est-à-dire que dans un certain domaine de valeurs de r, il y a possibilité d'avoir soit un comportement chaotique, soit un état convectif stationnaire, suivant les conditions initiales. De ce point de vue, le comportement du système de Lorenz est analogue à ce que l'on sait [15] de l'écoulement de Poiseuille : pour $Re > R_\ell \approx 100$ (Re = nombre de Reynolds) cet écoulement est globalement stable (= stable vis-à-vis de toute perturbation, quelle que soit son amplitude), pour $Re > R_L \approx 11600$ l'écoulement est linéairement instable, et atteint toujours un état turbulent. Pour $R_\ell < Re < R_L$ il est instable vis-à-vis de perturbations d'une certaine amplitude et linéairement stable. Lorsque Re approche inférieurement R_L , l'amplitude des perturbations pouvant déstabiliser l'écoulement tend vers zéro, ce qui explique qu'il soit difficile d'atteindre R_L expérimentalement. On ne connaît pas de façon aussi détaillée la stabilité des écoulement thermoconvectifs. Il faut noter que l'existence expérimentale d'hystérésis ou non dans la transition vers la turbulence serait tout à fait importante pour tester la validité du modèle de Lorenz.

b. Approche du chaos par bifurcations multiples

Pour certaines valeurs des paramètres du système (1), il existe des cycles limites stables [16]. Lorsqu'on fait varier un paramètre, disons r , au voisinage de ces valeurs, le cycle limite se complique très rapidement par un mécanisme que l'on peut appeler de bifurcations en cascade. Ces bifurcations sont assez remarquables, car elles correspondent à une déformation "quasi continue" du cycle limite. Ainsi pour $r \geqslant r_1$ la période du mouvement sera, disons T , pour r juste inférieur à r_1 (point de bifurcation), le cycle limite aura la période 2T, mais comme le mouvement est anharmonique, la composante de Fourier de fréquence $\frac{1}{2T}$ aura une amplitude d'abord très faible en r_1 puis croîtra lorsque r deviendra nettement plus petit que r_1. Pour se rendre compte de la possibilité d'un tel mécanisme, il suffit de tracer une trajectoire (= le cycle limite) fermée dans l'espace des variables x, y, z (Fig.1).

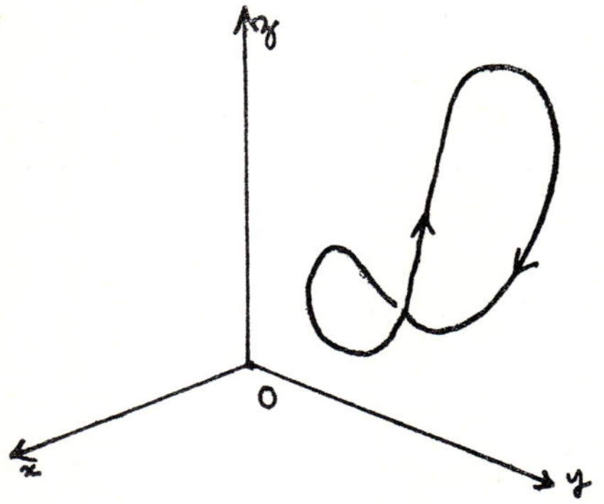

C'est à peu près l'allure simple du cycle limite lorsque $r > r_1$.
Lorsque r devient un peu inférieur à r_1 le cycle limite se dédouble :

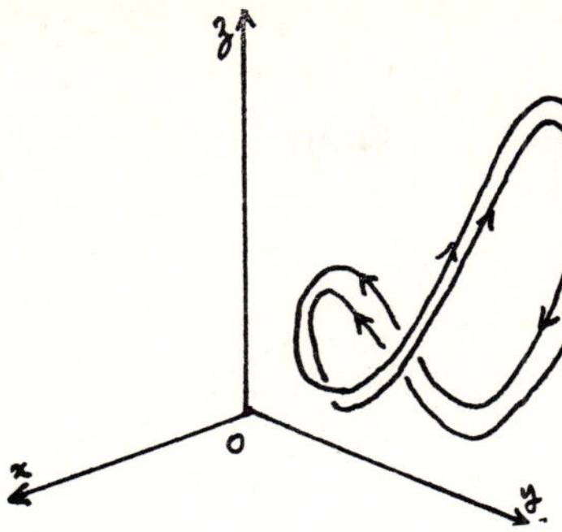

Par une série de dédoublements successifs, lorsque r décroît, la période du cycle limite passe de T à $2T$, $4T$, ... 2^nT. Il y a un nombre infini de telles bifurcations lorsque r décroît de r_1 à disons r_∞. A la fin de ces bifurcations, la période du mouvement est infinie, ce qui entraîne que le mouvement est chaotique. En effet, le temps de récurrence d'une situation donnée est la période. Dans le cas d'un système périodique, il est facile de voir que la fonction d'autocorrélation doit reprendre une valeur finie (et pas toujours la même) au bout d'1, 2, 3, ...N périodes, ce qui l'empêche évidemment de tendre vers zéro à temps infini. Par contre, si la période du mouvement est infinie, la fonction d'autocorrélation peut tendre vers zéro aux grands écarts du temps et le mouvement peut donc être chaotique.

Il n'existe à l'heure actuelle, que des évidences théoriques pour cette apparition du chaos par une infinité de bifurcations dans un domaine fini des paramètres. Par contre, c'est sans doute le cas qui a donné lieu aux investigations théoriques les plus détaillées [(17)].

c. Les théories de Landau-Hopf et de Ruelle-Takens

Landau [(18)] et Hopf ont donné une image assez convaincante de l'apparition de la turbulence hydrodynamique. Pour comprendre leur idée, il est nécessaire d'introduire la notion de fonction quasi-périodique (pour la distinguer de celle de fonction, ou plutôt de "signal", chaotique). Considérons donc un système dynamique qui a un cycle limite périodique. L'existence d'un régime oscillatoire est connue [(19)] pour des écoulements convectifs, bien que les oscillations puissent être des oscillations de relaxation naissant d'un couplage entre la source de chauffage (ou de refroidissement) et l'écoulement, lorsque ce dernier est dans une région d'hystérésis.

La théorie permet de montrer que, par bifurcations, ce cycle limite peut donner naissance par bifurcation à un comportement à deux fréquences propres incommensurables, soit ω_1 et ω_2 (l'incommensurabilité signifie qu'il n'existe pas de nombres entiers strictement positifs p et q tels que $p\omega_1 = q\omega_2$). Alors toute fonction du temps dans l'écoulement est une fonction quasipériodique. Pour définir une telle fonction, considérons une fonction de deux variables t_1 et t_2, périodique de période (2π) par rapport à chacune d'elles :

$$f(t_1+2\pi n, t_2+2\pi m) = f(t_1, t_2)$$

quels que soient n et m entiers.

A l'aide de cette fonction et des fréquences ω_1 et ω_2, on peut construire la fonction quasipériodique $\phi(t) = f(\omega_1 t, \omega_2 t)$. Si ω_1 et ω_2 sont incommensurables, le graphe temporel de $\phi(t)$, qui n'est pas périodique, apparaîtra complètement chaotique, mais il est facile de vérifier que $\phi(t)$ n'est pas un signal chaotique au sens de la propriété de mélange.(x)

On doit aussi prendre garde qu'un tel comportement quasipériodique n'est pas structurellement stable. C'est-à-dire que si l'on fait varier un paramètre comme le nombre de Rayleigh dans la région de comportement quasipériodique, alors on aura un cycle limite périodique (qui est structurellement stable) chaque fois qu'il y aura résonnance, c'est-à-dire chaque fois que ω_1 et ω_2 (qui sont, à priori, les fonctions de Ra) sont commensurables. Le comportement quasipériodique n'est atteint que pour des valeurs isolées du paramètre Ra. Ici encore on se trouve dans un cas où une infinité de bifurcations (ou comportement quasipériodique aux cycles limites des résonances et vice versa) ont lieu pour une variation finie des paramètres. L'idée de Landau et Hopf est que, lorsque l'on augmente le nombre de Rayleigh, des nouvelles bifurcations apparaissent continuellement, qui correspondent toujours à des fréquences incommensurables avec celles qui existent déjà. On peut alors montrer que si la fonction quasipériodique dépend réellement de toutes ces fréquences, alors elle tend vers un signal chaotique lorsqu'un nombre infini de fréquences sont apparues.

Ruelle et Takens [13] ont montré que ce mécanisme d'apparition de la turbulence ne pouvait être général et qu'après un certain fini de bifurcation, la bifurcation suivante correspondrait non pas à l'apparition d'une nouvelle période, mais plutôt à un "attracteur étrange", c'est-à-dire à un comportement chaotique et non quasipériodique. Il faut mentionner toutefois qu'il n'existe pas actuellement de modèle explicite (c'est-à-dire par exemple, un système d'équations différentielles ordinaires non linéaires) se comportant comme le prédisent Ruelle et Takens.

(x) La généralisation de cette construction à une fonction qui dépend périodiquement, avec la période 2π, d'un nombre quelconque de variables $t_1, t_2, \ldots t_n$, permet de définir une fonction quasipériodique en général.

D'un autre côté, il n'existe pas non plus de confirmation ou d'infirmation expérimentale de la théorie de Landau-Hopf.

CONCLUSION

Dans son très remarquable livre d'hydrodynamique, Birkhoff [20] avait insisté sur l'influence profonde qu'avait dans l'explication des différents phénomènes hydrodynamiques ce qu'il appelait le "paradoxe de la limite" : c'est-à-dire que, pour un système d'équations différentielles, il est possible qu'une cause arbitrairement petite produise un effet fini. Ce paradoxe est fondamental dans beaucoup de domaines de l'hydrodynamique : il explique pourquoi les avions volent (théorème de Kutta-Joukowski), et bien d'autres choses encore. Il serait donc très intéressant de le voir à l'oeuvre dans un cas bien défini, comme celui des instabilités convectives où l'on pourrait peut-être comprendre les phénomènes assez en détail.

BIBLIOGRAPHIE

1. La référence générale pour les problèmes de turbulence est le livre de MONIN et YAGLOM "Statistical Fluid Mechanics", vol.1 et 2, M.I.T. Press (1971).

2. Une discussion générale des problèmes d'instabilité convective se trouve dans le livre de D.J. JOSEPH "Stability of fluid motion", ch.VIII, tome 2, Springer tract in Nat. Philosophy, vol.28.
Les problèmes de bornes dans les écoulements convectifs (et dans d'autres)turbulents est examiné par L. N. HOWARD, Ann. Rev.Fluid Mech.4., 473 (1972).

3. P.R. HALMOS, "Ergodic theory", Chelsea Pub. Comp., New-York, (1956).

4. Article de revue (à paraître dans Rev. of Mod. Physics 1977) par C. NORMAND, Y. POMEAU et M.G. VELARDE.

5. P. BERGE, M. DUBOIS, Phys.Rev. Letters 32, 1041, (1974).
P. BERGE in "Fluctuations, instabilities and phase transitions", NATO Adv. Studies Inst. Vol.B11.

6. L. LANDAU, F. LIFSHITZ, "Physique statistique", 152, ed. Mir, Moscou (1967).

7. H. BENARD, Rev. Gén. Sci., 11, 1261 (1900).

8. E.N. LORENZ, J. Atmo. Sci., 20, 130 (1963).

9. W.V.R. MALKUS, Proc. 4th Liège Symposium on Ocean Hydrodynamics, Mém. Soc. Roy. Sci. Liège, 4, 125 (1972).

10. P. WELANDER, S. Fluid Mech.29, 17 (1967).

11. R. KRISHNAMURTI, J. Fluid Mech., 42, 295 (1970).

12. K.A. ROBBINS, Ph. D. Thesis, (M.I.T.) (1975) non publiée.

13. D. RUELLE, F. TAKENS, Comm. Math. Phys. 20, 167 (1971).

14. P.C. MARTIN et E. Mc LAUGHLIN, Phys. Rev., A12, 186 (1975).

15. R. BETCHOV et W.O. CRIMINALE Jr., "Stability of parallel flows", Acad. Press New-York (1966).

16. J.L. IBANEZ, Y. POMEAU, à paraître.

17. P. STEFAN, I.H.E.S. (Bures sur Yvette) preprint, Dec.76,
A.N. SARKORSKII, Ukr. Math. Z. 16, 1 (1964).

18. L. LANDAU, E. LIFSHITZ, "Mécanique des Fluides" ed. Mir, Moscou (1971), 27.

19. D.R. CALDWELL, J. Fluid Mech., 64, 347 (1974).

20. G. BIRKHOFF, "Hydrodynamique" (1955).

INSTABILITES HYDRODYNAMIQUES DANS UN NEMATIQUE SOUMIS A UN CISAILLEMENT

Dubois-Violette E., Guyon E., Pieranski P.
Laboratoire de Physique des Solides
Université Paris-Sud, 91405 Orsay
France

Quand on cisaille un nématique, différentes situations apparaissent suivant l'orientation du nématique par rapport aux plaques de l'échantillon et par rapport à l'orientation du cisaillement. Nous nous proposons, non pas de donner un exposé exhaustif sur le sujet mais d'indiquer schématiquement quelques situations intéressantes décrites dans un programme systématique développé à Orsay. Nous renvoyons aux références originales pour une description détaillée des résultats et des mécanismes et à un travail de revue récent[1].

Nous nous intéressons à la situation de la fig.1 où le nématique est maintenu entre deux plaques horizontales. Un traitement de surface impose l'orientation du nématique au contact des plaques. Elle est :

- (I) planaire si $\vec{n}$ est parallèle aux plaques limites
- (II) homéotrope si $\vec{n}$ est perpendiculaire aux plaques.

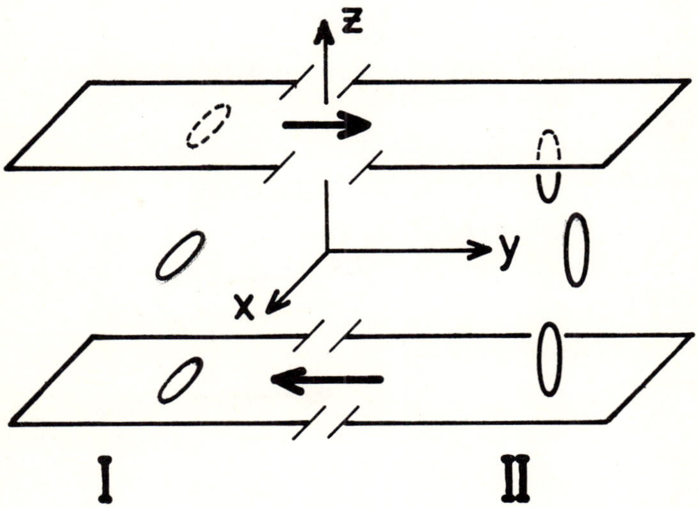

Fig.1 : I. Géométrie planaire : le nématique est parallèle aux plaques de l'échantillon
II. Géométrie homéotrope : le nématique est perpendiculaire aux plaques de l'échantillon.

I. Comportement hydrodynamique[2]

En soumettant un nématique d'orientation fixée (par l'application d'un champ magnétique élevé parallèle à $\vec{n}$) à un cisaillement simple de faible amplitude, on mesure une viscosité (newtonienne) fonction de l'orientation et de 4 coefficients de viscosité (une pour chacune des directions principales plus une pour les orientations intermédiaires dans le plan de cisaillement). L'existence d'une telle viscosité anisotrope est associée à celle d'écoulements transverses si le tenseur des contraintes $\hat{\sigma}$ varie spatialement : dans le cas d'un écoulement de Poiseuille par exemple (observation d'écoulements secondaires transverses) ou si l'orientation $\vec{n}$ varie de point en point (focalisation hydrodynamique).

On complète la caractérisation du comportement hydrodynamique en décrivant les couples qui s'exercent sur $\vec{n}$ dans un écoulement de cisaillement simple ($s = \frac{dv_y}{dz}$). Dans l'orientation II, le couple $|\alpha_2 \, s|$ tend à faire tourner les molécules dans le sens de l'écoulement.

Par contre, si les molécules sont initialement parallèles à l'écoulement, deux types de comportement peuvent être observés (fig.2) :

A. Le directeur subit un couple hydrodynamique ($\alpha_3 \, s$; $|\alpha_3| << |\alpha_2|$) "contre"le sens de cisaillement. Pour des cisaillements suffisamment grands $\vec{n}$ s'aligne dans le plan du cisaillement à un angle intermédiaire défini par le rapport des deux couples que nous venons de considérer. Le comportement est observé dans la plupart des cas (MBBA qui est un nématique à T ambiante par exemple).

B. Le couple hydrodynamique est dans le sens du cisaillement (cas du HBAB par exemple).

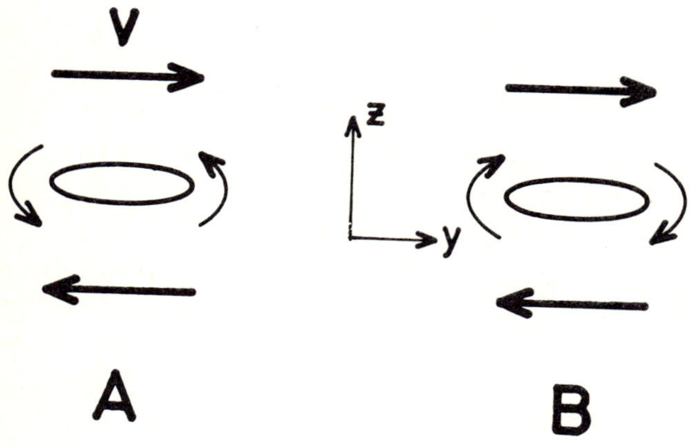

Fig.2 : Matériaux A : le directeur subit un couple "contre" le sens du cisaillement.
Matériaux B : le couple hydrodynamique est dans le sens du cisaillement.

Pour des faibles cisaillements, l'effet stabilisant des couples élastiques qui tendent à maintenir l'orientation définie par l'effet inducteur de celle aux plaques limites permet de trouver un angle intermédiaire d'alignement. Pour des grands cisaillements, l'effet du couple α_2 s, qui s'ajoute à celui de α_3 s, devient dominant et est à l'origine d'une instabilité non linéaire de type roue de moulin à eau. Nous ne décrivons pas ici la remarquable cascade d'instabilités qui en découle et a été étudiée par S. Pikin et à partir d'expériences faites à Orsay(E.G ; P.P)[3] ,nous limitant ici à des cas d'instabilités linéaires (de faible amplitude au-dessus du seuil) dans la géométrie I ou II.

II. Cisaillement simple sur un nématique planaire

Que se passe-t-il si on cisaille (dans la direction oy) un nématique planaire (I).
Dans les matériaux A, on peut observer des instabilités linéaires de deux types :
- une instabilité homogène (H) à faible cisaillement avec une distorsion du directeur mettant en jeu les composantes n_y et n_z, indépendantes de la position dans un plan parallèle aux plaques limites.
- pour des cisaillements plus élevés, une instabilité en rouleaux (R) parallèles à la direction de cisaillement mettant en jeu une distorsion $n_y(x)$ et $n_z(x)$ modulée le long de la direction de l'orientation non perturbée (ox).

L'instabilité homogène résulte du couplage constructif (dans le cas où α_2 et α_3 sont négatifs) de couples hydrodynamiques destabilisants dus à l'existence de fluctuations initiales n_y, n_z (voir la description de la fig. 2 de (4)). L'existence d'un seuil fini résulte de l'effet stabilisant de l'élasticité (l'existence d'une diffusivité de l'orientation D[5] remplace l'effet de la viscosité dynamique ν dans les écoulements isotropes caractérisés par un nombre de Reynolds Re = Vd/ν. Très souvent, l'instabilité des nématiques sera caractérisée par le nombre d'Ericksen Er = Vd/D).
Dans ce mode homogène, un écoulement transverse est associé à la distorsion.
Dans l'instabilité en rouleaux, l'existence d'écoulements convectifs résulte des forces supplémentaires dues à la distorsion périodique du directeur.
L'application d'un champ magnétique stabilisant (parallèle à $\vec{n}$), qui augmente le seuil, augmente le domaine d'existence de l'instabilité en R. Ceci peut être compris qualitativement de la façon suivante : En champ magnétique élevé l'effet stabilisant du champ magnétique tend à remplacer celui de l'élasticité. Alors que la contribution de l'élasticité augmente quadratiquement comme le carré du vecteur d'onde de la distorsion, celle du champ magnétique ne dépend que de la distorsion elle-même et pas de sa loi de variation spatiale. Une évaluation numérique détaillée des seuils des régimes H et R, de leur dépendance en champ, ainsi que de la période des rouleaux dans le cas R a été faite dans le cas de MBBA[6]. L'accord avec les expériences est aussi bon que le permet la précision dans les données des coefficients viscoélastiques.

Notons que dans le cas homogène l'étude théorique a été poussée à l'évaluation des effets non linéaires permettant l'évaluation du comportement au-dessus du seuil[7]. Dans les matériaux B, l'instabilité H n'existe plus, car le couple hydrodynamique caractérisé par le terme α_3 et décrit sur la fig.2 a un effet stabilisant. Par contre, l'effet des forces de focalisation hydrodynamique est déstabilisant et on peut observer une instabilité de type R. Cependant, lorsque α_3 (> 0) devient suffisamment grand, ce qui est obtenu dans des matériaux nématiques au voisinage d'une transition du second ordre vers une phase smectique A, la configuration est stable même pour des cisaillements très élevés[8].

III. Cisaillement alternatif dans un nématique planaire I

En régime alternatif seuls subsistent des modes en rouleaux. Deux modes Y ou Z existent selon que la distorsion n_y ou n_z passe par zéro sur une période du cisaillement, l'autre composante oscillant autour d'une valeur non nulle.
Les instabilités sont aisément décrites par les équations couplées

$$\dot{n}_y + n_y/T_y + Asn_z = 0$$

$$\dot{n}_z + n_z/T_z + Bsn_y = 0$$

où les termes Asn_z, Bsn_y traduisent le couplage hydrodynamique ; T_y et T_z sont des constantes de temps de relaxation des composantes n_y et n_z de la distorsion qui sont fonction de l'élasticité et des champs appliqués.
En régime permanent, le seuil d'instabilité est de la forme $ABs^2 \, T_yT_z = 1$ en accord avec les expériences décrites en II. En régime alternatif, on caractérise les régimes Y et Z à partir de l'évaluation du comportement lorsqu'une des constantes de temps devient très longue. Pour le régime Y ($T_y < T_z$) ceci correspond à la limite $T_z \gg T$ (T est la période de l'excitation) le seuil est défini par :

$$\frac{AB\,\overline{s^2}\,T_yT_y}{1 + (\omega T_y)^2} = 1$$

Pour le régime Z, on a le même comportement à condition de changer Y en Z. Le seuil augmente avec la fréquence. On peut montrer que, à haute fréquence, c'est la valeur de l'amplitude du déplacement alternatif qui caractérise l'instabilité. Dans une expérience typique avec un film de 200µ d'épaisseur, ce déplacement est de l'ordre de 1 mm. Cette valeur est beaucoup trop grande pour que l'on puisse obtenir une instabilité de ce type à haute fréquence.

IV. Cisaillement elliptique dans un nématique homéotrope

Dans le cadre d'une recherche visant à obtenir des instabilités de faible seuil à haute fréquence, d'intérêt pratique pour la réalisation de convertisseurs acousto optiques Scudieri[9] a décrit récemment des expériences de cisaillement simple à moyenne fréquence (7 KHz) sur un nématique homéotrope : un mode en rouleaux est observé à très faible seuil (déplacement de l'ordre de $10^{-2}\mu$). Le mécanisme de cette instabilité n'étant pas compris, nous nous sommes attachés à reproduire cette expérience à plus basse fréquence (∿ 50 à 500 Hz). Nous avons alors observé que l'on ne pouvait obtenir d'instabilité en rouleaux que s'il existait une composante elliptique (polarisée à angle droit et déphasée) du cisaillement. Une étude systématique expérimentale[10] et théorique[11] de l'effet du cisaillement elliptique a alors été développée, et nous en indiquons quelques résultats.

Quand on applique un faible cisaillement elliptique, on observe un régime de distorsion homogène où le directeur suit l'excitation en se déplaçant sur un cône elliptique. Typiquement pour des cisaillements alternatifs de la forme

$$S^a_{ox} = s_{ox} \cos\omega t$$

$$S^a_{oy} = s_{oy} \sin\omega t$$

on a, en première approximation,

$$n^a_{ox} = - \frac{Q}{\omega} \; s_{ox} \sin\omega t$$

$$n^a_{oy} = \frac{Q}{\omega} s_{oy} \cos\omega t$$

où Q est un facteur dépendant des viscosités du matériau.

Notons que dans ce régime haute fréquence, on peut négliger la couche limite élastique (région où le directeur se réoriente à cause des conditions aux limites homéotropes) et considérer une distorsion indépendante de z. Si on augmente les amplitudes du cisaillement, il apparaît un deuxième régime périodique avec une structure en rouleaux dont l'axe fait un angle ϕ avec le cisaillement S_{oy}. La période de ces rouleaux est de l'ordre de deux fois l'épaisseur. A la distorsion homogène alternative se rajoute l'effet d'une distorsion variant périodiquement dans la direction perpendiculaire aux rouleaux et statique (δn^s_x, δn^s_y). Le seuil de l'instabilité est caractérisé par le produit des amplitudes de déplacements $x_o y_o$. Il est indépendant de l'épaisseur de l'échantillon et décroît lorsque la fréquence croît. Pour connaître l'origine de ces instabilités, il suffit de considérer les équations des forces et de remarquer que typiquement aux fluctuations du directeur δn_y, δn_z, sont associées des forces du type :

$$f_x \sim \eta \; S^a_{ox} \; n^a_{oy} \frac{\partial \delta n^s_y}{\partial z}$$

qui donnent des valeurs non nulles moyennées sur la période

$$\langle f_x \rangle \sim \eta \quad \langle S^a_{ox} \; n^a_{oy} \rangle \frac{\partial \delta n^s_y}{\partial z}$$

A ces forces sont associées des vitesses hydrodynamiques qui, à leur tour, engendrent des couples visqueux qui peuvent déstabiliser le système.
Notons que l'existence d'instabilités acoustiques qui, dans le cas de liquides isotropes, viennent de non linéarités explicites dans les termes de vitesse (les termes convectifs $\rho(\vec{v}\vec{\nabla})\vec{v}$) proviennent ici de non linéarités implicites (la vitesse et la distorsion en dessous du seuil, fonctions périodiques du temps, interviennent en produit dans le tenseur des contraintes des nématiques).
L'analyse détaillée de cette instabilité permet de dégager la valeur d'un seuil d'instabilité caractérisé par un nombre sans dimension $\frac{x_o y_o \omega}{D}$. De plus, dans un modèle simplifié ne prenant pas en compte toutes les conditions aux limites, on trouve une longueur d'onde au seuil qui vaut 1,8 fois l'épaisseur. Pour déterminer l'angle ϕ que font les rouleaux avec le cisaillement, il faut utiliser une description plus fine du régime uniforme. L'accord avec les expériences est excellent. Notons cependant que l'étude à très haute fréquence (telle que la profondeur de pénétration visqueuse soit plus petite que l'épaisseur des plaques) reste à faire. Des expériences préliminaires à haute fréquence[12] (2 à 10 MHz) indiquent des résultats comparables pour des cisaillements polarisés elliptiquement et linéairement. Des mécanismes nouveaux doivent être donc recherchés. De même nous pensons que les expériences de Scudieri ne peuvent s'expliquer à partir de notre analyse de l'effet de cisaillement elliptique. Un effort théorique et expérimental important reste à faire dans l'étude des instabilités acoustiques des nématiques.

(1) Dubois-Violette E., Durand G., Guyon E., Manneville P., Pieranski P., Suppl. à Sol. St. Phys.
(2) Deux articles de revue sur l'hydrodynamique des nématiques doivent paraître
J.T. Jenkins, Annual Review of Fl. Mech. (1978)
F.M. Leslie, Advances in Liquid Crystals (1978)
(3) Guyon E., Pieranski P., Pikin S.A., Jour. Phys. 37, C 1, 3 (1976)
(4) Pieranski P., Guyon E., Phys. Rev. A 9, 404 (1974)
(5) Le rôle de la très faible valeur de D est illustré dans l'expérience, proposée dans ce meeting par Lekkerkerker, d'instabilité de Bénard oscillante dans un nématique
(6) Manneville P., Dubois-Violette E., J. de Phys. 37, 285 (1976)
(7) Manneville P., présente conférence
(8) Pieranski P., Guyon E., Comm. on Physics, 1, 45 (1976)
(9) Scudieri F., J. Appl. Phys. 29, 398 (1976)
(10) Guyon E., Pieranski P., à paraître dans Phys. Rev. Lett.
(11) Dubois-Violette E., Rothen F., à paraître
(12) Zarembovich A., Peupier J., Guyon E., Pieranski P., non publié

OSCILLATORY CONVECTIVE INSTABILITIES IN NEMATIC LIQUID CRYSTALS

H.N.W. LEKKERKERKER,

Faculteit van de Wetenschappen,
Vrije Universiteit Brussel,
1050 Brussel,
Belgium.

RESUME. - Nous présentons une extension, au cas de la convection oscillante, de la théorie de Dubois-Violette sur les instabilités hydrodynamiques dans les cristaux liquides nématiques soumis à un gradient de température vertical.

The contents of this contribution have been published in J. Physics Letters, 38, L - 277 (1977).

STABILITE DE L'ECOULEMENT DE POISEUILLE DES LIQUIDES VISCOELASTIQUES

G. VANDERBORCK & J.K. PLATTEN
Université de Mons, Faculté des Sciences
7000 - MONS (BELGIQUE).

1. INTRODUCTION.

La théorie linéaire de la stabilité de l'écoulement de Poiseuille d'un liquide newtonien est actuellement complètement achevée. Rappelons que si entre deux plans lisses et infinis, on a pu obtenir un point critique très précis (R^c = 5772.225, [1], p.ex.), en coordonnées cylindriques par contre, l'instabilité n'a pu être mise en évidence, ([2], p.ex.). Dès lors l'étude de la stabilité des écoulements non newtoniens présente un double intérêt : d'une part, on peut se demander si le caractère non newtonien de l'écoulement ne va pas induire dans le tuyau l'instabilité (et ce d'autant plus vite que le caractère non newtonien est prononcé), et d'autre part, l'étude des écoulements non newtoniens, p.ex. viscoélastiques, possède son intérêt propre. En effet, on sait, e.a. que la présence de très faibles quantités de hauts polymères en solution peut réduire de manière très significative la différence de pression nécessaire pour obtenir un débit donné (effet Toms [3]). Cet effet est lié à une altération du caractère newtonien du fluide. Il n'entre pas dans notre intention ni de passer en revue les effets non newtoniens, ni l'ensemble des modèles rhéologiques proposés (p.ex. [4]).

Le but de cette note est extrêmement limité : faire l'analyse linéaire de la stabilité de l'écoulement de Poiseuille étant donné une loi plus générale que la loi de Newton pour la relation entre le tenseur $\underline{\underline{\tau}}$ et le tenseur des déformations $\underline{\underline{e}}$, à savoir le modèle de Coleman - Noll pour un fluide viscoélastique.

2. RAPPEL DU PROBLEME EN COORDONNEES CARTESIENNES.

L'utilisation du modèle de Coleman - Noll pour la relation entre $\underline{\underline{\tau}}$ et $\underline{\underline{e}}$, n'altère pas le profil stationnaire, celui-ci restant parabolique. Par contre, il conduit à une équation d'Orr - Sommerfeld généralisée, à savoir :

$$(D^2-\alpha^2)^2\hat{v} = i\alpha R\{(\bar{U}-c)(D^2-\alpha^2)-D^2\bar{U} + E[(\bar{U}-c)(D^2-\alpha^2)^2-D^4\bar{U}]\}\hat{v} \qquad (1)$$

Cette équation a été obtenue indépendamment par Chun et Schwarz [5] et par Walters [6].

Dans cette équation, R est le nombre de Reynolds, α est le nombre d'onde de la perturbation dans la direction de l'écoulement, $\bar{U}$ est la vitesse de base, c la vitesse complexe de l'onde et E est le paramètre d'élasticité défini positivement ($E \geqslant 0$). Le cas newtonien est obtenu pour $E = 0$. La résolution de l'équation (1) avec $\bar{U} = 1 - Y^2$ est une tâche difficile. Cependant, dans le cas où $\bar{U}$ = constante, alors sa résolution devient aisée et on trouve [7] pour la valeur de $c = c_R + i c_I$

$$c_R^{(k)} = \bar{U} \qquad ; \qquad c_I^{(k)} = -\frac{1}{\alpha R}\left[\frac{\alpha^2 + M_k^2}{1 - E(\alpha^2 + M_k^2)}\right] \tag{2}$$

où les M_k sont les solutions d'une équation transcendante que nous ne donnons pas ici, avec $M_k \to k\pi$ si k est suffisamment grand. Dans le cas newtonien, $E = 0$, l'équation (2) montre que l'instabilité est impossible. Mais pour $E > 0$, il est possible d'obtenir $c_I^{(k)} > 0$ si $k > k^*$ (en fait si M_k dépasse un certain seuil) ou si α est suffisamment grand. Or $c_I > 0$ indique une instabilité [8] . Donc si $M_k > M_k^*$ (même à α modéré) une instabilité apparaît et l'écoulement est d'autant plus instable ($c_I^{(k)}$ d'autant plus grand) que le nombre de Reynolds R est petit. A la limite, on observe que l'état de repos $R = 0$ est également instable par rapport à des modes M_k élevés, ce qui est évidemment une absurdité induite par le modèle qui n'est pas valable pour des grands nombres d'onde.

Le but de ce rappel sur la stabilité du profil $\bar{U}$ = constante est de montrer que seuls sont à prendre en considération les résultats à α modéré, (par exemple $\alpha \sim O(1)$, comme pour l'écoulement newtonien correspondant), à E petit (les valeurs réalistes de E vont par exemple de + 10^{-5} à + 10^{-3}) et cela pour le mode fondamental, ou éventuellement pour les quelques premiers modes. De toute façon, c'est le mode fondamental qui est le plus intéressant dans toute étude de la stabilité hydrodynamique.

La résolution de l'équation (1) pour le profil parabolique $\bar{U} = 1 - Y^2$ a été effectuée par Chun et Schwarz [6] et par Chan Man Fong et Walters [9] . L'effet de perturbations tridimensionnelles a été regardé par Lockett [10] et l'effet de perturbations d'amplitude finie a été étudiée par Denn, Porteous et Cousins [11]. Les courbes de stabilité neutre présentées par ces différents auteurs, correspondent toutes à une déstabilisation par rapport à l'écoulement newtonien. Cependant, en règle générale, la méthode de résolution de ces auteurs ne permet de trouver que le mode fondamental. Par contre, les techniques numériques que nous utilisons, nous donnent les N premiers modes (N : ordre de l'approximation) et par conséquent, conformément à l'équation (2) on peut observer dans le spectre des valeurs propres des signes positifs, mais il ne faut pas en conclure pour autant à l'instabilité de l'écoulement de base. Le dépouillement des résultats numériques doit donc être fait avec la plus grande prudence, et c'est pour cela que nous avons d'abord repris le problème en coordonnées cartésiennes dans le but de mieux comprendre nos résultats en coordonnées cylindriques.

3. RESULTATS NUMERIQUES EN COORDONNEES CARTESIENNES.

A. La méthode.

La méthode de résolution est la méthode de Galerkin que nous ne détaillerons pas ici. En écrivant l'équation (1) sous la forme symbolique

$$L[\hat{v}] = 0 \quad ; \quad L = M - cN \tag{3}$$

elle conduit, moyennant le développement

$$\hat{v} = \sum_{i=1}^{N} a_i f_i \tag{4}$$

au problème aux valeurs propres suivant

$$\begin{aligned} \mathrm{Det}\| L_{ki} \| = 0 \quad ; \quad L_{ki} = \int_{-1}^{+1} f_k \, L[f_i] \, dY \\ L_{ki} = M_{ki} - c N_{ki} \quad ; \quad k, i = 1, 2, \dots N \end{aligned} \tag{5}$$

ce qui fournit une approximation aux N premières valeurs propres de l'équation (1). Les éléments de matrices M_{ki} et N_{ki} contiennent donc les paramètres du problème α , R , E , mais aussi l'écoulement de base $\bar{U}$, ainsi que des intégrales contenant les fonctions d'essai f_i . Dans notre cas nous avons toujours pris pour f_i le produit d'une fonction de pondération de manière à satisfaire les conditions aux bords $\hat{v} = D\hat{v} = 0$, par un polynôme de Chebychev T_i , à savoir

$$f_i = (1 - Y^2)^2 \cdot T_{2(i-1)} \tag{6}$$

B. Résultats pour $\bar{U} = 1$.

Nous avons pris comme valeurs numériques des paramètres

$\alpha = 1$

$E \in \{0 \; ; \; 10^{-5} \; ; \; 5 \times 10^{-5} \; ; \; 10^{-4}\}$

$R \in \{10^2 \; ; \; 10^3 \; ; \; 10^4\}$

et pour chaque cas, on a étudié la convergence des résultats avec successivement N = 20, 25, 30, 35, 40.

Nos résultats numériques sont en parfait accord avec la solution analytique (2) pour les 10 premiers modes. Par "parfait accord", nous entendons "au moins 6 chiffres significatifs exact". Bien entendu, il ne faut pas s'attendre à ce que la méthode de Galerkin donne des résultats aussi concordant pour les modes plus grands. A titre d'exemple, nous donnons la convergence de $C_I^{(1)}$, $C_I^{(10)}$, $C_I^{(20)}$, $C_I^{(30)}$ pour $E = 0$

TABLEAU 1.

	N = 20	N = 25	N = 30	N = 35	N = 40
$C_I^{(1)}$	- 0.093137	- 0.093137	- 0.093137	- 0.093137	- 0.093137
$C_I^{(10)}$	- 9.864371	- 9.864370	- 9.864370	- 9.864370	- 9.864370
$C_I^{(20)}$	- 827.791	- 58.4491	- 40.443	- 39.47367	- 39.47318
$C_I^{(30)}$	-	-	- 3868.08	- 203.469	- 109.972*
* valeur réelle de $C_I^{(30)}$ = - 88.8					

Dans le cas non newtonien, $E > 0$, nos résultats sont aussi en parfait accord avec l'équation (2) pour les dix premiers modes. Pour les autres modes (p.ex. $k > 15$) la situation est moins favorable, exactement comme pour le cas newtonien $E = 0$ (cf. Tableau 1). Mais conformément à l'équation (2) des signes + sont observés dans le spectre. Cependant ils n'apparaissent pas nécessairement au bon moment, vu que les modes lointains ($k > 15$, p.ex.) sont mal approximés au début. A titre d'exemple, si $E = 10^{-4}$, conformément à (2), tous les modes supérieurs au 32e devraient conduire à une valeur positive de C_I. En réalité, pour N = 20, il y a 2 signes + dans le spectre, c'est-à-dire 2 de trop ; pour N = 25, 4 signes + (4 de trop) ; pour N = 30, 6 signes + (6 de trop) ; pour N = 35, 9 signes + (6 de trop) ; pour N = 40, 11 signes + (3 de trop). Il est donc clair que si N croît, même les modes à k grand deviennent eux aussi bien approximés. Par exemple, à N = 20, le 19e et 20e mode avaient le mauvais signe, tandis qu'à N = 40, ce sont les modes n° 30, 31, 32 qui sont mal approximés et ont le mauvais signe (tout est rentré dans l'ordre pour le 19e et le 20e). Comme autre exemple, prenons $E = 5.10^{-4}$; conformément à (2) tous les modes supérieurs au 14e doivent conduire à une valeur positive de C_I. Donc dans l'approximation N = 10, il ne faudrait pas avoir de signe +, or on en observe un. A N = 20, 6 signes + devraient être présentés (en réalité, il y en a 7), mais pour N = 30 et 40, on observe successivement 16 et 26 signes + dans le spectre conformément à l'équation (2).

Nous insistons peut être longuement sur ces détails pour dire que, afin d'obtenir des résultats numériques très précis pour les premiers modes, il est bon dans le développement (4) de retenir beaucoup de termes (N = 40 p.ex.), qu'en conséquence, conformément à (2), on obtiendra des signes + dans le spectre, mais qu'il ne faut pas conclure pour autant à l'instabilité du profil de base.

C. Résultats pour $\bar{U} = 1 - Y^2$.

Pour le cas newtonien (E = 0), le point critique est bien connu p.ex. [1] . A $\alpha = 1$, on trouve p.ex. $R^c = 5814$.

Pour $E > 0$ ($E \in \{10^{-5} ; 5 \times 10^{-5} ; 10^{-4} ; 5 \times 10^{-4}\}$) on observe exactement comme pour $\bar{U}$ = constante, le <u>même</u> nombre de valeurs propres positives correspondant à des modes $C_I^{(k)}$ avec $k > k^*$. La valeur de k^*, donc de signes + dans le spectre, et dont il ne faudra pas tenir compte car lié au modèle rhéologique choisi, ne dépend ni de R, ni du profil de base, mais seulement de E.

A nouveau, comme sub B, si $E = 10^{-4}$ et si R n'est pas trop grand (p.ex. R = 5000, ce qui est une situation stable linéairement) à N = 20, il y a 2 signes + dans le spectre ; à N = 30, 6 signes + ; à N = 40, 11 signes +. Mais aucun de ces signes + ne correspond au mode fondamental, donc à une instabilité réelle. Par contre, pour R = 5100, à N = 20, il y a 3 signes +, à N = 30, 7 signes + ; à N = 40, 12 signes +, correspondant aux mêmes modes que précédemment, mais en plus aussi au mode fondamental qui est devenu instable. On conclut donc cette fois à une instabilité réelle.

Il est très facile de décider si un signe + dans le spectre des valeurs propres correspond à une instabilité réelle ou non. Il faut pour cela faire une convergence, suivre le mode fondamental et attacher de l'importance seulement au signe du mode fondamental. De plus, le mode fondamental devient de plus en plus instable lorsque R croît (du moins pas trop loin du point critique) : $C_I^{(1)}$ est une fonction monotone croissante de R. Par contre, les modes C_I^k avec $k > k^*$ se comportent différemment : ils sont positifs mais deviennent de plus en plus petits, donc de moins en moins instables lorsque R croît : $C_I^{(k)}$ avec $k > k^*$ sont des fonctions monotones décroissantes de R, et à peu de choses près, varient comme R^{-1}, conformément à l'équation (2) ! Dès lors, il est absolument facile de reconnaître ces modes auxquels il ne faut attacher aucune importance.

En ce qui concerne le mode fondamental $C_I^{(1)}$, nous avons obtenu, pour chaque E, son instabilité.

TABLEAU 2.

E	Instabilité si
0	R > 5814
10^{-5}	R > 5750
5.10^{-5}	R > 5400
10^{-4}	R > 5100
5.10^{-4}	R > 4100

N.B. Pour E ≠ 0, la précision sur R^{crit} est de 50 unités, parce que nous n'avons pas reserré le pas sur R, pour gagner en temps de calcul numérique.
Pour E = 0, la précision est à l'unité.

Ceci correspond bien à la déstabilisation observée par les auteurs précédents.

4. FORMULATION DU PROBLEME EN COORDONNEES CYLINDRIQUES.

Les équations de départ sont les équations de continuité et de Stokes - Navier en coordonnées cylindriques

$$\frac{1}{r}\frac{\partial}{\partial r}(r v_r) + \frac{\partial}{\partial z} v_z = 0 \tag{7}$$

$$\frac{\partial v_r}{\partial t} = - v_r \frac{\partial v_r}{\partial r} - v_z \frac{\partial v_r}{\partial z} - \frac{1}{\rho}\frac{\partial p}{\partial r} + \frac{1}{\rho}\left[\frac{1}{r}\frac{\partial}{\partial r}(r \tau_{rr}) - \frac{1}{r}\tau_{\theta\theta} + \frac{\partial}{\partial z}\tau_{rz}\right] \tag{8}$$

$$\frac{\partial v_z}{\partial t} = -v_r \frac{\partial v_z}{\partial r} - v_z \frac{\partial v_z}{\partial z} - \frac{1}{\rho}\frac{\partial p}{\partial z} + \frac{1}{\rho}\left[\frac{1}{r}\frac{\partial}{\partial r}(r\,\tau_{rz}) + \frac{\partial}{\partial z}\tau_{zz}\right] \tag{9}$$

On se limite au cas axisymétrique (pas de dépendance angulaire en θ) et de plus on n'a pas écrit d'équation pour v_θ, car celle-ci, au niveau de la linéarisation en les perturbations et de l'analyse en modes normaux donnera une équation qui n'est pas couplée avec les autres, et qui ne conduit pas à l'instabilité [12]. Dans l'équation (8), il faut cependant tenir compte du terme en $\tau_{\theta\theta}$, car même pour les liquides newtoniens cette composante du tenseur $\underline{\underline{\tau}}$ contribue pour un terme en v_r/r. L'équation constitutive est celle proposée par Coleman et Noll pour un liquide viscoélastique [13], à savoir

$$\tau_{ij} = 2\mu\, e_{ij} + 4\beta\, e_{ik}\, e_{kj} - 2\gamma\left(\frac{\partial}{\partial t} e_{ij} + v_k \frac{\partial}{\partial x_k} e_{ij} + e_{ik}\frac{\partial}{\partial x_j} v_k + e_{jk}\frac{\partial v_k}{\partial x_i}\right)$$

avec $\mu \geq 0\ ;\ \beta \geq 0\ ;\ \gamma \geq 0$ **(10)**

e_{ij} sont les composantes du tenseur des déformations. Dans (10) la sommation sur l'indice k est sous-entendue.

On peut obtenir ensuite les composantes du tenseur $\underline{\underline{\tau}}$ en termes des composantes de vitesse

$$\tau_{rr} = 2\mu \frac{\partial v_r}{\partial r} + 4\beta\left[\left(\frac{\partial v_r}{\partial r}\right)^2 + \frac{1}{4}\left(\frac{\partial v_z}{\partial r} + \frac{\partial v_r}{\partial z}\right)^2\right] - 2\gamma\left[\frac{\partial}{\partial t}\frac{\partial v_r}{\partial r} + v_r\frac{\partial^2 v_r}{\partial r^2} + v_z\frac{\partial^2 v_r}{\partial r\,\partial z} + 2\left(\frac{\partial v_r}{\partial r}\right)^2 + \left(\frac{\partial v_z}{\partial r} + \frac{\partial v_r}{\partial z}\right)\frac{\partial v_z}{\partial r}\right] \tag{11}$$

$$\tau_{\theta\theta} = 2\mu\frac{v_r}{r} + 4\beta\left(\frac{v_r}{r}\right)^2 - 2\gamma\left[\frac{\partial}{\partial t}\left(\frac{v_r}{r}\right) + v_r\frac{\partial}{\partial r}\left(\frac{v_r}{r}\right) + v_z\frac{\partial}{\partial z}\left(\frac{v_r}{r}\right)\right] \tag{12}$$

$$\tau_{zz} = 2\mu\frac{\partial v_z}{\partial z} + 4\beta\left[\frac{1}{4}\left(\frac{\partial v_z}{\partial r} + \frac{\partial v_r}{\partial z}\right)^2 + \left(\frac{\partial v_z}{\partial z}\right)^2\right] - 2\gamma\left[\frac{\partial}{\partial t}\frac{\partial v_z}{\partial z} + v_r\frac{\partial^2 v_z}{\partial z\,\partial r} + v_z\frac{\partial^2 v_z}{\partial z^2} + \left(\frac{\partial v_z}{\partial r} + \frac{\partial v_r}{\partial z}\right)\frac{\partial v_r}{\partial z} + 2\left(\frac{\partial v_z}{\partial z}\right)^2\right] \tag{13}$$

$$\begin{aligned}\tau_{zr} = \tau_{rz} = {} & \mu\left(\frac{\partial v_z}{\partial r} + \frac{\partial v_r}{\partial z}\right) + 4\beta\left[\frac{1}{2}\left(\frac{\partial v_z}{\partial r} + \frac{\partial v_r}{\partial z}\right)\frac{\partial v_r}{\partial r} + \frac{1}{2}\left(\frac{\partial v_z}{\partial r} + \frac{\partial v_r}{\partial z}\right)\frac{\partial v_z}{\partial z}\right] \\ & - 2\gamma\left[\frac{1}{2}\frac{\partial}{\partial t}\left(\frac{\partial v_z}{\partial r} + \frac{\partial v_r}{\partial z}\right) + \frac{1}{2} v_r\frac{\partial}{\partial r}\left(\frac{\partial v_r}{\partial z} + \frac{\partial v_z}{\partial r}\right) + \frac{1}{2} v_z\frac{\partial}{\partial z}\left(\frac{\partial v_z}{\partial r} + \frac{\partial v_r}{\partial z}\right)\right. \\ & \left. + \frac{1}{2}\left(\frac{\partial v_z}{\partial r} + \frac{\partial v_r}{\partial z}\right)\left(\frac{\partial v_r}{\partial r} + \frac{\partial v_z}{\partial z}\right) + \frac{\partial v_z}{\partial r}\cdot\frac{\partial v_z}{\partial z} + \frac{\partial v_r}{\partial r}\cdot\frac{\partial v_r}{\partial z}\right]\end{aligned} \tag{14}$$

A nouveau $\tau_{\theta\theta}$ ne peut être ignoré. Les expressions (11) - (14) sont portées dans (8) - (9), ce qui fournit des équations de Stokes - Navier en termes de vitesses cette fois pour un fluide de Coleman - Noll. Ces équations admettent un état stationnaire $(\bar{U}_i ; \bar{p})$, auquel on ajoute une perturbation $(v_i' ; p')$. A l'ordre 0 en les perturbations, on obtient l'état stationnaire, en particulier de l'équation (9) on tire

$$\bar{U}_z = U^* (1 - r^2) \tag{15}$$

et ensuite de l'équation (8) on tire

$$\frac{d\bar{p}}{dr} = 12\, U^{*2}\, r\, (\beta - 2\gamma) \tag{16}$$

Les équations de l'ordre 1 seront celles qui nous intéresse en théorie linéaire. La pression est alors éliminées entre les équations (8) et (9) ainsi linéarisées. On observe alors que, pour l'écoulement de Poiseuille défini par (15) et moyennant l'hypothèse de l'incompressibilité (7), le coefficient de β dans la nouvelle équation est identiquement nul.

Plutôt que d'utiliser les composantes de vitesse v_r' et v_z' il est plus commode d'introduire une fonction de courant ψ définie par

$$v_r' = \frac{1}{r} \frac{\partial \psi}{\partial z} \qquad ; \quad v_z' = -\frac{1}{r} \frac{\partial \psi}{\partial r} \tag{17.a}$$

Alternativement on pourrait utiliser

$$v_r' = \frac{1}{r} \frac{\partial}{\partial z} (r\psi) \qquad ; \quad v_z' = -\frac{1}{r} \frac{\partial}{\partial r} (r\psi) \tag{17.b}$$

Les deux définitions satisfont à l'équation de continuité.

Les équations sont ensuite rendues non dimensionnelles ce qui introduit deux nombres sans dimensions

$$R = \frac{U^* R^*}{\nu} \quad ; \quad E = \frac{\gamma}{\rho R^{*2}} \geq 0$$

à savoir le nombre de Reynolds R et le paramètre d'élasticité E. On fait ensuite l'analyse habituelle en modes normaux

$$\psi(r, z, t) = \hat{\psi}(r)\, e^{i\alpha(z - ct)} \tag{18}$$

et on obtient dès lors l'équivalent de l'équation d'Orr - Sommerfeld en coordonnées cylindriques pour les liquides viscoélastiques. Les calculs ont été conduit dès le départ seulement pour le cas $\bar{U} = 1 - r^2$. Cette équation s'écrit avec la définition (17.a) pour ψ :

$$(L^2-\alpha^2)^2\hat{\psi} = i\alpha R\left[(\bar{U}-c)(L^2-\alpha^2) + E(\bar{U}-c)(L^2-\alpha^2)^2\right]\hat{\psi} \tag{19}$$

($\hat{\psi} = D\hat{\psi} = 0$ en $r=0$ et $r=1$).

Cette équation est formellement identique à l'équation (1) dans laquelle l'opérateur D^2 est remplacé par L^2 , dont la définition est*

$$L^2 = D^2 - \frac{1}{r}D \qquad \left(D = \frac{d}{dr}\right)$$

avec $$L^4 = L^2(L^2) = D^4 - \frac{2}{r}D^3 + \frac{3}{r^2}D^2 - \frac{3}{r}D$$

Rappelons que (19) n'est valable que pour $\bar{U} = 1 - r^2$ en ce sens que des termes contenant $L^2\bar{U}$ et $L^4\bar{U}$ (comme dans l'équation (1)) n'ont pas été écrits, car ils sont identiquement nul pour l'écoulement de Poiseuille.

5. CAS $\bar{U}=1$ EN COORDONNEES CYLINDRIQUES.

A propos de l'équation (19), on peut facilement démontrer pour $\bar{U}=1$, que si $c_R + i\,c_I$ est valeur propre correspondant à la fonction propre $\psi_R + i\,\psi_I$, alors $(2-c_R)+i\,c_I$ est valeur propre correspondant à la fonction propre $\psi_R - i\psi_I$. D'autre part, en multipliant (19) par (ψ^*/r) , en intégrant sur r et ensuite plusieurs fois par partie de manière à ne faire apparaître que des grandeurs réelles telles que $D^2\psi . D^2\psi^*$, et en séparant la partie réelle et la partie imaginaire de l'équation ainsi obtenue, on parvient par démontrer que $c_R^{(k)} = 1$ (cf. (2)). Dès lors, les deux valeurs propres de partie réelle c_R et $2-c_R$, sont dégénérées. (Dans ce cas, un ordinateur a toujours difficile de les trouver et cette remarque est importante au niveau du dépouillement des résultats numériques). La même méthode permet aussi d'obtenir des renseignements sur $c_I^{(k)}$

$$c_I^{(k)} = -\frac{1}{\alpha R}\cdot\frac{F_1^{(k)}(\alpha)}{F_2^{(k)}(\alpha) - E.F_1^{(k)}(\alpha)} \tag{20}$$

Cette équation a la même structure que l'équation (2) et si l'écoulement

----

* Avec la définition (17.b), pour ψ , l'opérateur L^2 est légèrement différent

$$L^2 = D^2 + \frac{1}{r}D - \frac{1}{r^2}$$

$\bar{U}=1$ est stable pour le liquide newtonien $E=0$, à nouveau pour un liquide non newtonien $E>0$, des instabilités liées au modèle pourront apparaître pour certains modes k grands et il ne faudra pas leur accorder d'importance, exactement comme en coordonnées cartésiennes. Quelques résultats typiques sont consignés au tableau III, IV et V. Ils sont obtenus par la méthode de Galerkin (voir paragraphe suivant), même si l'équation (19) peut être résolue exactement pour $\bar{U}=1$. Chacun des tableaux III, IV et V montre effectivement des couples de valeurs propres ayant la même partie imaginaire, et dont les parties réelles sont c_R et $(2-c_R)$ conformément à la propriété énoncée plus haut. Malheureusement, si la somme des deux parties réelles vaut 2, chacune d'entre elles ne vaut pas 1, et ceci est lié à la difficulté de trouver, par notre algorithme, des valeurs propres dégénérées. De toute façon, la partie imaginaire, la seule intéressante par la stabilité hydrodynamique, est trouvée avec la précision voulue.

Dans les tableaux III à V, l'ordre d'impression des valeurs propres n'a aucune importance : c'est l'ordre dans lequel l'ordinateur les trouve. D'autre part, le mode fondamental est indiqué par un astérisque. La comparaison des tableaux III et IV, montre clairement que $c_I^{(k)} \doteq \frac{1}{R}$ conformément à (20) et que $c_R^{(k)}=1$, sauf pour les valeurs propres dégénérées où on conserve seulement $c_R^{(k)}+c_R^{(k+1)}=2$.
Ils montrent aussi la stabilité complète $(c_I^{(k)}<0 \ \forall k)$. Par contre, le tableau V montre que pour $E>0$, des $c_I^{(k)}>0$ peuvent apparaître. Cette situation a été discutée pour l'écoulement entre deux plaques et nous n'y reviendrons pas. On attachera donc seulement de l'importance au mode fondamental.

TABLEAU III.

$R = 1000 \; ; \; E = 0 \; ; \; N = 40 \; ; \; \alpha = 1$

1TH EIGENVALUE =	.10000000000D+01	** + I **	-.34707103271D+03	
2TH EIGENVALUE = → [	-.59334518160D+02	** + I **	[-.86382094336D+02	
3TH EIGENVALUE =	.61334518160D+02	** + I **	-.86382094336D+02	
4TH EIGENVALUE =	.10000000000D+01	** + I **	-.87467285415D+02	
5TH EIGENVALUE =	.99999999999D+00	** + I **	-.39735537567D+02	
6TH EIGENVALUE = → [	.90587709651D+01	** + I **	[-.23819787757D+02	
7TH EIGENVALUE =	-.70587709651D+01	** + I **	-.23819787757D+02	
8TH EIGENVALUE =	.10000000000D+01	** + I **	-.22843444270D+02	
9TH EIGENVALUE =	.10000000000D+01	** + I **	-.15220439623D+02	
10TH EIGENVALUE = → [	-.12971230727D+01	** + I **	[-.11415019587D+02	
11TH EIGENVALUE =	.32971230727D+01	** + I **	-.11415019587D+02	
12TH EIGENVALUE =	.10000000000D+01	** + I **	-.10985416522D+02	
13TH EIGENVALUE =	.10000000000D+01	** + I **	-.86092285669D+01	
14TH EIGENVALUE = → [	.27908574825D+00	** + I **	[-.71836450601D+01	
15TH EIGENVALUE =	.17209142517D+01	** + I **	-.71836450601D+01	
16TH EIGENVALUE =	.10000000000D+01	** + I **	-.69587402250D+01	
17TH EIGENVALUE =	.10000000000D+01	** + I **	-.59865012035D+01	
18TH EIGENVALUE =	.10000000000D+01	** + I **	-.54150779157D+01	
19TH EIGENVALUE =	.10000000000D+01	** + I **	-.51421466791D+01	
20TH EIGENVALUE =	.10000000000D+01	** + I **	-.46871619980D+01	
21TH EIGENVALUE =	.10000000000D+01	** + I **	-.42437343198D+01	
22TH EIGENVALUE =	.10000000000D+01	** + I **	-.38450418510D+01	
23TH EIGENVALUE =	.10000000000D+01	** + I **	-.34666863446D+01	
24TH EIGENVALUE =	.10000000000D+01	** + I **	-.31063659713D+01	
25TH EIGENVALUE =	.10000000000D+01	** + I **	-.27658060418D+01	
26TH EIGENVALUE =	.10000000000D+01	** + I **	-.24450462868D+01	
27TH EIGENVALUE =	.10000000000D+01	** + I **	-.21440242079D+01	
28TH EIGENVALUE =	.10000000000D+01	** + I **	-.18627402597D+01	
29TH EIGENVALUE =	.10000000000D+01	** + I **	-.16011955002D+01	
30TH EIGENVALUE =	.10000000000D+01	** + I **	-.13593898944D+01	
31TH EIGENVALUE =	.10000000000D+01	** + I **	-.11373234100D+01	
32TH EIGENVALUE =	.10000000000D+01	** + I **	-.93499600940D+00	
33TH EIGENVALUE =	.10000000000D+01	** + I **	-.75240763210D+00	
34TH EIGENVALUE = *	.10000000000D+01	** + I **	-.26898948485D-01	*
35TH EIGENVALUE =	.10000000000D+01	** + I **	-.71371369712D-01	
36TH EIGENVALUE =	.10000000000D+01	** + I **	-.58955817583D+00	
37TH EIGENVALUE =	.10000000000D+01	** + I **	-.44644745654D+00	
38TH EIGENVALUE =	.10000000000D+01	** + I **	-.13554124422D+00	
39TH EIGENVALUE =	.10000000000D+01	** + I **	-.21944037089D+00	
40TH EIGENVALUE =	.10000000000D+01	** + I **	-.32307511518D+00	

TABLEAU IV.

$R = 10\,000$; $E = 0$; $N = 40$; $\alpha = 1$

1TH EIGENVALUE =	.10000000000D+01	** +	I **	-.34707103271D+02	
2TH EIGENVALUE =	-.50334518160D+01	** +	I **	-.86382094336D+01	
3TH EIGENVALUE =	.70334518160D+01	** +	I **	-.86382094336D+01	
4TH EIGENVALUE =	.10000000000D+01	** +	I **	-.87467285415D+01	
5TH EIGENVALUE =	.10000000000D+01	** +	I **	-.39735537567D+01	
6TH EIGENVALUE =	.19412290349D+00	** +	I **	-.23819787757D+01	
7TH EIGENVALUE =	.18058770965D+01	** +	I **	-.23819787757D+01	
8TH EIGENVALUE =	.10000000000D+01	** +	I **	-.22843444270D+01	
9TH EIGENVALUE =	.10000000000D+01	** +	I **	-.15220439623D+01	
10TH EIGENVALUE =	.12297123073D+01	** +	I **	-.11415019587D+01	
11TH EIGENVALUE =	.77028769273D+00	** +	I **	-.11415019587D+01	
12TH EIGENVALUE =	.10000000000D+01	** +	I **	-.10985416522D+01	
13TH EIGENVALUE =	.10000000000D+01	** +	I **	-.86092285669D+00	
14TH EIGENVALUE =	.10720914252D+01	** +	I **	-.71836450601D+00	
15TH EIGENVALUE =	.92790857483D+00	** +	I **	-.71836450601D+00	
16TH EIGENVALUE =	.10000000000D+01	** +	I **	-.69587402250D+00	
17TH EIGENVALUE =	.10000000000D+01	** +	I **	-.59865012035D+00	
18TH EIGENVALUE =	.10000000000D+01	** +	I **	-.54150779157D+00	
19TH EIGENVALUE =	.10000000000D+01	** +	I **	-.51421466791D+00	
20TH EIGENVALUE =	.10000000000D+01	** +	I **	-.46871619980D+00	
21TH EIGENVALUE =	.10000000000D+01	** +	I **	-.42437343198D+00	
22TH EIGENVALUE =	.10000000000D+01	** +	I **	-.38450418510D+00	
23TH EIGENVALUE =	.10000000000D+01	** +	I **	-.34666863446D+00	
24TH EIGENVALUE =	.10000000000D+01	** +	I **	-.31063659713D+00	
25TH EIGENVALUE =	.10000000000D+01	** +	I **	-.27658060418D+00	
26TH EIGENVALUE =	.10000000000D+01	** +	I **	-.24450462868D+00	
27TH EIGENVALUE =	.10000000000D+01	** +	I **	-.21440242079D+00	
28TH EIGENVALUE =	.10000000000D+01	** +	I **	-.18627402597D+00	
29TH EIGENVALUE =	.10000000000D+01	** +	I **	-.16011955002D+00	
30TH EIGENVALUE =	.10000000000D+01	** +	I **	-.13593898944D+00	
31TH EIGENVALUE =	.10000000000D+01	** +	I **	-.11373234100D+00	
32TH EIGENVALUE =	.10000000000D+01	** +	I **	-.93499600940D-01	
33TH EIGENVALUE =	.10000000000D+01	** +	I **	-.75240763210D-01	
34TH EIGENVALUE =	* .10000000000D+01	** +	I **	-.26898948485D-02	*
35TH EIGENVALUE =	.10000000000D+01	** +	I **	-.71371369712D-02	
36TH EIGENVALUE =	.10000000000D+01	** +	I **	-.58955817563D-01	
37TH EIGENVALUE =	.10000000000D+01	** +	I **	-.44644745654D-01	
38TH EIGENVALUE =	.10000000000D+01	** +	I **	-.13554124422D-01	
39TH EIGENVALUE =	.10000000000D+01	** +	I **	-.21944037089D-01	
40TH EIGENVALUE =	.10000000000D+01	** +	I **	-.32307511518D-01	

TABLEAU V.

$R = 10\,000$; $E = 10^{-4}$; $N = 40$; $\alpha = 1$

1TH EIGENVALUE =		.10000000000D+01	** + I **	.11147993035D+02	
2TH EIGENVALUE =		.10000000000D+01	** + I **	-.61902541015D+01	
3TH EIGENVALUE =	→ [	.41557985514D+01	** + I **	.29439606067D+01	
4TH EIGENVALUE =		-.21557985514D+01	** + I **	.29439606066D+01	
5TH EIGENVALUE =		.10000000000D+01	** + I **	.29155474843D+01	
6TH EIGENVALUE =	→ [	.18529942222D+01	** + I **	-.23323442924D+01	
7TH EIGENVALUE =		.14700577779D+00	** + I **	-.23323442912D+01	
8TH EIGENVALUE =		.10000000000D+01	** + I **	-.22881110921D+01	
9TH EIGENVALUE =		.10000000000D+01	** + I **	.17786073404D+01	
10TH EIGENVALUE =	→ [	.13148814444D+01	** + I **	.15399824289D+01	
11TH EIGENVALUE =		.68511855556D+00	** + I **	.15399824289D+01	
12TH EIGENVALUE =		.10000000000D+01	** + I **	-.14915916279D+01	
13TH EIGENVALUE =		.10000000000D+01	** + I **	.13362979391D+01	
14TH EIGENVALUE =	→ [	.10636810973D+01	** + I **	.10806187655D+01	
15TH EIGENVALUE =		.93631890272D+00	** + I **	.10806187855D+01	
16TH EIGENVALUE =		.10000000000D+01	** + I **	.11290867486D+01	
17TH EIGENVALUE =		.10000000000D+01	** + I **	.10296673372D+01	
18TH EIGENVALUE =		.10000000000D+01	** + I **	-.11810621459D+01	
19TH EIGENVALUE =		.10000000000D+01	** + I **	-.10585224253D+01	
20TH EIGENVALUE =		.10000000000D+01	** + I **	-.88223318617D+00	
21TH EIGENVALUE =		.10000000000D+01	** + I **	-.73723739584D+00	
22TH EIGENVALUE =		.10000000000D+01	** + I **	-.62470641683D+00	
23TH EIGENVALUE =		.10000000000D+01	** + I **	-.53061685501D+00	
24TH EIGENVALUE =		.10000000000D+01	** + I **	-.45061370510D+00	
25TH EIGENVALUE =		.10000000000D+01	** + I **	-.38232400982D+00	
26TH EIGENVALUE =		.10000000000D+01	** + I **	-.32363484670D+00	
27TH EIGENVALUE =		.10000000000D+01	** + I **	-.27291634605D+00	
28TH EIGENVALUE =		.10000000000D+01	** + I **	-.22891493194D+00	
29TH EIGENVALUE =		.10000000000D+01	** + I **	-.19064564490D+00	
30TH EIGENVALUE =		.10000000000D+01	** + I **	-.15732568393D+00	
31TH EIGENVALUE =		.10000000000D+01	** + I **	-.12832730592D+00	
32TH EIGENVALUE =		.10000000000D+01	** + I **	-.10314347466D+00	
33TH EIGENVALUE =		.10000000000D+01	** + I **	-.81362543046D-01	
34TH EIGENVALUE =		.10000000000D+01	** + I **	-.62649361937D-01	
35TH EIGENVALUE =	*	.10000000000D+01	** + I **	-.26971498981D-02	*
36TH EIGENVALUE =		.10000000000D+01	** + I **	-.46731041098D-01	
37TH EIGENVALUE =		.10000000000D+01	** + I **	-.71884416655D-02	
38TH EIGENVALUE =		.10000000000D+01	** + I **	-.33386134440D-01	
39TH EIGENVALUE =		.10000000000D+01	** + I **	-.22436381865D-01	
40TH EIGENVALUE =		.10000000000D+01	** + I **	-.13740363012D-01	

6. CAS $\bar{U} = 1 - r^2$

Dans ce cas, l'équation (19) ne peut être résolue exactement, et nous avons utilisé la méthode classique de Galerkin. Elle est décrite brièvement au paragraphe 3.A. La fonction d'essai satisfaisant aux conditions aux bords $\psi = D\psi = 0$ en $r = 0$ et 1 a été choisie de manière tout à fait analogue à (6), à savoir

$$f_i = r^2 (1-r)^2 T^*_{i-1} \qquad (21)$$

où T^*_i désigne le polynôme de Tchebychev de degré i, mais défini entre les limites 0 et 1. Pour des raisons de commodité, on effectue le changement de variables $r \rightarrow \frac{r+1}{2}$, de manière à obtenir l'intervalle de définition $[-1; +1]$ habituel pour ces polynômes. Comme au paragraphe 3.A., la suite du calcul comporte l'évaluation des éléments de matrices M_{ki} et N_{ki}, l'inversion de la matrice N et le calcul des valeurs propres de la matrice produit $N^{-1} \times M$. Toutes ces étapes sont extrêmement importantes en ce qui concerne la précision numérique des résultats. Cependant, nous ne les détaillerons pas ici (p.ex. voir [1] et [2]).

Nous avons étudiés les cas suivants :

$$\alpha = 1$$

$$R \in \{1 ; 10 ; 100 ; 1000 ; 5000 ; 10000\}$$

$$E \in \{0 ; 10^{-5} ; 5 \times 10^{-5} ; 10^{-4} ; 5 \times 10^{-4}\}$$

Pour chaque ensemble $\{\alpha, R, E\}$ nous avons examiné la convergence du mode fondamental (N = 20, 30, 40, 50, 60). Un certain nombre de nos résultats sont consignés au tableau VI. Nous y indiquons pour chaque couple $\{R, E\}$ la valeur du mode fondamental. Nous indiquons aussi à chaque valeur de E, le nombre de valeurs propres positives observées et qui ne correspondent pas à une instabilité réelle. Il est clair que pour $E = 5.10^{-4}$ p.ex., au maximum 13 signes - peuvent être observés dans le spectre des valeurs propres et que augmenter N correspond essentiellement à ajouter des modes k grands, donnant lieu, conformément à (20) à des $c_I^{(k)}$ tous positifs. A E fixé, le nombre de valeurs propres positives ne dépend pas de R.

La conclusion essentielle de cette étude numérique est que, contrairement à la situation de l'écoulement de Poiseuille entre deux plans, le mode fondamental pour l'écoulement de Poiseuille cylindrique est peu influencé par le caractère non newtonien du fluide : l'écoulement reste donc stable. Mais à nouveau, ce sont les modes pour lesquels $c_R \rightarrow 1$ lorsque $R \rightarrow \infty$ qui sont le moins stable ($c_I \rightarrow 0$).

TABLEAU VI.

$\alpha = 1$

R	$E = 0$		$E = 10^{-5}$	
	N = 20 : 20 - ; 0 + N = 30 : 30 - ; 0 + N = 40 : 40 - ; 0 + N = 50 : 50 - ; 0 + N = 60 : 60 - ; 0 +		N = 20 : 20 - ; 0 + N = 30 : 30 - ; 0 + N = 40 : 40 - ; 0 + N = 50 : 50 - ; 0 + N = 60 : 60 - ; 0 +	
	N	$c = c_R + i\,c_I$	N	$c = c_R + i\,c_I$
10^2	20	0.811605 - i 0.284130	20	0.811612 - i 0.284184
	30	0.811605 - i 0.284130	30	0.811612 - i 0.284184
	40	0.811605 - i 0.284130	40	0.811612 - i 0.284184
	N	$c = c_R + i\,c_I$	N	$c = c_R + i\,c_I$
10^3	20	0.910549 - i 0.090351	20	0.910487 - i 0.090349
	30	0.910549 - i 0.090351	30	0.910487 - i 0.090350
	40	0.910549 - i 0.090351	40	0.910487 - i 0.090350
	N	$c = c_R + i\,c_I$	N	$c = c_R + i\,c_I$
10^4	20	0.971508 - i 0.028014	20	0.971590 - i 0.027992
	30	0.971706 - i 0.028388	30	0.971641 - i 0.028386
	40	0.971716 - i 0.028384	40	0.971655 - i 0.028385
	50	0.971716 - i 0.028384	50	0.971655 - i 0.028385
	60	0.971716 - i 0.028384	60	0.971655 - i 0.028385

TABLEAU VI. (suite).

$\alpha = 1$

R ↓	$E = 10^{-4}$		$E = 5.10^{-4}$	
	N = 20 : 17 - ; 3 + N = 30 : 25 - ; 5 + N = 40 : 28 - ; 12 + N = 50 : 30 - ; 20 + N = 60 : 31 - ; 29 +		N = 20 : 12 - ; 8 + N = 30 : 13 - ; 17 + N = 40 : 13 - ; 27 + N = 50 : 13 - ; 37 + N = 60 : 13 - ; 47 +	
10^2	C = 0.811678 - i 0.284678 pour tout N $\geqslant$ 20		C = 0.811963 - i 0.286937 pour tout N $\geqslant$ 20	
10^3	C = 0909930 - i 0.090331 pour tout N $\geqslant$ 30		C = 0.907452 - i 0.090112 pour tout N $\geqslant$ 30	
10^4	N	$C = C_R + i\,C_I$	N	$C = C_R + i\,C_I$
	20	0.971808622 - i 0.029768537	20	0.970059219 - i 0.030586916
	30	0.971172313 - i 0.028406347	30	0.968651123 - i 0.028322148
	40	0.971109907 - i 0.028384232	40	0.968637394 - i 0.028317141
	50	0.971109658 - i 0.028383898	50	0.968637395 - i 0.028317133
	60	0.971109658 - i 0.028383897	60	0.968637395 - i 0.028317133

BIBLIOGRAPHIE.

[1] PLATTEN, J.K., FLANDROY, P. et VANDERBORCK G.,
Int. J. Engng. Sci., 12, 995, 1974.

[2] VANDERBORCK, G. et PLATTEN, J.K.,
Int. J. Non Equilibrium Thermod.
Accepté pour publication, à paraître 1978.

[3] TOMS, B.A.,
Proceedings of the First International Congress on Rheology.
VII, p. 135, 1949
North-Holl. Pub. Co, Amsterdam.

[4] BIRD, R.B., ARMSTRONG, R.C. et HASSAGER, O.,
Dynamics of Polymeric Liquids.
John Wiley, 1977.

[5] CHUN, D.H. et SCHWARZ, W.H.,
Phys. Fluids, 11, 5, 1968.

[6] WALTERS, K.,
J. Mécanique, 1, 32, 1962.

[7] PLATTEN, J.K. et SCHECHTER, R.S.,
Phys. Fluids, 13, 832, 1970.

[8] LIN, C.C.,
The Theory of Hydrodynamic Stability.
Cambridge University Press, 1967.

[9] CHAN MAN FONG, C.F. et WALTERS, K.,
J. Mécanique, 4, 29, 1965.

[10] LOCKETT, F.J.,
Int. J. Engng. Sci., 7, 337, 1969.

[11.a] PORTEOUS, K.C. et DENN, M.M.,
Trans. Soc. Rheol., 16, 309, 1972.

[11.b] COUSINS, R.R.,
Int. J. Engng. Sci., 10, 511, 1972.

[12] PEKERIS, C.L.,
Proc. Nat. Acad. Sci., 34, 285, 1948.

[13] COLEMAN, B.D., et NOLL, W.,
Rev. Mod. Phys., 33, 239, 1961.
Ann. N.Y. Acad. Sci., 89, 672, 1961.
Arch. Ratl. Mech. Anal., 6, 355, 1960.

Selected Issues from

Lecture Notes in Mathematics

Vol. 431: Séminaire Bourbaki – vol. 1973/74. Exposés 436–452. IV, 347 pages. 1975.

Vol. 433: W. G. Faris, Self-Adjoint Operators. VII, 115 pages. 1975.

Vol. 434: P. Brenner, V. Thomée, and L. B. Wahlbin, Besov Spaces and Applications to Difference Methods for Initial Value Problems. II, 154 pages. 1975.

Vol. 440: R. K. Getoor, Markov Processes: Ray Processes and Right Processes. V, 118 pages. 1975.

Vol. 442: C. H. Wilcox, Scattering Theory for the d'Alembert Equation in Exterior Domains. III, 184 pages. 1975.

Vol. 446: Partial Differential Equations and Related Topics. Proceedings 1974. Edited by J. A. Goldstein. IV, 389 pages. 1975.

Vol. 448: Spectral Theory and Differential Equations. Proceedings 1974. Edited by W. N. Everitt. XII, 321 pages. 1975.

Vol. 449: Hyperfunctions and Theoretical Physics. Proceedings 1973. Edited by F. Pham. IV, 218 pages. 1975.

Vol. 458: P. Walters, Ergodic Theory – Introductory Lectures. VI, 198 pages. 1975.

Vol. 459: Fourier Integral Operators and Partial Differential Equations. Proceedings 1974. Edited by J. Chazarain. VI, 372 pages. 1975.

Vol. 461: Computational Mechanics. Proceedings 1974. Edited by J. T. Oden. VII, 328 pages. 1975.

Vol. 463: H.-H. Kuo, Gaussian Measures in Banach Spaces. VI, 224 pages. 1975.

Vol. 464: C. Rockland, Hypoellipticity and Eigenvalue Asymptotics. III, 171 pages. 1975.

Vol. 468: Dynamical Systems – Warwick 1974. Proceedings 1973/74. Edited by A. Manning. X, 405 pages. 1975.

Vol. 470: R. Bowen, Equilibrium States and the Ergodic Theory of Anosov Diffeomorphisms. III, 108 pages. 1975.

Vol. 474: Séminaire Pierre Lelong (Analyse) Année 1973/74. Edité par P. Lelong. VI, 182 pages. 1975.

Vol. 484: Differential Topology and Geometry. Proceedings 1974. Edited by G. P. Joubert, R. P. Moussu, and R. H. Roussarie. IX, 287 pages. 1975.

Vol. 487: H. M. Reimann und T. Rychener, Funktionen beschränkter mittlerer Oszillation. VI, 141 Seiten. 1975.

Vol. 489: J. Bair and R. Fourneau, Etude Géométrique des Espaces Vectoriels. Une Introduction. VII, 185 pages. 1975.

Vol. 490: The Geometry of Metric and Linear Spaces. Proceedings 1974. Edited by L. M. Kelly. X, 244 pages. 1975.

Vol. 503: Applications of Methods of Functional Analysis to Problems in Mechanics. Proceedings 1975. Edited by P. Germain and B. Nayroles. XIX, 531 pages. 1976.

Vol. 507: M. C. Reed, Abstract Non-Linear Wave Equations. VI, 128 pages. 1976.

Vol. 509: D. E. Blair, Contact Manifolds in Riemannian Geometry. VI, 146 pages. 1976.

Vol. 515: Bäcklund Transformations. Nashville, Tennessee 1974. Proceedings. Edited by R. M. Miura. VIII, 295 pages. 1976.

Vol. 516: M. L. Silverstein, Boundary Theory for Symmetric Markov Processes. XVI, 314 pages. 1976.

Vol. 518: Séminaire de Théorie du Potentiel, Proceedings Paris 1972–1974. Edité par F. Hirsch et G. Mokobodzki. VI, 275 pages. 1976.

Vol. 522: C. O. Bloom and N. D. Kazarinoff, Short Wave Radiation Problems in Inhomogeneous Media: Asymptotic Solutions. V. 104 pages. 1976.

Vol. 523: S. A. Albeverio and R. J. Høegh-Krohn, Mathematical Theory of Feynman Path Integrals. IV, 139 pages. 1976.

Vol. 524: Séminaire Pierre Lelong (Analyse) Année 1974/75. Edité par P. Lelong. V, 222 pages. 1976.

Vol. 525: Structural Stability, the Theory of Catastrophes, and Applications in the Sciences. Proceedings 1975. Edited by P. Hilton. VI, 408 pages. 1976.

Vol. 526: Probability in Banach Spaces. Proceedings 1975. Edited by A. Beck. VI, 290 pages. 1976.

Vol. 527: M. Denker, Ch. Grillenberger, and K. Sigmund, Ergodic Theory on Compact Spaces. IV, 360 pages. 1976.

Vol. 532: Théorie Ergodique. Proceedings 1973/1974. Edité par J.-P. Conze and M. S. Keane. VIII, 227 pages. 1976.

Vol. 538: G. Fischer, Complex Analytic Geometry. VII, 201 pages. 1976.

Vol. 543: Nonlinear Operators and the Calculus of Variations, Bruxelles 1975. Edited by J. P. Gossez, E. J. Lami Dozo, J. Mawhin, and L. Waelbroeck, VII, 237 pages. 1976.

Vol. 552: C. G. Gibson, K. Wirthmüller, A. A. du Plessis and E. J. N. Looijenga. Topological Stability of Smooth Mappings. V, 155 pages. 1976.

Vol. 556: Approximation Theory. Bonn 1976. Proceedings. Edited by R. Schaback and K. Scherer. VII, 466 pages. 1976.

Vol. 559: J.-P. Caubet, Le Mouvement Brownien Relativiste. IX, 212 pages. 1976.

Vol. 561: Function Theoretic Methods for Partial Differential Equations. Darmstadt 1976. Proceedings. Edited by V. E. Meister, N. Weck and W. L. Wendland. XVIII, 520 pages. 1976.

Vol. 564: Ordinary and Partial Differential Equations, Dundee 1976. Proceedings. Edited by W. N. Everitt and B. D. Sleeman. XVIII, 551 pages. 1976.

Vol. 565: Turbulence and Navier Stokes Equations. Proceedings 1975. Edited by R. Temam. IX, 194 pages. 1976.

Vol. 566: Empirical Distributions and Processes. Oberwolfach 1976. Proceedings. Edited by P. Gaenssler and P. Révész. VII, 146 pages. 1976.

Vol. 570: Differential Geometrical Methods in Mathematical Physics, Bonn 1975. Proceedings. Edited by K. Bleuler and A. Reetz. VIII, 576 pages. 1977.

Vol. 572: Sparse Matrix Techniques, Copenhagen 1976. Edited by V. A. Barker. V, 184 pages. 1977.